PHP+MySQL
网站开发 从零开始学

樊爱宛 黄 凯 编著

视频教学版

清华大学出版社
北 京

内 容 简 介

PHP 已经走过了 20 多年，目前最新版本是 PHP 7，性能方面得到了大幅度的提升。本书就是立足于最新版的 PHP 和 MySQL，从最基础的语法基础开发，让没有编程基础的人也学会 PHP+MySQL 网站开发。

本书分为 4 篇共 19 章，第一篇（1~6 章）先介绍 PHP 7 的语法和一些新特色；第二篇（7~10 章）是 PHP 的一些高级应用，如国际化、zip 文件处理、图形图像操作、正则表达式；第三篇（11~15 章）是 MySQL 数据库的基础入门，包括数据库、数据表和数据的常见操作；最后一篇（16~17 章）是 PHP+MySQL 的混合操作，还包含两个大型项目的开发步骤。

本书适合所有想学习网页开发、Web 项目开发的入门读者，也适合所有想学习 PHP 的读者，还适合做一些培训机构的 PHP 和 MySQL 培训教材。

本书封面贴有清华大学出版社防伪标签，无标签者不得销售。
版权所有，侵权必究。侵权举报电话：010-62782989　13701121933

图书在版编目（CIP）数据

PHP+MySQL 网站开发从零开始学：视频教学版 / 樊爱宛，黄凯编著. —北京：清华大学出版社，2017
ISBN 978-7-302-47969-7

I. ①P… II. ①樊… ②黄… III. ①PHP 语言—程序设计②关系数据库系统 IV. ①TP312.8②TP311.138

中国版本图书馆 CIP 数据核字（2017）第 207640 号

责任编辑：夏毓彦
封面设计：王　翔
责任校对：闫秀华
责任印制：李红英

出版发行：清华大学出版社
网　　址：http://www.tup.com.cn，http://www.wqbook.com
地　　址：北京清华大学学研大厦 A 座　　　邮　编：100084
社 总 机：010-62770175　　　　　　　　　邮　购：010-62786544
投稿与读者服务：010-62776969，c-service@tup.tsinghua.edu.cn
质 量 反 馈：010-62772015，zhiliang@tup.tsinghua.edu.cn

印 装 者：清华大学印刷厂
经　　销：全国新华书店
开　　本：190mm×260mm　　　印　张：26　　　字　数：666 千字
　　　　　附光盘 1 张
版　　次：2017 年 9 月第 1 版　　　　　　　印　次：2017 年 9 月第 1 次印刷
印　　数：1~3500
定　　价：69.00 元

产品编号：068175-01

前　言

PHP 是当前开发 Web 应用系统中比较理想的工具，它易于使用、功能强大、成本低廉、安全性高、开发速度快且执行灵活，应用非常广泛。使用 PHP+MySQL 开发的 Web 项目，在软件方面的投资成本较低、运行稳定，因此现在越来越多的供应商、用户和企业投资者日益认识到使用 PHP 开发的各种商业应用和协作构建的各种网络应用程序，变得更加具有竞争力，更加吸引客户。无论是从性能、质量，还是价格上，PHP+MySQL 都成为企业必须考虑的开发组合。

对于 PHP+MySQL 应用开发的新手而言，本书不失为一本好的入门教材，使用了最新版本 PHP 7，又从最基础的语法入手，结合小的示例，让读者能够学完就会。

本书特点

1. 以代码驱动学习

每章都配有与本章知识相关的小示例，增加读者的动手能力，用代码来驱动读者一步步学会 PHP。

2. 基于最新版本学习

全书采用 PHP 7+MySQL 5.6 的最新版本搭配，让读者学习前沿技术，学完不会落伍。

3. 大型网站项目引导

本书最后两个案例给出大型网站开发的完整流程，从数据库设计到模块分析到最终每个模块的界面设计和开发，让读者了解 PHP+MySQL 的最终实践情况和如何去实践。

4. 零基础入门

本书是一本完全站在没有 PHP 语言基础的读者角度写的书，全书将 PHP 语言拆分成一个个小的技术点，让读者能轻松阅读下去，而且能够轻松学得会。

5. 配备素材，方便学习

为了方便读者学习，本书配套光盘中附带了所有案例需要的源文件。源文件为读者学习提供了参考，同时用户可以直接按照书中操作步骤的讲解进行操作，以便提高学习效率。

阅读指南

全书内容包括 4 篇 19 章。

第 1 章介绍了 PHP 7 语言的一些新特性，首先让读者了解为什么需要学习 PHP，而且得学习最新版本 PHP 7；然后让初学者学习搭建 PHP 的开发环境和开发工具，最后通过一个 HelloWorld 的例子让读者了解 PHP 程序如何开始。

第 2 章介绍了 PHP 语言的基础语法，这也是学习一门语言的开发的基础，包括了标识符、变量、常量、数据类型、表达式、运算符、流程控制、函数。

第 3 章介绍了 PHP 操作网页的一些基础，这是动态网页的关键，就是与用户的交互，这些交互包括表单处理、表单元素处理、Cookie、Session。我们都知道网页操作离不开表单，我们所看到的网页中的文字、图像、文本框、按钮，这些都是表单，所以本章也是 PHP 进行网页开发的基础。

第 4 章介绍了 PHP 中的字符串和数组，当我们多写一些 PHP 网页开发代码的时候就会发现，其他网页开发中很多的代码都涉及字符串的操作和数组的操作，在 PHP 中，它们大多通过函数来完成。

第 5 章介绍了 PHP 中的日期和时间，这是网页开发很常见的操作，所以 PHP 提供了大量的函数，学起来很简单，相信这章不会难倒读者。

第 6 章介绍了文件和目录的操作，我们经常操作电脑的读者在操作系统中的各种操作其实就是对文件的操作，网页开发中也经常需要操作文件，本章就介绍了用 PHP 打开、读取等常见的文件操作。

第 7 章介绍了国际化，其实读者对此都不陌生，我们看到很多国际网站都有"选择语言"这一项，甚至苹果手机中也有这一项。我们选择一下语言，系统所有的界面都会变为中文，这就是介绍国际化的原因。相信读者看完本章就明白了。

第 8 章介绍了 zip 文件的处理，网站上的文件越来越多，我们都知道网盘，网盘为了存储更多的文件，就会包含一些压缩文件，本章就介绍了如何用 PHP 操作这些压缩文件。

第 9 章介绍了 PHP 如何操作图形图像，其中会介绍 GD2 扩展库，不仅可以操作已经存在的图片，还可以利用这个库来创建图片。

第 10 章是正则表达式的介绍，不管哪门语言，都会学习到正则表达式，它是文字处理的关键，PHP 也提供了一些这方面的函数。本章不仅会让读者认识什么是正则，也会学到如何处理网页中的一些验证方法。

第 11 章开始介绍 MySQL，本章站在入门读者的基础上，详细介绍了 MySQL 的安装、配置、启动、登录，最后还对 MySQL 安装失败的常见原因进行了分析。

第 12 章是数据库的基本操作，包括创建数据库、删除数据库、学习数据库存储引擎，还会学习如何查看 MySQL 默认的存储引擎。

第 13 章是数据表的基本操作，包括创建数据表、查看数据表结构、修改数据表、删除数据库表，最后还会学习一些数据表操作的常见问题。

第 14 章是数据的基本操作，包括添加数据、更新数据、删除数据、查询数据，最后还会学习一些数据操作的常见问题。

第 15 章是数据库的整体操作，为了保障用户的一些信息，我们都知道网站要经常进行备份，这类备份主要就是数据库的备份，本章包括数据备份、数据还原、数据库迁移。

第 16 章介绍了 PHP 操作 MySQL 的最基本方式，包括连接和关闭数据库、操作数据库、操作数据表、操作数据。

第 17 章介绍了 PHP 操作 MySQL 数据库的另一种方式——RedBeanPHP，包括它的下载、安装、CRUD 操作和调试。

第 18 章是使用 PHP+MySQL 构建模拟考试系统，利用这个项目，演示 PHP 开发 Web 系统的整体流程。

第 19 章是使用 PHP+MySQL 构建在线购物网站，通过这个项目，让读者了解一个网站从开始设计到实战开发的整个过程。

读者对象

本书内容由浅入深，适用于下列读者：

- 从事动态网站开发人员
- 接受 PHP 培训的学员
- Web 开发爱好者
- 网站维护及管理人员
- 初级或专业的网站开发人员
- 大中专院校的教师及培训中心的讲师
- 进行毕业设计和对 PHP 感兴趣的学生
- 从事 ASP 或 JSP 而想转向 PHP 开发的程序员

光盘内容

本书配套光盘内容包括示例源代码、课件、教学视频。

如果光盘有问题，请联系 booksaga@163.com，邮件主题为"PHP+MySQL 从零开始学"。

感谢

本书由平顶山学院的樊爱宛和黄凯主笔，其中第 1~10、16~19 章由樊爱宛编写，第 11~15 章由黄凯编写。参与本书创作的还有沈超、李勇、王立平、刘祥淼、彭霁、曹卉、林江闽、李阳、孙亚男、杨超、韩广义、杨旺功、任娜娜。由于编者水平有限，书中不足之处在所难免，欢迎广大读者批评指正。

作者

2017 年 8 月

目 录

第 1 章 认识 PHP 7 ... 1
1.1 PHP 的发展历程 ... 1
1.2 PHP 语言的优缺点 ... 2
1.3 谁在用 PHP ... 3
1.4 PHP 7 的新特性 ... 3
1.4.1 性能提高 ... 3
1.4.2 标量类型声明 ... 4
1.4.3 返回值类型声明 ... 4
1.4.4 NULL 合并运算符 ... 4
1.4.5 太空船操作符（组合比较符） ... 4
1.4.6 匿名类 ... 5
1.4.7 use 加强 ... 5
1.5 搭建 PHP 开发环境 ... 5
1.5.1 下载 XAMPP ... 6
1.5.2 Windows 版本 ... 7
1.5.3 Linux 版本 ... 9
1.5.4 MAC OS X 版本 ... 10
1.5.5 其他安装方式 ... 10
1.6 配置和启动 XAMPP ... 10
1.6.1 Windows 版本 ... 10
1.6.2 Linux 与 MAC OS X 版本 ... 11
1.6.3 查看 PHP 配置信息 ... 13
1.7 第一个 PHP 程序：Hello World ... 14

1.8 PHP 的开发工具 15
1.8.1 Sublime Text 简介 15
1.8.2 Atom 简介 25
1.8.3 其他流行的集成开发环境与开发工具 30

第 2 章 PHP 基础语法 31

2.1 PHP 标识符 31
2.2 变量 32
2.2.1 变量名称 32
2.2.2 给变量赋值 32
2.2.3 引用赋值 33
2.2.4 变量的数据类型 33
2.2.5 可变变量 34
2.3 常量 34
2.3.1 声明常量 34
2.3.2 常量与变量不同 35
2.3.3 检查某常量是否存在 35
2.3.4 内置常量 35
2.4 数据类型 36
2.4.1 数据类型简介 36
2.4.2 布尔型（boolean） 36
2.4.3 整型（integer） 37
2.4.4 浮点型（float） 38
2.4.5 字符串（string） 38
2.4.6 数组（array） 40
2.4.7 对象（object） 40
2.4.8 资源（resource） 41
2.4.9 无类型（NULL） 41
2.4.10 数据类型相互转换 41
2.5 表达式 42
2.6 运算符 42

- 2.6.1 算术运算符 42
- 2.6.2 字符串运算符 43
- 2.6.3 赋值运算符 43
- 2.6.4 比较运算符 43
- 2.6.5 逻辑运算符 44
- 2.6.6 按位运算符 45
- 2.6.7 错误控制运算符 45
- 2.6.8 三元运算符 45
- 2.6.9 NULL 合并运算符 46
- 2.6.10 太空船操作符（组合比较符） 46
- 2.6.11 运算符的优先级和结合规则 46
- 2.7 流程控制 46
  - 2.7.1 条件控制语句 if、else、elseif 47
  - 2.7.2 条件控制语句 switch、case、break、default 48
  - 2.7.3 while 循环语句 48
  - 2.7.4 do...while 循环语句 49
  - 2.7.5 for 循环语句 49
  - 2.7.6 foreach 循环语句 50
  - 2.7.7 使用 break/contine 语句跳出循环 51
- 2.8 函数（function） 51
  - 2.8.1 函数的定义 51
  - 2.8.2 向函数传递参数 52
  - 2.8.3 通过引用传递参数 53
  - 2.8.4 默认参数的值 53
  - 2.8.5 参数类型声明 54
  - 2.8.6 可变数量的参数列表 54
  - 2.8.7 使用全局变量 55
  - 2.8.8 使用静态变量 55
  - 2.8.9 从函数返回值 56
  - 2.8.10 返回值类型声明 56
  - 2.8.11 可变函数 57

         2.8.12　匿名函数 57

第 3 章　PHP 与用户交互 58

3.1　表单处理 58
    3.1.1　表单简介 58
    3.1.2　GET 和 POST 的区别 59
    3.1.3　PHP 与表单处理 60

3.2　表单元素及处理 60
    3.2.1　文本框 60
    3.2.2　单选按钮（radio）与复选框（checkbox） 61
    3.2.3　下拉列表 63
    3.2.4　按钮 65

3.3　Cookie 66
    3.3.1　什么是 Cookie 67
    3.3.2　如何创建 Cookie 67
    3.3.3　如何读取 Cookie 68
    3.3.4　如何确认 Cookie 存在 68
    3.3.5　如何删除 Cookie 68

3.4　Session 69
    3.4.1　什么是 Session 69
    3.4.2　如何创建 Session 69
    3.4.3　如何存储 Session 70
    3.4.4　如何检测 Session 是否存在 70
    3.4.5　终结 Session 71

第 4 章　字符串和数组 72

4.1　字符串 72
    4.1.1　字符串里字符的类型 72
    4.1.2　连接字符串 72
    4.1.3　计算字符串长度 strlen() 73
    4.1.4　检索字符串 73
    4.1.5　截取字符串 75

- 4.1.6 替换字符串 ... 75
- 4.1.7 清理字符串 ... 76
- 4.1.8 切分和组合字符串 ... 77
- 4.1.9 其他常用字符串函数 ... 78
- 4.2 数组的类型 ... 79
  - 4.2.1 数字索引数组 ... 79
  - 4.2.2 关联索引数组 ... 79
  - 4.2.3 多维数组 ... 80
- 4.3 统计数组元素个数 count()函数 ... 81
- 4.4 用 foreach 遍历数组 ... 82
- 4.5 设置数组指针——reset()、end()、 next()、prev()、current()、each() ... 82
- 4.6 数组排序 ... 83
  - 4.6.1 默认排序 sort()、 rsort() ... 83
  - 4.6.2 关联索引数组按照键值排序 asort()、arsort() ... 85
  - 4.6.3 关联索引数组按照键名排序 ksort()、krsort() ... 85
- 4.7 数组常见操作 ... 86
  - 4.7.1 向数组添加新元素 array_push()、array_unshift() ... 86
  - 4.7.2 删除数组元素 array_pop()、array_shift() ... 86
  - 4.7.3 删除数组中的重复值 array_unique() ... 87
  - 4.7.4 对数组进行查询 in_array() ... 88
  - 4.7.5 其他常用数组函数 array_keys()、array_values()、unset() ... 88

第 5 章 日期与时间 ... 90

- 5.1 设置时区 ... 90
- 5.2 获取 UNIX 时间戳 ... 91
- 5.3 根据时间戳获取日期和时间 ... 91
- 5.4 根据日期和时间获取时间戳 ... 92
- 5.5 根据时间戳获取包含日期信息的数组 ... 92
- 5.6 验证日期的有效性 ... 93
- 5.7 输出指定格式的日期和时间 ... 94
- 5.8 面向对象的日期时间类 ... 95

5.8.1　DateTime 类 95
　　5.8.2　DateTimeImmutable 类 96
　　5.8.3　DateTimeZone 类 97
　　5.8.4　DateInterval 类 98
　　5.8.5　DatePeriod 类 99

第 6 章　文件与目录 100

6.1　文件操作 100
　　6.1.1　打开文件 100
　　6.1.2　检查是否已到达文件末尾 101
　　6.1.3　读取文件 102
　　6.1.4　关闭文件 102
　　6.1.5　将整个文件读入一个字符串 103
　　6.1.6　将字符串写入文件 103
　　6.1.7　将整个文件读入一个数组 104
　　6.1.8　复制文件 104
　　6.1.9　删除文件 105
　　6.1.10　检查文件是否正常 105
　　6.1.11　返回关于文件的信息 105

6.2　目录操作 107
　　6.2.1　打开目录 107
　　6.2.2　关闭目录 107
　　6.2.3　读取目录 107
　　6.2.4　创建目录 108
　　6.2.5　删除目录 109
　　6.2.6　重命名文件或目录 109
　　6.2.7　检查文件或目录是否存在 109

第 7 章　PHP 与国际化 110

7.1　多字节字符函数 110
　　7.1.1　检测字符串的编码 111
　　7.1.2　检查字符串在指定的编码里是否有效 111

	7.1.3	转换字符编码格式	111
	7.1.4	解析$_GET 字符串	112
	7.1.5	按字节数来截取字符串	112
7.2	intl 模块简介		113
	7.2.1	安装 intl 模块	113
	7.2.2	Collator 类比较字符串	114
	7.2.3	NumberFormatter 类帮助做财务	114
	7.2.4	IntlDateFormatter 类显示中文版的日期时间	115

第 8 章 PHP 与 zip 文件处理 ... 116

8.1	zip 函数		116
	8.1.1	打开和关闭 zip 文件	116
	8.1.2	读取并打印文件/目录名称	117
	8.1.3	处理 zip 文件	118
8.2	处理 zip 文件的必杀技：ZipArchive 类		120
	8.2.1	打开/关闭压缩文件	120
	8.2.2	解压缩文件	121
	8.2.3	添加目录与文件	121
	8.2.4	遍历 zip 文件	123
	8.2.5	获取文件	124

第 9 章 图形图像处理 ... 125

9.1	启用 GD2 扩展库		125
9.2	创建图形图像		126
	9.2.1	用 PHP 生成一个简单图形	127
	9.2.2	详解 PHP 生成图形的步骤	127
9.3	操作图形图像		129
	9.3.1	更改图像颜色	129
	9.3.2	在图像上输出文字	129
9.4	操作已有的图片		130
	9.4.1	获取图片的宽和高	130
	9.4.2	生成图片的缩略图	131

9.4.3 给图片添加水印效果——文字水印 132
9.4.4 给图片添加水印效果——图片水印 133

第 10 章 正则表达式 135

10.1 在 PHP 中使用正则表达式 135
10.1.1 应用正则的函数 135
10.1.2 通过一个例子理解正则 136
10.1.3 定义正则表达式的头部和尾部 137

10.2 正则表达式中的符号 137
10.2.1 元字符 137
10.2.2 转义字符 139
10.2.3 修正符 139
10.2.4 字符应用 140

10.3 验证 URL 141

10.4 验证电话号码 142

第 11 章 MySQL 的安装与配置 143

11.1 什么是 MySQL 143
11.1.1 客户端/服务器软件 143
11.1.2 MySQL 版本 143
11.1.3 MySQL 的优势 144

11.2 安装与配置 MySQL 5.6 144

11.3 启动服务并登录 MySQL 数据库 154
11.3.1 启动 MySQL 服务 154
11.3.2 登录 MySQL 数据库 156
11.3.3 配置 Path 变量 157

11.4 更改 MySQL 的配置 158

11.5 MySQL 安装失败解决方案 160

第 12 章 数据库的基本操作 161

12.1 创建数据库 161

12.2 删除数据库 163

12.3 数据库存储引擎 164
　　12.3.1 MySQL 支持的存储引擎 164
　　12.3.2 各存储引擎的区别 172
12.4 查看默认存储引擎 173
12.5 实战演练——创建数据库的全过程 174

第 13 章 数据表的基本操作 176

13.1 新建数据表 176
　　13.1.1 语法形式 176
　　13.1.2 主键约束 178
　　13.1.3 外键关联 180
　　13.1.4 非空约束 182
　　13.1.5 唯一性约束 182
　　13.1.6 默认值 183
　　13.1.7 设置自动增加属性 184
13.2 查看数据表结构 185
　　13.2.1 查看表结构 186
　　13.2.2 查看创建表的语句 187
13.3 修改数据表 188
　　13.3.1 修改表名 188
　　13.3.2 修改字段类型 189
　　13.3.3 修改字段名 191
　　13.3.4 添加字段 192
　　13.3.5 删除字段 195
　　13.3.6 修改字段的排列位置 196
　　13.3.7 更改表的存储引擎 198
　　13.3.8 删除表的外键关联 199
13.4 删除数据库表 200
　　13.4.1 删除简单的表 201
　　13.4.2 删除关联表 202
13.5 实战——数据库和数据表的基本操作 204

第 14 章 数据的基本操作 211

14.1 添加数据 211
- 14.1.1 为所有字段添加数据 211
- 14.1.2 指定表字段添加数据 214
- 14.1.3 添加多条记录 215

14.2 更新数据 217

14.3 删除数据 220

14.4 查询数据 222
- 14.4.1 基本查询语句 222
- 14.4.2 查询所有字段 223
- 14.4.3 查询指定字段 224
- 14.4.4 查询指定记录 225
- 14.4.5 带 IN 关键字的查询 227
- 14.4.6 带 BETWEEN AND 的范围查询 228
- 14.4.7 带 LIKE 的字符匹配查询 229
- 14.4.8 查询空值 231
- 14.4.9 带 AND 的条件查询 233
- 14.4.10 带 OR 的条件查询 234
- 14.4.11 查询结果不重复 234
- 14.4.12 对查询结果排序 235
- 14.4.13 分组查询 237
- 14.4.14 LIMIT 限制查询 240

14.5 实战演练 1——记录的添加、更新和删除 241

14.6 实战演练 2——数据表综合查询案例 247

第 15 章 数据库的备份和还原 254

15.1 数据备份 254
- 15.1.1 使用命令备份 254
- 15.1.2 使用第 3 方工具快速备份 260

15.2 数据还原 261
- 15.2.1 使用命令还原 262

| 15.2.2 | 使用工具快速还原 | 264 |

15.3 数据库迁移 264
  15.3.1 相同版本的 MySQL 数据库迁移 265
  15.3.2 不同版本的 MySQL 数据库之间的迁移 265
  15.3.3 MySQL 数据库迁移至 Oracle 数据库 265

15.4 表的 IMPORT 和 EXPORT 266
  15.4.1 表的 EXPORT 266
  15.4.2 表的 IMPORT 273

15.5 实战演练——数据库的备份与恢复 278

第 16 章 PHP 操作 MySQL 284

16.1 启动 XAMPP 中自带的 MySQL 数据库 284
  16.1.1 启动 MySQL 284
  16.1.2 使用 phpMyAdmin 图形化操作 MySQL 285

16.2 PHP 连接和关闭数据库 287
  16.2.1 连接数据库 287
  16.2.2 关闭数据库 288

16.3 PHP 操作数据库 288
  16.3.1 显示可用数据库 288
  16.3.2 创建数据库 289
  16.3.3 选择数据库 290
  16.3.4 删除数据库 291

16.4 PHP 操作数据表 292
  16.4.1 查看所有数据表 292
  16.4.2 新增数据表 293
  16.4.3 查看数据表字段 294
  16.4.4 编辑数据表 294
  16.4.5 删除数据表 296

16.5 PHP 操作数据 296
  16.5.1 新增数据 296
  16.5.2 查看数据 297

  16.5.3 编辑数据 299

  16.5.4 删除数据 300

  16.5.5 复杂的查询 301

第 17 章　使用 RebBeanPHP 更方便地管理数据 303

17.1　下载安装 RedBeanPHP 303

17.2　快速开始 304

17.3　RedBeanPHP 的 CRUD 306

  17.3.1 Create（新建）数据对象 306

  17.3.2 Retrieve（获取）数据 308

  17.3.3 Update（更新）数据 308

  17.3.4 Delete（删除）数据 308

17.4　查询数据库 309

  17.4.1 查询参数绑定 309

  17.4.2 findOne 方法 310

  17.4.3 findAll 方法 310

  17.4.4 findCollection 方法 310

  17.4.5 findLike 方法 310

  17.4.6 findOrCreate 方法 311

  17.4.7 findMulti 方法 311

  17.4.8 getAll 方法 311

  17.4.9 getRow、getCol、getCell 方法 312

  17.4.10 getAssoc 方法 313

  17.4.11 count 方法 313

17.5　操作数据库 314

  17.5.1 exec 方法 314

  17.5.2 getInsertID 方法 314

  17.5.3 inspect 方法 314

  17.5.4 切换数据库 315

  17.5.5 事务 315

  17.5.6 冻结数据库 316

17.6 调试 RedBeanPHP 316
17.6.1 startLogging、getLogs 方法 316
17.6.2 debug 方法 317
17.7 其他高级功能 318
17.7.1 关系 318
17.7.2 Models 319
17.7.3 复制/克隆 319
17.7.4 导入导出 319

第 18 章 使用 PHP+MySQL 构建模拟考试系统 321
18.1 功能分析 321
18.2 准备工作 321
18.2.1 设计数据表 322
18.2.2 创建配置文件 323
18.2.3 创建安装文件 323
18.3 用户注册与登录 325
18.3.1 用户注册 325
18.3.2 用户登录 327
18.4 首页 328
18.4.1 首页 329
18.4.2 检查管理员 330
18.5 管理模块 330
18.5.1 显示所有题目 330
18.5.2 添加题目 332
18.5.3 显示题目详情 334
18.5.4 编辑题目 336
18.5.5 删除题目 339
18.6 用户模块 340
18.6.1 考试页面 340
18.6.2 查看历史考试记录 343
18.6.3 更改密码 344

XVII

　　　　18.6.4　退出登录 346

第 19 章　使用 PHP+MySQL 构建在线购物网站 347
19.1　功能分析 347
　　　　19.1.1　设计算法 347
　　　　19.1.2　表的设计 348
19.2　准备工作 349
　　　　19.2.1　配置文件 349
　　　　19.2.2　安装模块 350
19.3　注册登录模块 354
　　　　19.3.1　注册模块 354
　　　　19.3.2　登录模块 357
19.4　显示模块 360
　　　　19.4.1　头部模块 360
　　　　19.4.2　核心显示模块 362
　　　　19.4.3　购物车模块 367
　　　　19.4.4　查看并统计购物车模块 368
19.5　用户模块 372
　　　　19.5.1　显示用户信息模块 372
　　　　19.5.2　修改用户密码模块 373
　　　　19.5.3　查看用户历史订单模块 376
19.6　管理模块 379
　　　　19.6.1　处理订单模块 379
　　　　19.6.2　添加类别模块 381
　　　　19.6.3　编辑类别模块 384
　　　　19.6.4　添加商品模块 387
　　　　19.6.5　编辑商品模块 390
　　　　19.6.6　退出登录模块 395

第 1 章 认识PHP 7

在开始学习 PHP 之前，我们先花一点时间认识了解一下 PHP，并介绍一下划时代的新版本 PHP 7 的最新功能。

首先，引用一段来自 PHP 官方网站 php.net 对于 PHP 的介绍：

PHP，即 "PHP：Hypertext Preprocessor"，是一种被广泛应用的开源通用脚本语言，尤其适用于 Web 开发并可嵌入 HTML 中去。它的语法利用了 C、Java 和 Perl，易于学习。该语言的主要目标是允许 Web 开发人员快速编写动态生成的 Web 页面，但 PHP 的用途远不止于此。

从这段话中我们可以明白，PHP 语言最适合的项目是 Web 开发，这也是本书的写作目的，通过阅读本书，读者可以快速地掌握 PHP 语言，了解 MySQL 数据库基础知识，灵活使用各种开发工具进行 Web 项目开发。

1.1 PHP 的发展历程

了解一门语言，我们必须知道这门语言的发展史，本书通过版本的变化以时间轴的形式来说明 PHP 的发展历程。

1. 1995 年初 PHP 1.0 诞生

Rasmus Lerdof 发明了 PHP，这是简单的一套 Perl 脚本，用来跟踪访问者的信息。这个时候的 PHP 只是一个小工具而已，它的名字叫做 "Personal Home Page Tool"（个人主页小工具）。

2. 1995 年 6 月 PHP 2.0 诞生

Rasmus Lerdof 用 C 语言来重新开发这个工具，取代了最初的 Perl 程序。这个新的用 C 写的工具最大的特色就是可以访问数据库，可以让用户简单地开发动态 Web 程序了。这个用 C 写的工具又称为 PHP/FI。它已经有了今天 PHP 的一些基本功能了。

3. 1998 年 6 月 PHP 3.0 诞生

虽然说 1998 年 6 月才正式发布 PHP 3.0，但是在正式发布之前，已经经过了 9 个月的公开测试。

Andi Gutmans 和 Zeev Suraski 加入了 PHP 开发项目组。这是两个以色列工程师，他们在使用 PHP/FI 的时候发现了 PHP 的一些缺点，然后决定重写 PHP 的解析器。

 在这个时候，PHP 就不再称为 Personal Home Page 了，而改称为 PHP：Hypertext Preprocessor。

PHP 3.0 是最像现在使用的 PHP 的第一个版本，这个重写的解释器也是后来 Zend 的雏形。PHP 3.0 的最强大的功能就是它的可扩展性。它除提供给第三方开发者数据库、协议和 API 的基础结构之外，还吸引了大量的开发人员加入并提交新的模块。

4. 2000 年 5 月 PHP 4.0 发布

Andi Gutmans 和 Zeev Suranski 在 4.0 做的最大的动作就是重写了 PHP 的代码，发明了 Zend 引擎来增强程序运行时的性能和 PHP 的模块性。这个 Zend 实际上就是 Andi 和 Zeev 名字缩写的合称。

使用了 Zend 引擎，PHP 除获得更高的性能之外，也有其他一些关键的功能，包括支持更多的 Web 服务器、HTTP Session 的支持、输出缓冲等。

5. 2004 年 7 月 PHP 5.0 发布

PHP 5.0 的核心是 Zend 引擎 2 代。它引入了新的对象模型和大量的新功能，比如引入了 PDO（PHP Data Object）。

6. 2015 年 12 月 PHP 7.0 发布

使用 PHPNG 引擎，大幅提高了性能，引入了标量类型声明、返回值类型声明、匿名类等一些期待已久的新特性。

 有读者可能会问 PHP 6 到哪里去了？说来有趣，PHP 的开发者们原来计划有 PHP 6，可是做着做着把原先 PHP 6 计划的特性在 PHP 5.5、5.6 版实现了，后来大伙一商量算了，直接跨过 PHP 6 进入 PHP 7 时代了。现在许多 Linux 服务器使用的还是 PHP 5.3/5.4，估计升级到 PHP 7 还需要两年以上。

1.2 PHP 语言的优缺点

笔者认为使用 PHP 有几个好处：

- 开发速度快，成本低：因为 PHP 语言比较简单，大多数你需要的功能都有扩展库或类库提供。
- 部署方便、便宜：PHP 是跨平台的脚本语言，在 Linux 服务器上部署特别方便，而且 PHP 是开源免费的。

- 适合小项目：在全民创业的今天，大量的初创企业需要进行网站、微信公众号、手机客户端服务器 API 的开发，许多开发团队不超过 5 人，PHP 特别适合这样的小团队进行快速开发部署上线。
- 网络资源丰富、便于解决问题：许多问题在百度上搜索一下就解决了。
- 许多网站提供的 API 都提供官方的 PHP SDK，例如微信公众号平台，官方只提供了 PHP 的例子。

当然，PHP 也有缺点：

- 运行速度比不上 C/C++，这可能是脚本语言的通病，然而 PHP 7 部分地解决了这个问题，可以将脚本文件编译为执行速度更快的中间代码。
- PHP 传承自 C、Perl 等传统第三代语言，面向对象的特性从 PHP 4 开始才出现，比较初级，不像 Java、C#等语言对于面向对象的特性支持得那么完善。
- PHP 主要适用于 Web 项目，对于其他类型的项目（如图形界面）的支持较弱。

每个编程语言都有自己的特点和使用环境，PHP 语言就是为 Web 项目而生的，如果读者想要学习 Web 项目开发，PHP 语言肯定是最佳选择之一。

1.3 谁在用 PHP

其实应该问的是谁没有用 PHP。现在使用 PHP 进行 Web 项目开发的著名公司太多太多，比如新浪微博、微信服务器端、淘宝/天猫、百度等都在大量地使用 PHP 开发各种项目，大量的开源项目也使用 PHP 开发，最著名的有维基百科、博客软件 Wordpress、网站内容管理系统 Drupal/Joomla、客户关系管理系统 SugarCRM 等。

1.4 PHP 7 的新特性

在本书写作的时候，PHP 官方推出了划时代的新作品 PHP 7，有些新的特性在这里简略地讲一下。

1.4.1 性能提高

PHP 过去一向是以开发效率见长，语言性能较差，不过普通的网站项目一般是 IO 密集型项目，瓶颈在 MySQL 数据库上，体现不出来 PHP 的性能劣势。

在 PHP 7 中使用了新一代的 PHPNG 执行引擎，一般的 PHP 代码执行效率可以提高约 60%。

1.4.2 标量类型声明

PHP 7 中的函数的形参类型声明可以是标量了。在 PHP 5 中只能是类名、接口、array 或者函数/匿名函数，现在也可以使用 string、int、float 和 bool 了，例如：

```
function add1(int $a)    //以前是不能加 int 声明变量类型的
{
    return $a + 1;
}
```

1.4.3 返回值类型声明

PHP 7 增加了对返回类型声明的支持。 类似于参数类型声明，返回类型声明指明了函数返回值的类型。可用的类型与参数声明中可用的类型相同，例如：

```
function add1(int $a) : int{    //以前不允许声明返回值为 int 型
    return $a + 1;
}
```

1.4.4 NULL 合并运算符

由于日常使用中存在大量同时使用三元表达式和 isset()的情况，NULL 合并运算符使得变量存在且值不为 NULL， 它就会返回自身的值，否则返回它的第二个操作数，例如：

```
// 如果 $_GET['name'] 不存在返回 false，否则返回 $_GET['name'] 的值
$name= $_GET['name'] ?? false;
// 以前要写成这样
$name = isset($_GET['name']) ? $_GET['name'] : false;
```

1.4.5 太空船操作符（组合比较符）

太空船操作符用于比较两个表达式。当$a 小于、等于或大于$b 时，它分别返回-1、0 或 1。比较的原则是沿用 PHP 的常规比较规则进行的，例如：

```
// 整型
echo 1 <=> 1; // 0
echo 1 <=> 2; // -1
echo 2 <=> 1; // 1

// 浮点型
echo 1.5 <=> 1.5; // 0
echo 1.5 <=> 2.5; // -1
echo 2.5 <=> 1.5; // 1

// 字符串
```

```
echo "a" <=> "a"; // 0
echo "a" <=> "b"; // -1
echo "b" <=> "a"; // 1
```

1.4.6 匿名类

现在支持通过 new class 来实例化一个匿名类,这可以用来替代一些"用后即焚"的完整类定义,例如:

```
$util->setLogger(new class {   // 在这里直接定义一个匿名类,实现一个log方法供 $util 使用
    public function log($msg)
    {
        echo $msg;
    }
});
```

1.4.7 use 加强

从同一 namespace 导入的类、函数和常量现在可以通过单个 use 语句一次性导入了,例如:

```
// PHP 7之前版本用法
use some\namespace\ClassA;
use some\namespace\ClassB;
use some\namespace\ClassC as C;

use function some\namespace\fn_a;
use function some\namespace\fn_b;
use function some\namespace\fn_c;

use const some\namespace\ConstA;
use const some\namespace\ConstB;
use const some\namespace\ConstC;

// PHP 7的用法
use some\namespace\{ClassA, ClassB, ClassC as C};
use function some\namespace\{fn_a, fn_b, fn_c};
use const some\namespace\{ConstA, ConstB, ConstC};
```

PHP 7 还在持续开发中,会有更多的新特性出现。有兴趣的读者可以阅读一下官方的文档,下载源代码自行编译一下。

1.5 搭建 PHP 开发环境

在学习 PHP 语言之前,我们先要建立起开发环境。由于有大量的 PHP 开发者,所以现在建

立开发环境已经变得越来越简单了。本章带领读者安装 XAMPP 开发环境，并开发一个最简单的 PHP 程序。

1.5.1 下载 XAMPP

XAMPP 是最流行的 PHP 开发环境，完全免费并且支持 Windows、Linux 和 OS X。它内置了所有我们进行开发 PHP 需要的服务器端软件，包括（但并不限于）：Apache、PHP、MySQL、PHPMyAdmin、FileZillaFTP、MercuryMail、Tomcat、Perl、Webalizer 等。

XAMPP 这几个字母代表的是：

- X：操作系统 Windows、Linux、OS X。
- A：Apache Web 服务器。
- M：MySQL 数据库服务器，安装的其实是 MariaDB 数据库服务器，与 MySQL 完全兼容。
- P：PHP。
- P：Perl。

读者可以在 https://www.apachefriends.org/zh_cn/download.html 进行下载，本书所有例子使用 PHP 7.0.1 测试通过，所以请读者下载 PHP 7.0.1 及以上版本的 XAMPP。

笔者在这里留一个截屏（见图 1.1）用来记录一下历史，PHP 的开发速度非常之快，读者下载安装的时候很有可能已经不是这个版本了，但是应该还是 PHP 7.x。

图 1.1　PHP 的当前下载版本

安装 XAMPP 相当简单，相信大多数读者可以自行安装 XAMPP，笔者这里不提供没有必要的截图了，仅对于可能会遇到的问题进行一下说明。

1.5.2 Windows 版本

下载 Windows 安装包地址：http://sourceforge.net/projects/xampp/files/XAMPP%20Windows/，进入对应版本的目录（本书写作的时候最新版本是 7.0.1），有两种安装包，我们分别介绍。

1. xampp-win32-5.6.15-1-VC11-installer.exe

这个是可执行文件，执行即可，安装过程比较简单。

（1）打开后出现如图 1.2 所示界面，直接单击 Next 按钮。

图 1.2　开始安装界面

（2）出现如图 1.3 所示界面，选择需要安装的插件。请读者根据自己的需要选择。学习本书必须安装 Apache、MySQL、PHP、phpMyAdmin。

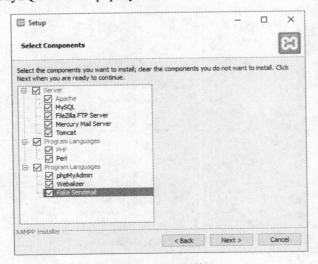

图 1.3　选择插件

（3）出现如图 1.4 所示界面，选择安装路径。建议安装到 c:\xampp，但是安装到其他盘也没问题，例如 d:\xampp、e:\xampp7。

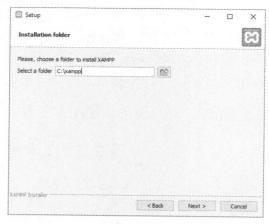

图 1.4 安装路径

接下来的步骤没有什么营养，就不浪费读者的时间了。

2. xampp-win32-7.0.1-0-VC14.zip

这个是压缩文件，直接解压缩到 c:\xampp 目录即可。

如果安装到其他目录（非 c:\xampp），需要运行一下 setup_xampp.bat，这个程序会更新配置文件，只需要执行一次即可。

运行一下 test_php.bat，这个程序会测试系统是否安装了需要的软件。

例如：

```
C:\xampp7>test php
################################      START    XAMPP    TEST    SECTION
################################

    [XAMPP]: FIRST TEST - Searching for an installed Microsoft Visual C++
2015 runtime package in the registry ...
    ERROR: The system was unable to find the specified registry key or
value.
    ERROR: The system was unable to find the specified registry key or
value.
    ERROR: The system was unable to find the specified registry key or
value.

    [WARNING]: Microsoft C++ 2015 runtime libraries not found !!!
    [WARNING]: Possibly PHP cannot execute without these runtime
libraries
    [WARNING]: Please install the MS VC++ 2015 Redistributable Package
from the Mircrosoft page
    [WARNING]:                            https://www.microsoft.com/en-
us/download/details.aspx?id=48145
```

就是系统没有安装 Microsoft Visual C++ 2015 运行时组件。信息中提供了下载地址。下载安装后此错误就消失了。

> 请读者根据自己的实际情况选择，操作系统要求为 Windows Server 2008、Windows Server 2012、Windows Vista、Windows 7、Windows 8、Windows 10 等。如果需要安装到 Windows XP，则要下载 XAMPP 1.8.2 版，其中的 PHP 版本为 5.5，本书的一些例子会有语法方面的问题，请读者自行修改运行。

1.5.3 Linux 版本

下载 Linux 安装包地址：http://sourceforge.net/projects/xampp/files/XAMPP%20Linux/，进入对应版本的目录，有针对 64 位 CPU 和 x86 的两个文件。读者可以在 Linux 命令行运行 uname 命令判断自己的 Linux 版本并选择下载，例如：

```
$ uname -a
Linux ip-172-31-22-79 3.13.0-74-generic #118-Ubuntu SMP Thu Dec 17 22:52:10 UTC 2015 x86_64 x86_64 x86_64 GNU/Linux

#笔者使用的是64位 Linux
```

下载文件后将下载的文件设置为可执行文件，然后运行安装：

```
$ chmod a+x xampp-linux-x64-7.0.1-0-installer.run
$ sudo ./xampp-linux-x64-7.0.1-0-installer.run
```

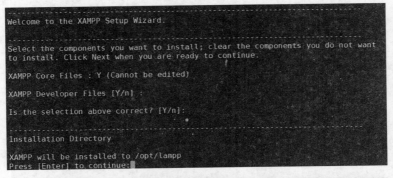

此时，XAMPP 安装到/opt/lampp 目录。

1.5.4　MAC OS X 版本

MAC OS X 版本的下载地址：http://sourceforge.net/projects/xampp/files/XAMPP%20Mac%20OS%20X/7.0.1/，打开 DMG 文件，双击 XAMPP 图片进行安装。安装路径：/Applications/XAMPP，这里不再给出图示了，大多用 MAC OS X 的读者都能很好地安装。

1.5.5　其他安装方式

由于网络方面的原因，有些读者可能无法下载 XAMPP 官方版本，那么另一个方法是访问 http://xampps.com 下载由 phpStudy 提供的一个精简版。

也可以安装 http://www.phpstudy.net 提供的 PHP 开发环境，网站作者已经提供了非常详细的安装与使用说明，笔者就不再重复了。

1.6　配置和启动 XAMPP

安装好后，我们就准备使用 XAMPP 了，不同版本启用方式略有不同，这里简单介绍。

1.6.1　Windows 版本

在 c:\xampp 目录中，找到 xampp-control.exe 并运行，其界面如图 1.5 所示。

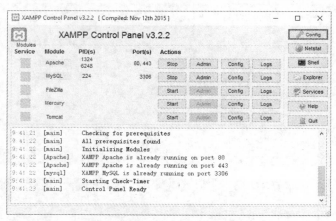

图 1.5　XAMPP 控制面板

在 XAMPP 控制面板中，可以启动（Start）、停止（Stop）、管理（Admin）Apache 和 MySQL 服务器进程。

（1）Config 按钮可以使用编辑器打开 Apache、PHP、phpMyAdmin 的配置文件，如图 1.6 所示。也可以用文件浏览器打开 Apache、PHP、phpMyAdmin 的文件目录。

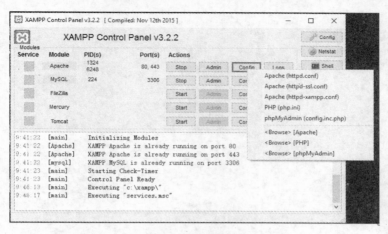

图 1.6　Config 按钮

（2）Logs 按钮可以用编辑器打开 Log 文件。
（3）右上角的 Config 按钮可以配置 XAMPP 控制面板，如图 1.7 所示。

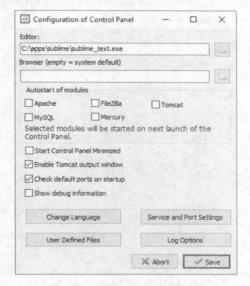

图 1.7　配置 XAMPP 控制面板

1.6.2　Linux 与 MAC OS X 版本

在 Linux 操作系统中，XAMPP 安装到/opt/lampp 目录，在 MAC OS X 中 XAMPP 安装到/Applications/XAMPP 目录。打开一个终端（Terminal），进入 XAMPP 目录，在命令行执行：

```
#查看XAMPP运行状态
$ sudo ./xampp status
Version: XAMPP for Linux 7.0.1-0
Apache is not running.
MySQL is not running.
```

```
ProFTPD is not running.

#启动Apache服务器进程
$ sudo ./xampp startapache
XAMPP: Starting Apache...ok.

#启动MySQL服务器进程
$ sudo ./xampp startmysql
XAMPP: Starting MySQL...ok.

#查看XAMPP运行状态
$ sudo ./xampp status
Version: XAMPP for Linux 7.0.1-0
Apache is running.
MySQL is running.
ProFTPD is not running.

#停止Apache和MySQL
$ sudo ./xampp stop
Stopping XAMPP for Linux 7.0.1-0...
XAMPP: Stopping Apache...ok.
XAMPP: Stopping MySQL...ok.
XAMPP: Stopping ProFTPD...not running.
```

也可以使用ctlscript.sh来启动、停止Apache和MySQL：

```
#查看服务器状态
$ sudo ./ctlscript.sh status
proftpd not running
apache not running
mysql not running

#全部启动
$ sudo ./ctlscript.sh start
/opt/lampp/mysql/scripts/ctl.sh : mysql  started at port 3306
Checking syntax of configuration file
Syntax check complete.
/opt/lampp/proftpd/scripts/ctl.sh : proftpd started
Syntax OK
/opt/lampp/apache2/scripts/ctl.sh : httpd started

#全部停止
$ sudo ./ctlscript.sh stop
Checking syntax of configuration file
Syntax check complete.
/opt/lampp/proftpd/scripts/ctl.sh : proftpd stopped
Syntax OK
/opt/lampp/apache2/scripts/ctl.sh : httpd stopped
/opt/lampp/mysql/scripts/ctl.sh : mysql stopped

#单独启动Apache
```

```
$ sudo ./ctlscript.sh start apache
Syntax OK
/opt/lampp/apache2/scripts/ctl.sh : httpd started
```

1.6.3　查看 PHP 配置信息

首先启动 Apache 服务器进程，在浏览器中打开：http://localhost/dashboard/phpinfo.php，如图 1.8 所示，可以查看 PHP 的详细配置信息。

新手务必注意，首先必须打开 Apache 服务器进程，否则上述链接无法打开。启动进程的方式就是打开 XAMPP 控制面板，单击 Apache 后面的 Start 按钮。

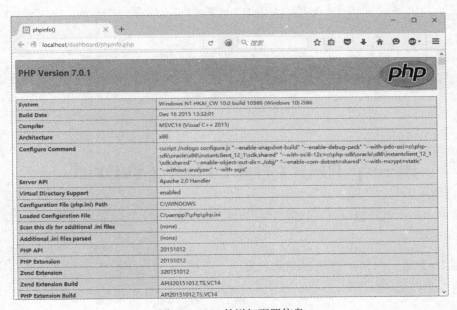

图 1.8　PHP 的详细配置信息

在 Windows 命令行执行命令查看 PHP 版本信息：

```
C:\> c:\xampp\php\php -v
PHP 7.0.1 (cli) (built: Dec 16 2015 13:36:30) ( ZTS )
Copyright (c) 1997-2015 The PHP Group
Zend Engine v3.0.0, Copyright (c) 1998-2015 Zend Technologies
```

或在 Linux、Mac OS X 终端执行命令：

```
#以下命令在 Linux 上执行
#查看版本信息
$ ./bin/php -v
PHP 7.0.1 (cli) (built: Dec 30 2015 11:53:54) ( NTS )
Copyright (c) 1997-2015 The PHP Group
Zend Engine v3.0.0, Copyright (c) 1998-2015 Zend Technologies
```

```
#查看PHP安装的模块
$ ./bin/php -m
[PHP Modules]
bcmath
bz2
calendar
Core
ctype
curl
......

#查看PHP配置详细信息
$ ./bin/php -i | less
phpinfo()
PHP Version => 7.0.1

System => Linux ip-172-31-22-79 3.13.0-74-generic #118-Ubuntu SMP Thu Dec 17 22:52:10 UTC 2015 x86_64
Build Date => Dec 30 2015 11:52:06
......
```

1.7 第一个 PHP 程序：Hello World

这是个学习编程语言的惯例，就是当学习一门新的编程语言的时候，写一段最简单的代码，输出 Hello World！

【示例 1-1】第一个 PHP 程序 Hello World。

我们有两个办法可以做到：

（1）在命令行上直接执行如下命令：

```
php -r 'echo "Hello World!\n";
//输出: Hello World!
```

（2）用任何编辑器在 c:\xampp\htdocs 目录中建立一个文件 helloworld.php，内容如下：

```
<?php echo "Hello World!\n"; ?>
```

用浏览器打开 http://localhost/helloworld.php。

如果能够看到 Hello World！那么恭喜，你已经迈出了学习 PHP 语言的第 0 步：完成了 Hello World 程序。

1.8 PHP 的开发工具

工欲善其事，必先利其器。学习 PHP 语言也需要称手的工具，最重要的工具就是编辑器了。笔者推荐 Sublime Text 3 编辑器、Atom 编辑器、NetBeans 集成开发环境，大家根据自己的具体情况可以自行选择一款合适的编辑器。

由于相关的软件都在不断地开发升级，笔者这里的介绍和使用方法可能会过时，如果读者使用了新的版本，则借鉴一下即可。

1.8.1 Sublime Text 简介

Sublime Text 是一个代码编辑器，虽然是收费软件，但是可以无限期免费试用。Sublime Text 是由程序员 Jon Skinner 开发的。Sublime Text 具有高效简洁的用户界面和强大的功能，例如代码缩略图、Python 插件等，还可自定义快捷键、菜单和工具栏。Sublime Text 安装简单、配置灵活、对系统要求极低，笔者经常使用一个 8.9 英寸的 Windows 平板电脑运行 Sublime Text。

Sublime Text 的主要功能包括：拼写检查、书签、Python API、Goto 功能、项目管理、多选择、多窗口等。Sublime Text 是一个跨平台的编辑器，支持 Windows、Linux、Mac OS X 等操作系统。

Sublime Text 最强大的功能是支持安装插件，绝大多数的插件是免费的，这给了 Sublime Text 近乎无限的功能扩展。

如图 1.9 所示是笔者使用的 Sublime Text 编辑器截屏。

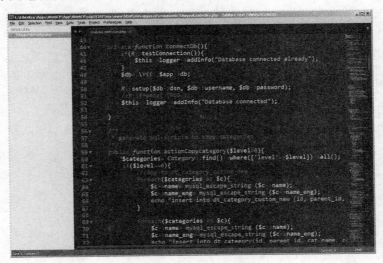

图 1.9 blime Text 编辑器

1. 下载安装 Sublime Text 3

Sublime Text 3 下载地址为 http://www.sublimetext.com/3，下载界面如图 1.10 所示。

虽然 Sublime Text 3 仍然处于 Beta 状态，但是笔者认为它已经非常稳定了，功能方面更是比 Sublime Text 2 强大了许多。

官方网站提供了各个操作系统的安装包，请读者根据自己的需要下载安装。笔者比较喜欢安装 portable version（绿色版），仅需解压缩到一个目录即可使用，十分方便。

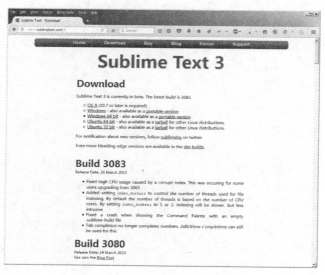

图 1.10　Sublime Text 3 下载界面

2. 安装 Package Control

Package Control 官方网站：https://packagecontrol.io/

Package Control 是 Sublime Text 的插件管理器，包含有超过 2500 个插件。对于使用 Sublime Text 的程序员，Package Control 是必须安装的，因为功能太强大了。

访问：https://packagecontrol.io/installation

（1）在 Sublime Text 3 编辑器中打开 console（控制台），选择菜单 View→Show Console。

（2）将页面上的 Python 脚本复制粘贴到 console，按回车键。

Package Control 安装完成后会提示：

```
1 missing dependency was just installed. Sublime Text should be restarted, otherwise one or more of the installed packages may not function properly.
    Package Control: No updated packages
```

这个时候重新启动 sublime。选择菜单 Preferences→Package Control，可以看到 Package Control 安装好了，如图 1.11 所示。

第 1 章 认识 PHP 7

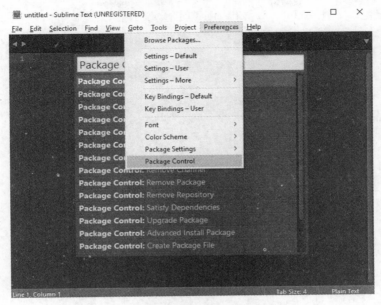

图 1.11 Package Control 安装完成

3. 安装插件

安装好 Package Control 以后，可以安装插件了。首先我们来安装中文语言包，毕竟中文开发环境可以节约一点时间。下面以 Windows 版为例安装插件。

（1）选择菜单 Preferences→Package Contrl，在弹出窗口选择 Package Control: Install Package，当我们输入前半部分时，会有自动提示，如图 1.12 所示。

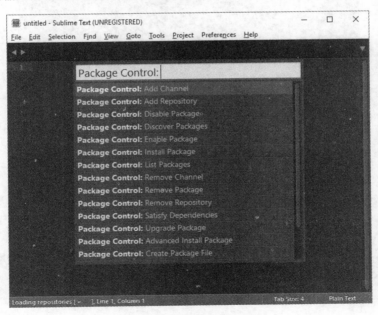

图 1.12 选择 Package Control

17

(2)在弹出窗口中输入 chinese,如图 1.13 所示。

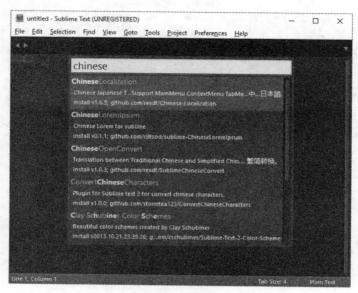

图 1.13 选择语言

(3)单击 ChineseLocalization 插件,进行安装。安装完成后 Sublime 菜单就变成中文了,如图 1.14 所示。

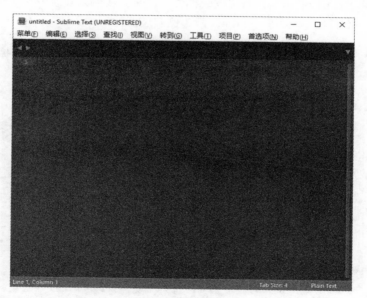

图 1.14 中文菜单

(4)下面安装 PHP 语法检查插件,选择菜单"首选项"→Package Control,选择 Package Control: Install Package,在弹出窗口中输入 sublimelinter,如图 1.15 所示。

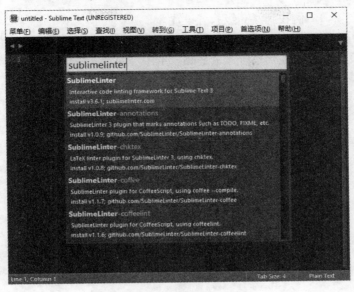

图 1.15 选择 sublimelinter

（5）安装 SublimeLinter 插件后，重复这一过程，再安装 SublimeLinter-php 插件，如图 1.16 所示。

图 1.16 选择 SublimeLinter-php

（6）安装好 SublimeLinter 和 SublimeLinter-php 后，还需要设置一下环境变量，将 PHP 加到 PATH 环境变量中，这样 SublimeLinter-php 才能正常工作。

Windows 操作系统中如何将 PHP 加到 PATH 环境变量呢？下面以 Windows 10 为例，进行讲述：

① 打开控制面板，找到"系统"。

② 在"系统"窗口右侧找到"高级系统设置"。
③ 在弹出窗口右下角找到"环境变量"。
④ 在"环境变量"窗口找到系统变量 Path，单击"编辑"按钮。
⑤ 在"编辑环境变量"窗口，单击"新建"按钮，输入 c:\xampp\php，单击"确定"按钮，如图 1.17 所示。

图 1.17　环境变量

⑥ 重新启动 sublime。

另外还可以安装以下插件：

- SideBarEnhancements：在侧边栏增加一些实用功能。
- BracketHighlighter：用于高亮显示括号匹配。
- Git：提供方便的 Git 版本控制功能。
- ConvertToUTF8：文件编码插件，可以编辑、转码 GBK、UTF8 编码的文件。

4. 项目管理功能

对于 Sublime 来说，项目就是文件夹，可以添加多个文件夹到左侧的侧边栏中。添加文件夹 c:\xampp\htdocs 到项目，如图 1.18 所示。

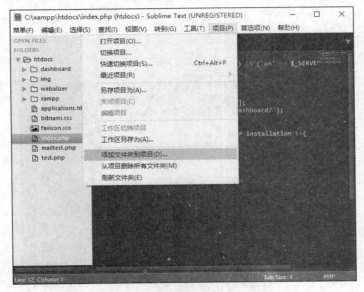

图1.18　添加文件夹 c:\xampp\htdocs 到项目

5. 语法高亮功能

Sublime 支持许多语言的语法高亮。打开 c:\xampp\htdocs\index.php，体验语法高亮功能，如图 1.19 所示。

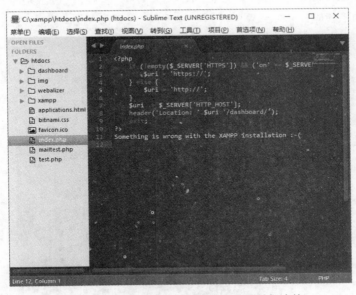

图1.19　语法高亮（黑白印刷效果可能不是很清楚）

Sublime 会自动判断当前文件是 PHP 代码文件，并对 PHP 语法进行高亮显示，方便查看。

6. 输入 PHP 函数智能提示功能

在打开的 index.php 文件头部<?php 之后新建一行，输入 str，如图 1.20 所示。Sublime 自动

提示了 7 个函数和一个关键字，按上下键选择或用鼠标单击 strcmp，Sublime 会自动完成 strcmp()，并将光标放在()中间便于输入代码。

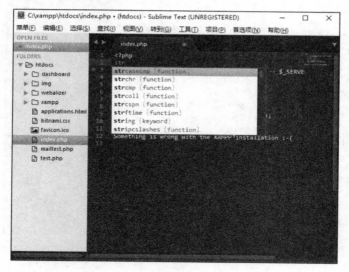

图 1.20

7. 语法检查功能

安装了 SublimeLinter-php 插件后，会自动对 PHP 代码进行语法检查，例如：在打开的 index.php 中输入如下代码：

```
echo 'hello world!'
```

输入代码后的效果如图 1.21 所示。Sublime 已经发现了错误，在第四行有个红点，在最下方的状态栏中显示了错误信息：不对啊？怎么是 if，应该是，或者；哦，原来忘记写了。

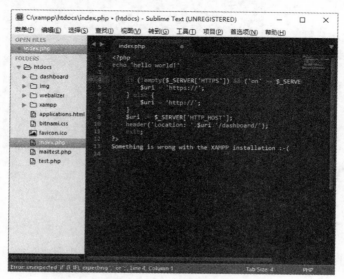

图 1.21　语法检查

8. 执行 PHP 代码

在 Sublime 编辑器中也可以直接调用 PHP 解析器执行当前编辑的 PHP 代码文件。

（1）选择菜单"工具"→"编译系统"→"新编译系统"，如图 1.22 所示。

图 1.22　选择"新编译系统"

（2）在新建的文件编辑窗口中输入如下内容：

```
{
    "cmd": ["C:\\xampp\\php\\php.exe", "$file"],
    "file regex": "php$",
    "selector": "source.php"
}
```

这些内容是 JSON 格式的配置信息，Sublime 配置文件的格式都是 JSON 格式。如果读者安装的 XAMPP 不在 c:\xampp 中，则需要修改第二行的 c:\\xampp，改为读者安装的目录即可。

保存这个文件，保存文件名为 php.sublime-build。

（3）新建一个 PHP 代码文件：

选择菜单"菜单"→"新建文件"，在新建的 untitle 编辑窗口输入如下内容：

```
<?php
echo 'hello world!';
?>
```

选择菜单"菜单"→"保存"，将这个文件命名为 helloworld.php。保存好以后，选择菜单"工具"→"编译"。

在 Sublime 编辑器的下方出现一个子窗口显示了 PHP 代码的运行结果，如图 1.23 所示。

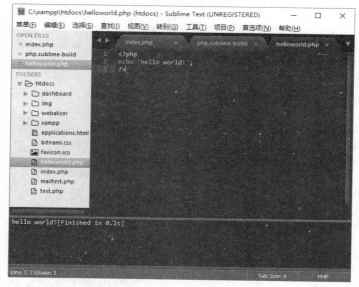

图 1.23　PHP 代码的运行结果

9. 常用快捷键

要提高编程效率，就要减少鼠标的使用频率，尽可能使用键盘来操作编辑器的功能。

大多数常用的功能 sublime 编辑器都提供了快捷键。读者应根据自己实际使用情况加以学习和记忆，一个好办法就是将常用快捷键打印下来放在屏幕旁边，多用几次就记住了。

下表总结了一些常用的快捷键：

- Ctrl+Tab：按文件浏览过的顺序，切换当前窗口的标签页。
- Ctrl+PageDown：向左切换当前窗口的标签页。
- Ctrl+PageUp：向右切换当前窗口的标签页。
- Ctrl+K+B：开启/关闭侧边栏。
- F11：全屏模式。
- Shift+F11：免打扰模式。
- Ctrl+F：打开底部搜索框，查找关键字。
- Ctrl+F2：设置/取消书签。
- Ctrl+/：注释整行（如已选择内容，同"Ctrl+Shift+/"效果）。
- Ctrl+标左键：可以同时选择要编辑的多处文本。

其实 Sublime 编辑器在菜单上提供了快捷键的说明，所以读者也可以参考菜单来学习，如图 1.24 所示。

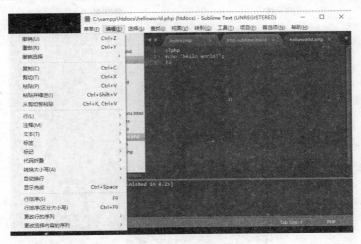

图 1.24　快捷键说明

1.8.2　Atom 简介

Atom 是一款开源的代码编辑器，由 Github 公司开发，官方网站 http://atom.io 。

它的功能和 Sublime 类似，也是通过插件来扩展功能。虽然 Atom 编辑器比较新，2015 年 1 月才宣布开源，但因为开发者是大名鼎鼎的 Github 公司，所以在程序员当中引起了广泛的关注，许多 Sublime 插件的作者都将自己的插件移植到了 Atom 上。

1. 下载安装 Atom

访问 Atom 编辑器官方网站 http://atom.io，单击下载(Download)按钮下载安装包，如图 1.25 所示。

图 1.25　Atom 下载地址

Windows 版本支持 Windows 7 /8/10，在 Windows 上安装 Atom 非常简单，安装完成后会自动启动 Atom，如图 1.26 所示。

图 1.26　Atom 界面

2. 安装插件

在 Atom 中安装插件十分简单，我们先安装汉化插件。选择菜单 File→Settings，如图 1.27 所示。

图 1.27　选择菜单

在 Settings 窗口，单击 Install 链接，在打开的 Install Packages 页面中输入 chinese，按回车键进行搜索，找到 simplified-chinese-menu 插件，单击 Install 按钮进行安装，如图 1.28 所示。

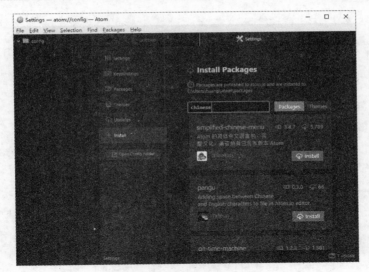

图 1.28　安装汉化插件

安装完成后 Atom 编辑器界面就汉化了。

接下来请读者安装 linter-php 和 script 插件，linter-php 插件用来检查 PHP 代码语法错误，script 插件用来在 Atom 编辑器中直接执行当前 PHP 代码。

3. PHP 语法高亮显示

使用 Atom 编辑器打开 c:\xampp\htdocs\helloworld.php，可以注意到 Atom 编辑器自动识别了 PHP 代码文件，并对 PHP 代码进行语法高亮显示，如图 1.29 所示。

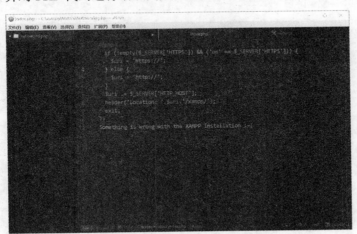

图 1.29　语法高亮显示

4. PHP 语法检查功能

安装了 linter-php 插件后，Atom 编辑器会自动对 PHP 代码进行语法检查。例如，在打开的 index.php 中输入如下代码：

```
echo 'hello world!'
```

此时,Atom 编辑器发现了一个语法错误,在左侧显示了一个小红点,如图 1.30 所示。

图 1.30 语法检查

5. 执行 PHP 代码功能

安装 script 插件后,Atom 编辑器可以直接执行多达 63 种脚本语言。然而有个小小的问题,需要在命令行启动 Atom 编辑器才能找到正确的环境变量,从而执行 PHP 解析器,这一点没有 Sublime 方便,也可以修改 script 插件的源代码来解决这个问题。

笔者安装的 script 插件版本为 3.4.1,笔者已经联系了 script 插件的作者,希望新的版本能够解决这个问题。

方案 1:在命令行启动 Atom 编辑器

Windows 版本,Atom 的安装目录为:

```
C:\Users\用户名\AppData\Local\atom
```

在命令行中进入这一目录,笔者安装的是版本 1.4.1,所以执行以下命令:

```
C:\Users\用户名\AppData\Local\atom>app-1.4.1\atom
```

然后建立或者打开 helloworld.php 文件,选择菜单"扩展"→Script→Run Script,如图 1.31 所示。

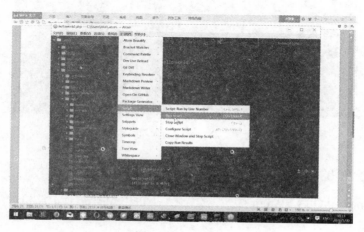

图 1.31 运行代码

此时，就会调用 PHP 解析器执行当前的 PHP 代码文件，在编辑器下方显示结果。

方案 2：修改 script 插件代码，强制调用 PHP 解析器

在 Atom 编辑器中，选择菜单"文件"→"设置"，在设置窗口中单击按钮，打开插件源代码目录，在左侧的目录树中找到文件 .atom\packages\script\lib\grammars.coffee。

修改第 340 行如下：

```
command: "c:\\xampp\\php\\php.exe"
```

如图 1.32 所示，保存文件后重新启动 Atom 编辑器，就可以选择菜单"扩展"→Script→Run Script 执行 PHP 代码了。

图 1.32　执行代码

6. 常用快捷键

要提高编程效率，就要减少鼠标的使用频率，尽可能使用键盘来操作编辑器的功能。

大多数常用的功能 Atom 编辑器都提供了快捷键，在每个菜单的右侧用浅灰色字体显示了相应的快捷键。

下面列举一些常用快捷键：

- cmd-t 或 cmd-p：查找文件。
- cmd-b：在打开的文件之间切换。
- cmd-\：显示或隐藏目录树。
- ctrl-0：焦点移到目录树。
- ctrl-shift-s：保存所有打开的文件。
- cmd-shift-o：打开目录。
- cmd-up：移动到文件开始。
- cmd-down：移动到文件结束。
- ctrl-g：移动到指定行。
- cmd-r：在方法之间跳转。

- cmd-F2：在本行增加书签。
- F2：跳到当前文件的下一条书签。
- shift-F2：跳到当前文件的上一条书签。
- ctrl-F2：列出当前工程所有书签。

1.8.3 其他流行的集成开发环境与开发工具

笔者根据自己的经验为读者简单介绍了 Sublime 和 Atom 编辑器，这两个编辑器的优点是简洁、快速，通过插件扩展功能；缺点是并不是专门针对 PHP 的工具，而是通过插件来支持 PHP 的开发。

也有专门针对的 PHP 开发工具，例如 PHPStore 和 Zend Studio，有兴趣的读者可以试用一下，这两款开发工具是专门针对 PHP 的集成开发环境，是商业软件，需要购买。

另外两个值得一提的工具是 Eclipse PDT 和 NetBeans IDE。这两个集成开发环境是使用 Java 语言开发的集成开发环境，主要支持 Java 的开发，也通过插件支持 PHP 的开发。由于运行在 Java 虚拟机上，对系统硬件较高。

微软的 Visual Studio Code 也支持编辑 PHP 代码，另外还有无数的文本编辑器都可以编辑 PHP 代码文件，读者应选择最适合自己/团队的开发工具，尽可能提高效率。

第 2 章

◀ PHP基础语法 ▶

本章开始学习 PHP 的基础语法，包括 PHP 的变量、常量、数据类型、表达式、运算符、流程控制和函数。通过本章的学习，读者可以掌握最基础的 PHP 知识，读懂简单的 PHP 代码，具备基础的编程能力。

其实 PHP 官方网站 php.net 上已经有很好的中文文档介绍 PHP 语法了，我们在这里会引用一些 php.net 上的中文文档，并加一些笔者的注解，尽量写的通俗易懂，简约简单。

2.1 PHP 标识符

1. 首先我们来回答一个问题：PHP 程序是如何通过互联网提供服务的

在一个 Web 项目中，最主要的工作就是输出 HTML。最终用户使用浏览器访问 Web 项目的网址，这个请求经过了互联网的解析到达了 Web 项目的服务器，服务器执行 PHP 程序，获得了 HTML，通过互联网返回给最终用户的电脑，最终用户在浏览器看到 HTML。

2. 那么问题来了：服务器如何执行 PHP 程序

一个 PHP 程序其实就是文本文件，服务器调用 PHP 解析器读取 PHP 文件进行解析。解析出来的结果可以是 HTML，也可以是任何格式的文本，甚至可以输出图片、音乐、电影，以及其他各种你能想到的格式！

3. PHP 解析器是如何运行 PHP 程序文件的呢

PHP 解析器非常复杂，是好多人一起用 C 语言开发的，基本上我们可以这样理解：当 PHP 解析器解析一个文件时，PHP 会寻找起始和结束标记，也就是 <?php 和 ?>，这告诉 PHP 开始和停止解析二者之间的代码。任何起始和结束标记之外的部分都会被 PHP 解析器直接输出，而<?php 和 ?>之间的 PHP 代码则由解析器经过一系列复杂的编译优化运行后将结果输出。

好了，别问问题了，来点干货吧：

- PHP 代码必须以<?php 和 ?>包括起来。
- 可以使用 <?= ?>直接输出表达式的值。
- 在<?php 和 ?>中可以有许多行代码，每行代码都要用分号;结束，注意这里必须是英文的分号，中文的分号不能用。

- PHP 解析器会忽略空格、TAB、回车键造成的空白。
- 使用//注释一行代码。
- 也可以用#注释一行代码，和//是一样的。
- 使用 /**/ 注释多行代码，要确保不要嵌套/**/。

 试图注释掉一大块代码时很容易出现该错误。不推荐使用 /* */ 注释多行代码，使用编辑器可以快速地注释反注释代码段。

2.2 变量

通俗地讲，编程序的时候需要把有用的信息先起个名字，存起来，一会再用，也可以修改这个有名字的信息。这个起了名字存起来的信息就是变量。变量就像"小强"一样在代码中无处不在，每只"小强"都有一个名字，可以是中文，也可以是英文。

2.2.1 变量名称

PHP 中的变量用一个美元符号后面跟变量名来表示，变量名是区分大小写的。

【示例 2-1】PHP 变量。

```
<?php
$a = 1;           # 我是整数，
$b = 1.1;         /*我是浮点数*/
$c = "我是一个字符串！";
$d = true;        //这个简单的数据类型是什么？布尔
?>
```

一个有效的变量名由字母或者下划线开头，后面跟上任意数量的字母、数字，或者下划线。以下是有效的变量名：

```
$test, $_test, $_TEST, $a_Test , $中文
```

以下是无效的变量名，它们都不是字母或下划线开头的：

```
$1test, $-test, $*
```

2.2.2 给变量赋值

用等号=就可以给变量赋值，例如：

```
$a =1 ; $b = 'b' ;
```

也可以把一个变量的值赋给另一个变量：

```
$a =1 ; $b = $a ;    //现在$b的值也是1了
```

变量赋值总是传值赋值。那也就是说，当将一个表达式的值赋予一个变量时，整个原始表达式的值被赋值到目标变量。这意味着，当一个变量的值赋予另外一个变量时，改变其中一个变量的值，将不会影响到另外一个变量。

通俗地解释传值赋值：小明肚子里装了苹果，传值赋值给小强，小强肚子里现在是苹果了，后来小明吃了香蕉，可是小强肚子里还是苹果。

【示例2-2】给变量赋值。

```
<?php
$a=1; $b=$a;
 $a=2;
echo "a=$a;b=$b;";           //输出结果：a=2;b=1;
?>
```

这个例子可以看出来 $b= $a;是一个传值赋值，当$a的值发生改变以后，$b还是保留原来的值，没有跟着发生改变。

2.2.3 引用赋值

还有一种赋值方式叫引用赋值，将一个 & 符号加到将要赋值的变量前就是引用赋值。

【示例2-3】引用赋值。

```
<?php
$a=1;
$b=&$a;              //将$a用引用赋值符号赋给$b
$a=2;
echo "a=$a;b=$b";    //输出 $a=2;$b=2
?>
```

通俗地解释引用赋值：版主小明肚子里装了苹果，传值赋值给小强，小强=&小明，小强其实是小明的马甲，后来小明吃了香蕉，小强马甲肚子里当然变成了香蕉，如果小强马甲赋值橘子，那么小明呢？对了，也成橘子了。

2.2.4 变量的数据类型

变量的类型通常不是由程序员设定的，确切地说，是由 PHP 解析器根据该变量使用的上下文在运行时决定的，例如：

```
$a = 1;       //$a 是整形
$a = 1.1;  // $a 变成了浮点型
$a = "a";  // $a 现在是字符串型了
```

这样做的优点是编程的时候比较方便，PHP 解析器会自动决定变量的类型并做出相应的操作，缺点是有些从强类型语言转过来的读者可能会不适应。

2.2.5　可变变量

这是个有趣的话题，在后边的许多地方都会用到可变变量，在这里我们只是简单地介绍一下概念。

可变变量的意思是：一个变量的变量名可以动态地设置和使用。

【示例 2-4】可变变量。

```
<?php
$a='hello';
$$a='world';
echo $a;      //输出 hello
echo $$a;     // 输出 world
echo $hello;  // 输出 world
?>
```

$a='hello'是把 hello 赋值给了变量$a，那么$$a 是什么？写成这样可能容易理解些：${$a}。${$a} 就是一个名字是$a 的值的变量。那就是$hello 了。$$a 就是变量$hello，$hello 的值是'world'。

可变变量的用处很多，这里先简单讲一下，将来用到的时候还会深入讲解。

2.3　常量

与变量不同，常量的值是不能改变的。常量的名称要求也和变量一样，合法的常量名以字母或下划线开始，后面跟着任何字母、数字或下划线。

2.3.1　声明常量

需要用 define()来声明常量，例如：

```
define ('NAME', 'PHP');
echo NAME;       // 输出 PHP
```

常量名是一个大写的字符串，值可以是数字、字符串、布尔等标量数据类型。

也可以用 const 关键字定义常量，例如：

```
const NAME='PHP';
echo NAME;       // 输出 PHP
```

2.3.2 常量与变量不同

常量和变量有如下不同：

- 常量前面没有美元符号（$）。
- 常量只能用 define() 函数或 const 关键字定义，而不能通过赋值语句。
- 常量可以不用理会变量的作用域而在任何地方定义和访问。
- 常量一旦定义就不能被重新定义或者取消定义。
- 常量的值只能是标量。

2.3.3 检查某常量是否存在

用 defined() 函数检测常量是否存在，例如：

```
const NAME='PHP';
if( defined(NAME)){
  echo '常量 NAME 已经定义了!';
}
```

2.3.4 内置常量

PHP 解析器在解析 PHP 代码之前就会定义一些常量，这些已经定义好的常量叫做内置常量。这些内置常量可以在代码中随时使用，下面列出来一些常用的内置常量。

- __DIR__：指向当前执行的 PHP 程序文件所在的目录。例如当前执行的 PHP 程序文件为 /www/website/index.php，__DIR__ 等于'/www/website'。
- __FILE__：当前执行的 PHP 程序文件名。例如当前执行的 PHP 程序文件为 /www/website/index.php，__FILE__ 等于 /www/website/index.php。
- TRUE，FALSE：用于布尔类型的常量，分别表示真和伪。
- __LINE__：当前 PHP 程序的行数，用来调试代码比较方便。
- PHP_VERSION：PHP 的版本号。
- PHP_OS：操作系统名称。

每个 PHP 模块还会定义一些常量，所以在 PHP 中灵活使用常量是非常重要的，在后面介绍各个 PHP 模块的章节中会具体介绍其中定义的常量。

2.4 数据类型

前面介绍变量的时候提过变量的数据类型是 PHP 解析器根据上下文自动决定的,现在我们来简单介绍这些数据类型。

2.4.1 数据类型简介

PHP 支持 8 种原始数据类型。

1. 四种标量类型
- boolean(布尔型)
- integer(整型)
- float(浮点型,也称作 double)
- string(字符串)

2. 两种复合类型
- array(数组)
- object(对象)

3. 两种特殊类型
- resource(资源)
- NULL(无类型)

PHP 的变量无须声明类型,给变量赋值的时候就会决定变量的数据类型,或者说,变量的数据类型是和它所存储的数据相关,并且是可以改变的,例如:

```
$a = 1;            // 变量$a 是整形
$a = 'test';       //变量$a 现在是字符串类型了
```

2.4.2 布尔型(boolean)

这是最简单的类型。一个 boolean 的值只能是 True 或 False,赋值时无须区分大小写,True、TRUE、true、tRUe 都是 TRUE。

【示例 2-5】布尔型举例。

```
<?php
$a=true;
$b=false;
echo gettype($a);      // 输出: boolean
```

```
echo "a=$a , b=$b";      // 输出：a=1, b=
?>
```

在 echo 输出的时候，boolean 值 TRUE 被转为 1 了，而 FALSE 则什么都没有输出，是个空字符串。

上边的代码调用了一个函数 gettype，这个函数可以获取变量的类型，并返回字符串。下文会介绍变量相关的函数，咱们这里先简单提一下。

当一个变量的值转换为 boolean 时，以下值被认为是 FALSE：

- 布尔值 FALSE 本身。
- 整型值 0（零）。
- 浮点型值 0.0（零）。
- 空字符串，以及字符串"0"。
- 不包括任何元素的数组 array()。
- 特殊类型 NULL（包括尚未赋值的变量）。
- 从空标记生成的 SimpleXML 对象。

所有其他值都被认为是 TRUE（包括任何资源）。

2.4.3 整型（integer）

整型是最基本的数据类型，一个 integer 是集合 {..., -2, -1, 0, 1, 2, ...} 中的一个数。

32 位平台的整形最大最小值约等于正负二十亿，64 位平台下的最大最小值通常是大约正负 9E18。整型值可以使用十进制、十六进制、八进制或二进制表示，前面可以加上可选的符号（- 或者 +），例如：

```
$a = 1234;      // 十进制数
$a = -123;      // 负数
$a = 0123;      // 八进制数 (等于十进制 83)
$a = 0x1A;      // 十六进制数 (等于十进制 26)
```

如果给定的一个数超出了 integer 的范围，将会被解释为 float/double。同样如果执行的运算结果超出了 integer 范围，也会返回 float/double，例如：

```
$a=2200000000;
echo gettype($a);       //输出：double
```

可以使用(int)、(intenger)将值强制转换为整形，也可以使用函数 intval()将值转换为整形，例如：

```
echo 10/3;              //输出：3.3333333333333`
echo ((int)(10/3));     //输出：3
echo intval(10/3);      //同上
```

对于超过了整型范围的整数，可以使用 PHP 的数学扩展模块 BC Math 和 GMP 来进行运算，这两个模块都是用字符串来表示整数，可以不受 32/64 位操作系统的限制。

2.4.4 浮点型（float）

浮点型，也叫浮点数（float）、双精度数（double）或实数（real），例如：

```
$a= 1.1;
```

浮点数的字长和操作系统相关，通常最大值是 1.8e308，并具有 14 位十进制数字的精度（64 位 IEEE 格式）。

可以使用(float)、(double)将值强制转换为浮点型，也可以使用函数 floatval()将值转换为浮点型，例如：

```
echo gettype((float)1);     //输出：double`
echo floatval('1.1');       //输出：1.1
```

2.4.5 字符串（string）

一个字符串 string 就是由一系列的字符组成，其中每个字符等同于一个字节。string 最大可以达到 2GB。

一个字符串可以用 4 种方式表达，我们先看两种最常用的：

- 单引号: 'string'。
- 双引号: "string"。

这两个的区别是：

（1）用双引号定义的字符串其中变量会被解析，例如：

```
$a='test';
echo "$a" ;        //输出 test，将变量$a 的值解析输出了
echo '$a'; //输出 $a
```

（2）如果字符串是包围在双引号（"）中，PHP 将对一些特殊的字符进行转义解析，参见表2.1。

表2.1 转义

字符	含义
\n	换行
\r	回车
\t	水平制表符
\\	反斜线
\$	$
\"	"
\v	垂直制表符
\e	Escape
\f	换页

字符	含义
\x[0-9A-Fa-f]{1,2}	以十六进制方式来表达的字符
\[0-7]{1,3}	以八进制方式来表达的字符

字符串还有两种表达方式：heredoc 和 nowdoc。这两种语法结构比较类似，很适合嵌入大段的文本。

heredoc 的语法结构是：

```
<<<EOT
多行字符串
EOT
```

nowdoc 的语法结构是：

```
<<<'EOT'
多行字符串
EOT
```

可以发现 nowdoc 的标识符 EOT 是用单引号括起来的。就像双引号和单引号的区别一样，heredoc 对其中变量解析并对特殊字符转义，而 nowdoc 不解析也不转义。

【示例 2-6】heredoc 例子。

```
<?php
$a='test';
$str = <<<EOD
a=$a\n
EOD;
echo $str;      //输出 test ，\n 被转义为回车，所以这里有一个空行输出
?>
```

【示例 2-7】nowdoc 例子。

```
<?php
$str = <<<'EOD'
a=$a\n
EOD;
echo $str;      //输出：a=$a\n  注意\n 被直接输出
?>
```

 结束时所引用的标识符必须在该行的第一列，而且，标识符的命名也要像其他标签一样遵守 PHP 的规则：只能包含字母、数字和下划线，并且必须以字母和下划线作为开头。

字符串的相关函数有上百个，在这里我们就不详细介绍了，会有一章专门讲解。
字符串可以用 '.'（点）运算符连接起来，注意 '+'（加号）运算符没有这个功能，例如：

```
echo 'hello'. ' world';"    //输出: helloworld
```

一个值可以通过在其前面加上(string)或用 strval()函数来转变成字符串，例如：

```
echo (string)1.1;        //输出：1.1
```

 细心的读者可能会发现即使没有(string)，这个例子也会输出 1.1，这是因为 PHP 自动将浮点数转换为字符串输出了。

2.4.6 数组（array）

PHP 中的数组实际上是一个有序映射，通俗来讲就是有编号/名称的一堆变量组合在一起。在这里我们只简单介绍一下数组的定义，有一章专门讲解数组的用法。

可以用 array()语言结构来新建一个数组，例如：

```
$myarray= array("a"=>"小明", "b"=>"小强");
```

数组单元可以通过 array[key]或 array{key}语法来访问，例如：

```
echo $myarray['a']; //输出：小明
```

数组单元可以通过 array[key]或 array{key}语法来修改和添加新的单元，例如：

```
$myarray['a']= '小芳'; $myarray['c']= '小张';
#现在这个数组的内容是："a"=>"小芳","b"=>'小强','c'=>'小张'
```

如果$array[$key]还不存在，将会新建一个，例如：

```
$myarray['d']= '小王';
```

可以用 print_r()和 var_dump()函数输出数组，例如：

```
print_r($myarray);
```

自 PHP 5.4 起可以使用短数组定义语法，用[]替代 array()定义数组，例如：

```
$myarray= ['a'=>1,'b'=>2];
```

2.4.7 对象（object）

这里要讲一点点面向对象的知识。先理解一下类和对象，通俗地讲，类（class）是个蛋糕模子，对象（object）是用类模子做出来的蛋糕，每个对象（object）蛋糕做的时候可以设置不同的属性（蛋糕花色，有/无糖），每个对象蛋糕还可以有类模子定义的方法（动作，比如加奶油，加果酱什么的）。

假如现在有个类 Cake，那么我们要做一个蛋糕的话必须使用 new 关键字，例如：

```
$mycake= new Cake();
```

那么变量$mycake 现在就是一个 object 数据类型了。它可以有 Cake 类定义的属性和方法，我们可以使用这些属性和方法与$mycake 进行交互操作，最终吃掉它。

2.4.8 资源（resource）

资源（resource）是一种特殊变量，保存了到外部资源的一个引用。资源是通过专门的函数来建立和使用的。例如文件资源、数据库资源等。

资源类型通常通过相关的资源函数来操作使用，例如：

```
$handle = fopen("c:\\folder\\resource.txt", "r");
```

上面例子中变量$handle 就是一个文件资源类型。

2.4.9 无类型（NULL）

特殊的 NULL 值表示一个变量没有值。NULL 类型唯一可能的值就是 NULL。
在下列情况下一个变量被认为是 NULL：

- 被赋值为 NULL。
- 尚未被赋值。
- 被 unset()。

例如：

```
$a=null;
echo is_null($a);  //输出 1
```

2.4.10 数据类型相互转换

标量数据类型可以相互转换，在 PHP 中，有两种常见的转换方式，自动转换和强制转换。

1. 自动转换

这种转换方式较为简单，在需要转换的变量前加上想要转换的类型名称即可，例如(float)、(int)、(string)。

```
echo (int) 1.1;           //输出 1
echo (string) 1.1;        //输出 1.1
echo (float) '1.1';       //输出 1.1
```

2. 强制转换

使用 settype 函数强制转换变量的数据类型，例如：

```
$a =1.1;                  // $a 是浮点数
settype( $a, 'int');      //强制转为整型，现在$a 的值等于1
```

2.5 表达式

在 PHP 中，几乎所写的任何东西都是一个表达式。简单但却最精确的定义一个表达式的方式就是"任何有值的东西"。

最基本的表达式形式是常量和变量。赋值语句就是一个表达式，例如：

```
$a=5;
```

PHP 是一种面向表达式的语言，从这一方面来讲几乎 PHP 都是表达式。

考虑刚才已经研究过的例子，"$a = 5"。很显然这里涉及两个值，整型常量 5 的值以及变量 $a 的值，它也被更新为 5。但是事实是这里还涉及一个额外的值，即附值语句本身的值。

赋值语句本身求值为被赋的值，即 5。实际上这意味着"$a = 5"，不必管它是做什么的，是一个值为 5 的表达式。因而，这样写"$b = ($a = 5)"和这样写"$a =5; $b=5"（分号标志着语句的结束）是一样的。因为赋值操作的顺序是由右到左的，也可以这么写"$b = $a =5"。

2.6 运算符

"运算符是可以通过给出的一或多个值（用编程行话来说，表达式）来产生另一个值（因而整个结构成为一个表达式）的东西。"这句话看起来很复杂，但是其实你已经用过好多次运算符了，最常见的运算符就是赋值运算符=。

我们这里不会详细讲解运算符，仅仅是把运算符做个简单的列表，便于读者参考。读者在后面的实际项目中会逐渐掌握运算符，现在只需要快速地浏览一下，有个印象就可以了。

2.6.1 算术运算符

常见的算术运算符我们经常看到，参见表 2.2。

表 2.2 常见的算术运算符

运算符	名称
+	加法
-	减法
*	乘法
/	除法
%	取余
++	累加
--	累减

【示例 2-8】算术运算符。

```
<?php
```

```
$a = 1;
$a ++ ;      //相当于 $a = $a +1;
echo $a;     //输出 2
$a--;        //相当于 $a=$a -1;
echo $a ;    //输出 1
?>
```

2.6.2 字符串运算符

使用字符串运算符"."可以把两个字符串连接起来变成一个字符串。如果变量是整型或浮点型，字符串运算符也会把它们转换成字符串，例如：

```
echo "hello " . "world";        //输出: hello world
```

2.6.3 赋值运算符

常见的赋值运算符参见表2.3。

表2.3 赋值运算符

赋值运算符	含义
=	将右边的值赋给左边的变量
+=	将左边的值加上右边的值赋给左边的变量
-=	将左边的值减去右边的值赋给左边的变量
*=	将左边的值乘以右边的值赋给左边的变量
/=	将左边的值除以右边的值赋给左边的变量
.=	将左边的字符串连接上右边的字符串赋给左边的变量
%=	将左边的值对右边的值取余赋给左边的变量

例如：

```
$a = 1;
$a +=2; //相当于 $a = $a+2;
```

2.6.4 比较运算符

比较运算符用来比较数据的大小，常见的比较运算符参见表2.4。

表2.4 比较运算符

运算符	含义
==	类型转换后相等
!= <>	类型转换后不等
>	大于
<	小于

(续表)

运算符	含义
>=	大于等于
<=	小于等于
===	精确等于（类型和值都相等）
!==	不精确等于（数值或类型不等）

这里着重说一下==和===的区别，例如：

```
$a = 1;
$b = '1';
echo $a == $b ;  //输出 1，这是$b 被转换为数值类型并进行比较
//然而这样的比较可以会带来问题
$a = 1;
$b = '1 2 3';
echo $a == $b;   //输出 1，这是因为$b 被转换为整型1，比较结果相等

//再看这个例子
$a = 1.1
$b = '1.10 test';
echo $a== $b;  //结果仍然是相等，这是因为$b 被转换为数值1.1
```

在以上几个例子中将==替换为===，结果都是不相等，因为$a 与$b 的类型不同，值也不同。

在平时编写代码的时候，要慎用==和!=，因为这两个运算符会自动进行类型转换，有时候会带来意想不到的麻烦。

2.6.5 逻辑运算符

编程自然少不了进行逻辑判断和运算，所以逻辑运算符的含义必须弄清楚（参见表2.5）。

表2.5 逻辑运算符

逻辑运算符	含义
&&	逻辑与
AND	逻辑与
||	逻辑或
OR	逻辑或
!	逻辑非
NOT	逻辑非
XOR	逻辑异或

其中逻辑与、逻辑或有两种不同形式运算符的原因是它们运算的优先级不同，||比 OR 优先级高，&&比 AND 优先级高。

2.6.6 按位运算符

按位运算符,顾名思义就是按照"位"的单位对整数进行处理。不同运算符的含义参见表2.6。

表 2.6 按位运算符

按位运算符	含义
&	按位与
|	按位或
^	按位异或
~	按位取反
<<	左移
>>	右移

2.6.7 错误控制运算符

错误控制运算符写在表达式的前面,具体符号是@,用来屏蔽错误信息,例如:

```
@mkdir ( 'mydir');
//这个语句的功能是在当前目录创建子目录mydir,如果当前目录是只读的话就会出现错误。
//加上错误控制后,即使无法创建目录,也会继续执行下去
```

除非你非常有把握,否则不建议经常使用错误控制运算符。建议养成良好的编码习惯,避免使用错误控制运算符,而是使用异常来控制错误的发生。在后边有专门的章节讲述异常。

2.6.8 三元运算符

三元运算符顾名思义在三个操作数之间起作用。用"?:"表示。下面用例子来说明一下它的用法。

【示例2-9】三元运算符。

```
<?php
$a = 2;
$b = $a>0 ? $a : 1;   //在这里$b 被赋值2

echo $b;
//首先判断条件 $a > 0
//如果 $a>0 成立,则返回:前的值
//如果 $a>0 不成立,则返回:后面的值
?>
```

后面会讲到条件控制语句 if、else,三元运算符其实就是一个简化了的 if else 语句,而 null 合并运算符又把三元运算符简化了。

2.6.9 NULL 合并运算符

由于日常使用中存在大量同时使用三元表达式和 isset()的情况，NULL 合并运算符使得变量存在且值不为 NULL，它就会返回自身的值，否则返回它的第二个操作数，例如：

```php
// 如果 $_GET['name'] 不存在返回 false,否则返回 $_GET['name'] 的值
$name= $_GET['name'] ?? false;
// 以前要写成这样
$name = isset($_GET['name']) ? $_GET['name'] : false;
```

2.6.10 太空船操作符（组合比较符）

太空船操作符用于比较两个表达式。当$a 小于、等于或大于$b 时它分别返回-1、0 或 1。比较的原则是沿用 PHP 的常规比较规则进行的。

```php
// 整型
echo 1 <=> 1; // 0
echo 1 <=> 2; // -1
echo 2 <=> 1; // 1

// 浮点型
echo 1.5 <=> 1.5; // 0
echo 1.5 <=> 2.5; // -1
echo 2.5 <=> 1.5; // 1

// 字符串
echo "a" <=> "a"; // 0
echo "a" <=> "b"; // -1
echo "b" <=> "a"; // 1
```

2.6.11 运算符的优先级和结合规则

运算符的优先级和结合规则与正常的数学运算符规则一致：

- 加减乘除的先后顺序与数学运算规则完全一致，先乘除后加减。
- 有括号的则先运算括号内，再运算括号外。
- 赋值由右向左运算。

2.7 流程控制

流程控制，也叫控制结构，在一个程序中用来控制如果执行语句，它决定了某个语句、表达式是否会被执行和执行多少次。

PHP 的控制语句分为三类：顺序控制语句、条件控制语句和循环控制语句。其中顺序控制语句就是从上到下依次执行，没有什么可以讲的。下面讲的是条件控制语句和循环控制语句。

2.7.1 条件控制语句 if、else、elseif

这几个条件控制语句中 if 语句是最常见的，格式如下：

```
if（条件判断语句）{
         命令执行语句；
}
```

if 只能对一个条件进行判断。判断条件成立就执行命令，反之则不执行。

如果希望条件不成立时执行另一个命令，就用到了 if...else 语句，它的格式是：

```
if（条件判断语句）{
         命令执行语句 A；
}else{
         命令执行语句 B；
}
```

虽然它也只对一个条件进行判断，但不管条件是否成立总有一段程序会相应运行，故而这个语句运行的结果非此即彼。如果条件成立，执行命令 A；如果不成立，执行命令 B。

如果要判断的条件会出现多于两种（真/假）的可能性，就是 elseif 语句上场的时候了！

```
if（条件判断语句）{
         命令执行语句；
}elseif（条件判断语句）{
         命令执行语句；
}else{
         命令执行语句；
}
```

elseif 可以出现多次。

【示例 2-10】

```
<?php
$a = 18;
if( $a > 100){
  echo '$a 大于 100';
}elseif( $a < 100){
  echo '$a 小于 100';
}elseif( $a === 100 ) {   //这里用===来判断是否相等，比较严谨
  echo '$a 等于 100';
}else{
  echo ' 无法判断$a 的大小？';
}

//输出 $a 小于 100
```

```
?>
```

 if elseif else 语句中，elseif 也可以写成 else if，效果是一样的。

2.7.2 条件控制语句 switch、case、break、default

switch 语句判断的结果可能有多种 case，符合哪个 case，就执行哪个 case 对应的命令。如果都不符合，就属于 default 情况，执行 default 对应的命令就可以了。

```
switch（条件判断语句）{
    case 可能判断结果：
        命令执行语句；
    break；
    case 可能判断结果：
        命令执行语句；
    break；
    ...
    default：
        命令执行语句；
}
```

【示例 2-11】条件控制语句 switch。

```
<?php
$a = 'a';
switch($a){
  case 'a':
    echo '$a = a';
    break;
  case 'b':
    echo '$a = b';
    break;
  default:
    echo '$a = '. $a;
}

//以上代码输出 $a = a
?>
```

2.7.3 while 循环语句

while 语句也只对一个条件进行判断，和 if 语句不同的是它是循环执行的。当"条件判断语句"为真，就执行后面的命令，然后再返回"条件判断语句"继续判断，直到判断结果为假时才跳出循环。

它的结构如下：

```
while（条件判断语句）{
        命令执行语句；
}
```

【示例 2-12】while 循环语句。

```
<?php
$a = 5;
while( $a >0 ){
  echo "$a, ";
  $a --;
}
//以上代码输出 5, 4, 3, 2, 1,
?>
```

2.7.4　do...while 循环语句

do...while 语句结构如下：

```
do{
    命令执行语句；
}while（条件判断语句）
```

和 while 语句不同，do...while 语句至少会执行一次 do 后面的"命令执行语句"，然后才去判断是否符合条件。符合就继续执行"命令执行语句"，不符合则跳出循环。

例如：

```
$a= 0;
do{
  echo "$a, ";       //输出 0,
  $a --;             //此时$a = -1;
} while( $a >0)      //判断不符合条件，退出循环

//以上代码输出 0,
```

2.7.5　for 循环语句

for 语句的功能很强大，结构也相对复杂：

```
for（expr1; expr2; expr3）
{
命令执行语句；
}
```

大家首先要弄清楚 expr1、expr2、expr3 代表什么。expr1 为条件的初始值，expr2 为判断条件，通常是比较表达式或逻辑表达式。一旦满足它的条件，"命令执行语句"就会得到执行。然后再

执行 expr3，看结果是否还符合 expr2 的判断——判断为真就继续执行，判断为假就跳出循环。

例如：

```
for( $i =1; $i < 5; $i++){
  echo "$i, ";
}

//以上代码输出 1, 2, 3, 4,
//首先将 $i 赋值为1
//判断$i < 5是否成立，成立则执行 echo "$i, ";
//执行 $i++
//再次判断$i < 5是否成立，成立则执行 echo "$i, ";
//不成立则跳出循环
```

2.7.6 foreach 循环语句

foreach 循环语句常用来遍历数组元素，它的基本结构是：

```
foreach（数组 as 数组元素）{
        对数组元素的操作命令；
}
```

其实根据数组的情况不同，它可以分为以下两种结构：

1. 不包含键值的

```
foreach（数组 as 数组元素值）{
        对数组元素的操作命令；
}
```

2. 包含键值的

```
foreach（数组 as 键值=>数组元素值）{
        对数组元素的操作命令；
}
```

每进行一次循环，当前数组元素的值就会被赋给数组元素变量，而数组指针会一一移动，直到遍历整个数组才结束。

例如：

```
$myarray= array('a'=>'apple', 'b'=>'banana', 'c'=>'carrot');
foreach($myarray as $key =>$value){
  echo "$key = $value , ";
}

//以上代码输出： a=apple, b=banana, c=carrot,
```

2.7.7 使用 break/contine 语句跳出循环

break 在前面介绍 switch 语句时已经出现过,它可以跳出或终止循环控制语句及条件控制语句中的 switch 语句。

break 后带数字参数如 break 1、break 2 是指 break 要跳出的控制语句结构的层数。

例如:

```
$myarray= array('a'=>'apple', 'b'=>'banana', 'c'=>'carrot');
foreach($myarray as $key =>$value){
  echo "$key = $value , ";
  break;  //跳出循环
}

//以上代码输出:  a=apple,
//因为执行了一次 echo 语句后碰到了 break,跳出了循环
```

continue 的作用是这样的,一旦被执行,它会先从当前的循环中跳出,直接进入下一个循环迭代,继续执行程序。

例如:

```
$myarray= array('a'=>'apple', 'b'=>'banana', 'c'=>'carrot');
foreach($myarray as $key =>$value){
  echo "$key = ";
  continue ;
  echo " $value ,";
}

//以上代码输出: a= b= c=
//因为每次循环执行了第一个 echo 语句后就碰到了 continue,进入下一次循环,没有机会
执行第二条 echo 语句了
```

2.8 函数(function)

通俗地讲,函数是程序员的工具,有些工具是其他人已经制作好的,像一套螺丝刀,有些则需要你自己制作。函数可以实现一些特定的功能,有些函数需要输入参数,有些函数会返回值。

2.8.1 函数的定义

一个函数可由以下的语法来定义:

```
function foo($arg_1, $arg_2, /* ..., */ $arg_n)
{
    //代码
```

```
        return $retval;
}
```

foo 是函数名称，$arg 是传入函数的参数，$retval 是函数返回的值。

函数名和 PHP 中的其他标识符命名规则相同。有效的函数名以字母或下划线打头，后面跟字母、数字或下划线。

函数名是大小写无关的，不过在调用函数的时候，使用其在定义时相同的形式是个好习惯。

任何有效的 PHP 代码都有可能出现在函数内部，甚至包括其他函数和类定义。

例如：

```
function myfunction($a){
    return $a+1;
}
```

所有函数都具有全局作用域，可以定义在一个函数之内而在之外调用，反之亦然。

例如：

```
function fun1 (){
  function fun2(){
  }
}

fun2();    //虽然fun2是在fun1中定义的，但是可以在全局中使用
```

PHP 不支持函数重载，也不可能取消定义或者重定义已声明的函数。如果需要类似的特性，请使用面向对象来实现。

2.8.2　向函数传递参数

函数是一个相对封闭的程序段，很多函数需要传递参数才能操作，例如：

```
echo strlen('123'); //输出 3
```

函数定义：int strlen (string $string) ——获取字符串长度。函数 strlen 需要传递一个字符串作为输入，返回值为整型即传递的字符串的长度。

在 PHP 官网上的文档中有全部官方模块的函数文档，大约有几千个函数，要完全掌握它们是不现实的，因此在编写程序的时候会经常需要搜索查阅函数说明，迅速理解文档中提供的例子，并掌握函数的使用方法。

2.8.3 通过引用传递参数

默认情况下，函数参数通过值传递。如果希望允许函数修改它的参数值，必须在函数定义中该参数的前面加上符号 &。

【示例 2-13】通过引用传递参数。

```php
<?php
function fun1(&$a){
$a++;
}

$b=1;
fun1($b);        //根据函数的定义，$b 是引用传递
echo $b;         //输出 2，因为$b 在函数中执行了$a++
?>
```

2.8.4 默认参数的值

函数的参数可以设置默认的值，可以是标量、数组或 null。默认值必须是常量表达式，不能是诸如变量、类成员，或者函数调用等。

例如：

```
function myfunction($a , $b=true, $c='test', $d=null){
}

//当调用此函数时，可以不必传入有默认值的参数
myfunction( 'a');
myfunction('a', 'b');
myfunction('a', 'b', 'c');

//以上调用方式都是正确的
//没有传入值的参数使用函数定义的默认值
```

 当使用默认参数时，任何默认参数必须放在任何非默认参数的右侧，也就是说，有默认值的参数必须在最后。

PHP 官方提供的许多函数都使用这一特性，这样做的好处有两点：

- 简化函数的使用方式，同时也可以简化代码。
- 如果需要修改函数的定义，增加带默认值的参数不会影响现有代码。

2.8.5　参数类型声明

函数的参数可以指定类型，当传入类型不对的时候 PHP5 会报告致命错误，PHP7 会抛出 TypeError 异常。可以使用的类型参见表 2.7。

表 2.7　参数类型

类型	说明	PHP 版本
Class、interface	对象或接口	5.0.0
Array	数组	5.1.0
Callable	回调函数	5.2.0
Bool、int、string、float	标量类型	7.0.0

例如：

```php
function fun1(int $a, string $b, bool $c, float $d) {}

fun1( 1, 'test', true, 1.0);
//调用函数的时候参数类型会进行类型转换

class A{};
function myfunction( A $a, array $b, callable $c){
    call_user_func($c); //使用 call_user_func 函数运行回调函数
}

myfunction( new A(), array(), function(){ echo 'a'; } );
//输出：a
```

2.8.6　可变数量的参数列表

PHP 语言支持可变数量的参数，也就是说可以传入任意多个参数。使用 ... 对传入参数进行定义。在调用函数的时候，也可以使用...语法传入数组。

例如：

```php
function myfunction( ...$vars){
    //$vars 其实是一个数组
}

myfunction( 1);
myfunction( 1, 'test', 1.0, false);
myfunction( ... [1, 2, 3]);
myfunction( ...array(1,2,3));
//以上调用方式都正确
```

也可以指定可变数量参数的类型，例如：

```php
function myfunction( int ...$vars){}
```

```
myfunction( 1, 2, 3, 4);
```

如果需要修改可变数量参数的值,可以以引用方式传入参数,例如:

```
function myfunction( & ... $vars){ $vars[0]= 'test' ;}

$a = [1,2,3,4];
myfunction( ...$a);
echo $a[0];  // 输出: test ,因为在myfunction函数中被修改了
```

2.8.7 使用全局变量

在函数中定义的变量只能在函数中使用,外部是无法访问和使用的。然而函数中可以使用关键字 global 来使用函数外部的全局变量。

【示例 2-14】全局变量。

```
<?php
$a = 1;
function myfunction(){
  global $a;           //获取全局变量$a
  $a++;
}

echo $a;              //输出: 1
myfunction();
echo $a;              //输出: 2
?>
```

2.8.8 使用静态变量

函数中可以定义静态变量,顾名思义,每次调用函数时,静态变量始终存在不会随着函数执行完成而消失,下次函数调用的时候静态变量的值仍然可以保持。

【示例 2-15】静态变量。

```
<?php
function myfunction(){
  static $a = 0;
  echo $a;
  $a++;
}

myfunction();   //输出: 0
myfunction();   //输出: 1
```

```
myfunction();    //输出: 2
?>
```

2.8.9 从函数返回值

使用 return 语句从函数返回值，可以返回数组、对象以及其他类型。返回语句会立即中止函数的运行，并且将控制权交回调用该函数的代码行，例如：

```
function myfunction(){
    return 1;
}

echo myfunction();   //输出: 1
```

 如果没有使用 return 语句返回任何值，则默认返回 null。

利用数组可以返回多个值，通常搭配 list 函数使用。

【示例 2-16】利用数组返回多个值。

```
<?php
function myfunction(){
    $a='hello'; $b='world';
    return [$a, $b];
}

list( $a, $b)= myfunction();

echo $a. $b;          //输出: helloworld
?>
```

2.8.10 返回值类型声明

PHP 7 增加了对返回类型声明的支持。 类似于参数类型声明，返回类型声明指明了函数返回值的类型。可用的类型与参数声明中可用的类型相同。

【示例 2-17】返回值类型声明。

```
<?php
function myfunction(int $a) : int{    //以前不允许声明返回值为 int 型
return $a + 1;
}

echo myfunction(1);                    //输出: 2
?>
```

2.8.11 可变函数

在 PHP 中，可以将函数名赋值给一个变量，这就是可变函数。在解析 PHP 代码的时候，如果一个变量名后有圆括号，PHP 将寻找与变量的值同名的函数，并且尝试执行它，例如：

```php
function myfunction(){
  echo 'myfunction';
}

$a= 'myfunction';
$a(); //输出：myfunction 因为$a被替代为myfunction
```

一个典型的用法是将函数名称放在一个数组中，然后依次调用这些函数，例如：

```php
<?php
$functions= ['fun1', 'fun2', 'fun3']; //假设已经定义了函数fun1,fun2,fun3
foreach($functions as $fun){
    $fun(); //依次调用数组中的函数
}
?>
```

2.8.12 匿名函数

匿名函数（Anonymous functions），也叫闭包函数（closures），允许临时创建一个没有指定名称的函数，最常用作回调函数（callback）参数的值。

例如：

```php
$myfunction = function(){
    echo 'myfunction';
};

$myfunction(); //输出：myfunction
```

匿名函数也可以有参数。

【示例 2-18】匿名函数带参数。

```php
<?php
$myfunction = function( $message){
    echo 'myfunction: '. $message;
};

$myfunction('hello');                    //输出：myfunction: hello
?>
```

第 3 章

◀PHP与用户交互▶

与用户交互是 Web 应用程序开发中非常重要的一部分。最常见的用户交互就是用户填写和提交表单，服务器返回相应结果。这一过程，静态的 HTML 页面无法完成，要用 PHP 在服务器端来实现。PHP 脚本在服务器上执行，能够生成动态页面内容。

3.1 表单处理

表单简单来说就是我们看到的网页，本节对表单的概念、输入输出原理进行介绍。

3.1.1 表单简介

表单就是 form，用于集合不同类型的用户输入，可以理解为一个包含表单元素的区域。最常见的表单如图 3.1 所示。

图 3.1　常见表单

【示例 3-1】form1.php

图 3.1 这个表单的 HTML 代码：

```
<form>
请输入手机号：
<input type="text" name="cellphone" />
<input type="submit" value="提交" />
</form>
```

仅有这样的代码只能让浏览器上显示出 form 的外形，不存在任何数据传输和提交的功能，是静态的。所以，为了真正实现动态交互，我们需要在<form>里加上以下代码：

```
<form name="form1" action="form1.php" method="get">
```

或

```
<form name="form1" action="form1.php" method="post">
```

在上述代码里，<form>里出现了 action 和 method 两个属性，它们的意义如下：

- action：表单的动作属性。定义了当用户单击"确认"按钮时，表单的内容会被传送到哪个目标文件，也就是要执行的 PHP 文件。

action 指定的 URL 不一定在当前服务器上，也可以指向任何一个合法的 URL 地址，例如：

```
action='http://my.server.com/test.php'
```

 如果省略 action 属性，则表单内容提交到当前 URL。

- method：规定如何发送表单数据，有 get 和 post 两个选项，默认是 get。

3.1.2 GET 和 POST 的区别

如果采用 GET，浏览器会和 action 属性中指定的 URL 建立连接，将数据直接附在表单的 action URL 之后。这两者之间用问号进行分隔，参数之间用&分隔，例如：

http://my.server.com/index.php?cellphone=13912341234&name=test

如果采用 POST，浏览器会和 action 属性中指定的 URL 建立连接，然后将表单的数据通过 HTTP 协议发送给服务器端的 PHP 程序，如图 3.2 所示。

图 3.2 POST 形式

GET 和 POST 的差异表现在：

- 安全性上 POST 要好得多。使用 GET 方法表单参数将会直接显示在地址栏的 URL 里，其他用户可以通过查询浏览器的历史记录轻松得到输入的数据；而 POST 就没有这样的安全漏洞，POST 方法从表单发送的信息对其他人是不可见的（所有名称/值会被嵌入 HTTP 请求的主体中）。
- 执行效率上 GET 更好。如果采用 POST，读取和解码都更复杂一些，这是由于它们的传输方法不同而造成的。
- POST 传送的数据量更大，一般默认为不受限制。GET 只能传送小于 2KB 的数据。

3.1.3　PHP 与表单处理

对应于 GET 和 POST，PHP 定义了全局变量$_GET、$_POST 和$_REQUEST。其中$_GET 将 URL 中?以后携带的参数解析成数组形式，同样地$_POST 将 HTTP 发送过来的 POST 参数解析成数组形式，而$_REQUEST 则包含了 GET、POST 和 COOKIE 中的所有数据，也是以数组形式存在。

下面的章节会针对表单的各种元素讲解 PHP 如何处理表单提交的参数。

3.2　表单元素及处理

在一个表单里，可以包含各种不同的元素，如文本字段、复选框、单选按钮、提交按钮等。下面我们将分别介绍它们的基本结构和处理方法。

3.2.1　文本框

form 中最常用到的标签就是 input，文本输入就是通过它来实现的。当然，它的用法不止这一种，我们还会在其他用法中提到它。

首先来看一个文本框的 HTML 代码：

```html
<form>
  <p>First name: <input type="text" name="fname" /></p>
  <p>Last name: <input type="text" name="lname" /></p>
</form>
```

它在浏览器上生成的表单是这样的，如图 3.3 所示。

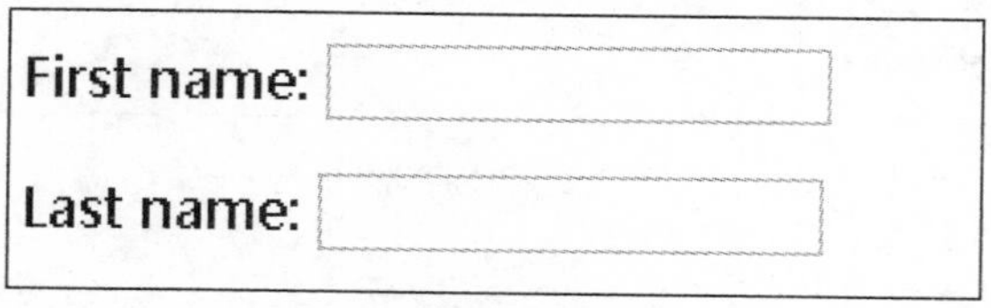

图 3.3　名称表单

而将其中的内容提交到服务器，需要进行以下修改。

【示例 3-2】form2.php

```html
<form>
<!-- 这是 HTML 的注释语法 -->
  <p>First name: <input type="text" name="fname" /></p>
  <p>Last name: <input type="text" name="lname" /></p>
  <p><input type='submit' /></p>
```

```
    <!-- 添加一个提交按钮-->
</form>

<?php
//用isset函数判断$ GET是否有fname
if(isset($ GET['fname'])){
    //打印出表单提交的fname
    echo "First name: ${ GET['fname']} <br/>\n";
}
if(isset($ GET['lname'])){
    echo "Last name: ${ GET['lname']} <br/>";
}
?>
```

如果我们在表单中输入一些值，单击"提交"按钮，结果如图 3.4 所示。

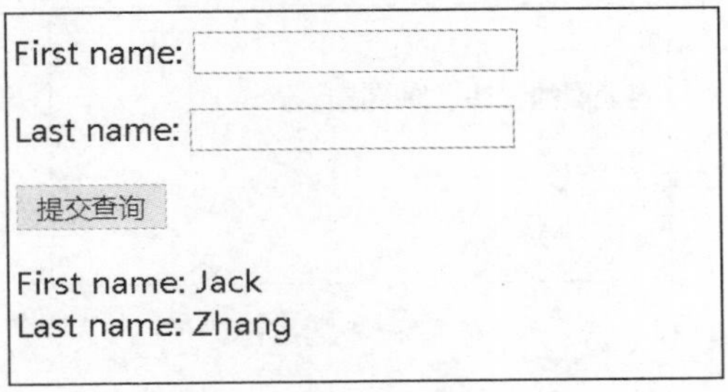

图 3.4 提交的表单

笔者使用的是 Firefox（火狐浏览器），不同的浏览器由于使用的 HTML 的渲染引擎不同，因此显示的字体/颜色/大小也有所不同，读者应理解这个差异。

一点题外话，在开发 Web 项目的过程中，浏览器是一个非常重要的工具，Firefox（火狐）提供了开发者工具，另外还有强大的 Firebug 插件，Chrome（谷歌浏览器）/微软最新的 Edge 浏览器也有内置的开发者工具，读者应该花点时间学习浏览器提供的工具，可以提高自己的工作效率。

常见的密码框也是文本框，只是 input 标签中 type 的值设为了"password"。在提交表单时程序收到的仍是用户输入的数据，与普通文本框的提交没有区别，例如：

```
<input type='passwod' name='password' />
```

文本域 textarea 可以看作多行文本框，与文本框功能相同，例如：

```
<textarea name='description' ></textarea>
```

3.2.2 单选按钮（radio）与复选框（checkbox）

单选按钮和复选框也是通过 input 标签来实现的，只是 type 的值不同。

1. 单选按钮

单选按钮中的 type 的值设为"radio",一个单选按钮的 HTML 代码示例如下:

```
<form>
......
    <h3>对上面的说法,你的态度是:</h3>
    <input type="radio" name="radiobutton" value="同意" />同意<br />
    <input type="radio" name="radiobutton" value="不同意" />不同意<br />
    <input type="radio" name="radiobutton" value="无法判断" />无法判断<br />
    <input type='submit'>
</form>
```

它实现的结果如图 3.5 所示。

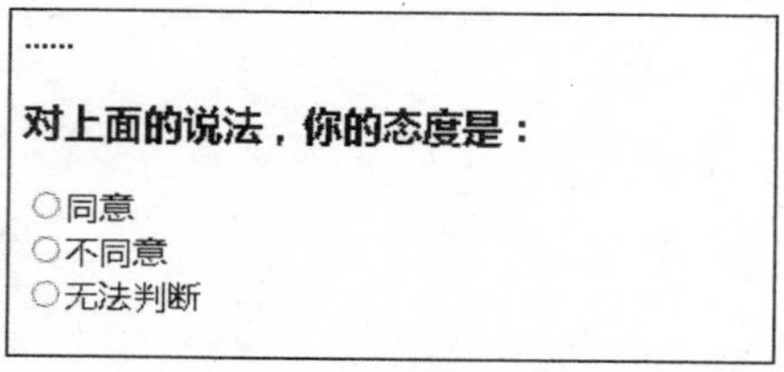

```
......
对上面的说法,你的态度是:
○同意
○不同意
○无法判断
```

图 3.5 单选按钮

而将用户提交的结果传送给服务器,需要在 HTML 代码之后加上以下代码:

```
<?php
if(isset($_GET['radiobutton'])){
echo "你的选择是: ${_GET[radiobutton]} <br/>\n";
}
```

radiobutton 是单项选择,所以只能有一个结果。

2. 复选框

复选框中的 type 的值设为"checkbox",一个复选框的 HTML 代码示例。

【示例 3-3】复选框

```
<form>

    <h3>您喜欢的交通方式(可多选):</h3>
    <input type="checkbox" name="checkbox[]" value="plane" />飞机<br />
    <input type="checkbox" name="checkbox[]" value="train" />火车<br />
    <input type="checkbox" name="checkbox[]" value="bus" />汽车<br />
    <input type="checkbox" name="checkbox[]" value="ship" />船<br />
    <input type='submit'>
</form>

<?php
if(isset($_GET['checkbox'])){
```

```
var_dump($_GET['checkbox']);
}
?>
```

在微软的 Edge 浏览器显示如图 3.6 所示。

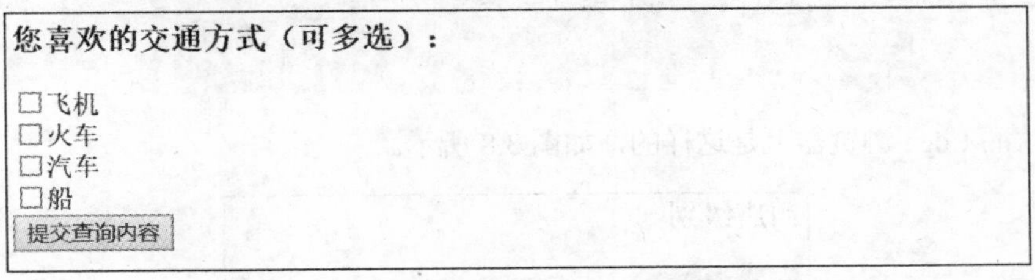

图 3.6 复选框

由于是复选，意味着用户可能会选择多个结果，因此 input 标签的 name 属性的值是 checkbox[]，这样用户选择了多个结果时 PHP 解析器会自动将这个参数解析为数组。如果不加上 []，则会出现参数值覆盖问题，如图 3.7 所示。

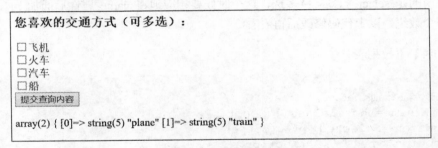

图 3.7 参数值覆盖

可见 $_GET['checkbox'] 是一个数组，即使只选择一个选项也会解析成一个数组，并且名称中的[]被 PHP 解析器去掉了。

那么问题来了，如果有多个表单元素重名会出现什么情况？请读者自己试试。

3.2.3 下拉列表

下拉列表与列表框是通过 select 和 option 标签来实现的。

首先来看一个下拉列表的 HTML 代码：

```
<form>
    <h3>酒店级别</h3>
<select name="hotelclass">
    <option selected>不限</option>
    <option >五星级/豪华</option>
    <option >四星级/高档</option>
    <option >三星级/舒适</option>
    <option >二星及以下/经济</option>
</select>
```

```
    <input type='submit'>
</form>

<?php
if(isset($_GET['hotelclass'])){
echo ("你的选择是：${_GET['hotelclass']} ");
}
?>
```

它在微软的 Edge 浏览器上是这样的，如图 3.8 所示。

图 3.8　下拉列表

需要说明的是 select 标签支持多选，这个时候要相应地将 name 属性后面加上[]，告知 PHP 解析器这是个数组，以上代码修改后再看看。

【示例 3-4】下拉列表

```
<form>
    <h3>酒店级别</h3>
<select name="hotelclass[]" multiple>
    <option selected>不限</option>
    <option >五星级/豪华</option>
    <option >四星级/高档</option>
    <option >三星级/舒适</option>
    <option >二星及以下/经济</option>
</select>
<br>
<input type='submit'>
</form>

<?php
if(isset($_GET['hotelclass'])){
echo ("你的选择是：");
var_dump($_GET['hotelclass']);
}
?>
```

在浏览器中如图 3.9 所示。

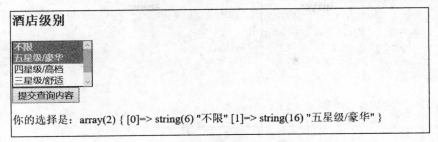

图 3.9 多选

3.2.4 按钮

HTML 表单中最常用的按钮是重置按钮和提交按钮,它们都是通过 input 标签来实现的,只是 type 的值不同而已。

1. 重置按钮

重置按钮可以清除表单中的所有数据,使表单中所有元素恢复到初始状态。它是通过将 input 的 type 值设为 reset 来实现的。

首先来看一下重置按钮的 HTML 代码:

```
<p>请单击重置按钮,可以清空表单。</p>
<form>
  用户名: <input type="text" name="uname" /><br />
  密码: <input type="password" name="password" /><br />
  <input type="reset" value="重置" />
</form>
```

它在浏览器上生成的表单如图 3.10 所示。

图 3.10 重置按钮

单击"重置"按钮由浏览器直接处理,不会提交任何数据到服务器,所以 PHP 程序无法直接处理重置按钮的单击事件。

2. 提交按钮

当用户完成表单后,需要将数据发送到服务器,这时需要提交按钮。它是通过将 input 的 type 值设为 submit 来实现的。

首先来看一下提交按钮的 HTML 代码:

```
<form>
```

```
用户名: <input type="text" name="uname" /><br />
密码: <input type="password" name="password" /><br />
<input type="reset" value="重置" />
<input type="submit" value="提交" />
</form>
```

它在浏览器上生成的表单如图3.11所示。

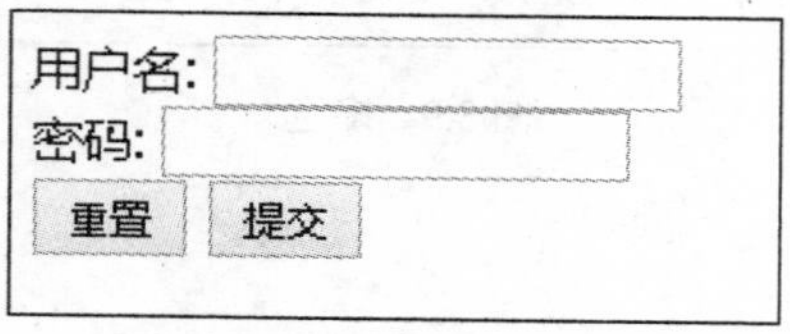

图3.11 提交按钮

PHP 解析器将表单提交的数据分别放到全局变量$_GET、$_POST、$_REQEST 中，方便进一步处理。

3.3 Cookie

在跟用户的交互中，往往需要识别用户的身份并记录下来。但 HTTP 协议的特点是，客户端每次与服务器对话都被当成一个单独的过程，不保存状态。举例而言，当用户在第一个页面登录后访问下一个页面仍要重新登录，这显然是不合适的。

因此，Session 和 Cookie 应运而生，它们可以方便地确认客户身份，并临时保存一些常用数据。下面我们分别详细介绍一下。

由于初学者常常对 Session 和 Cookie 有些迷惑，这两个家伙也确实有些麻烦，下面通俗地介绍一下这些概念，希望对读者理解 Session 和 Cookie 有所帮助。

HTTP 协议是一个无状态协议，就像街上摆摊卖包子，钱货两讫。每次浏览器和服务器之间的发送和接收都是钱货两讫，服务器不知道这次的 HTTP 请求和上次的是一个浏览器。

HTTP+Cookie 就成了饭馆了，每个客人（浏览器）都有个桌子，服务员（服务器）给每个桌子编个号（存在 Cookie 中)，每次客人点菜（HTTP 请求）的时候都会告诉服务员（服务器）我的桌号是??号（Cookie），服务员（服务器）就会记录一下 1 号桌的客人点了个龙虾，可得记到账上，不能让他跑了。

Cookie 就像每个餐桌上放的那个菜单（可以修改）。

Cookie 和 Session 的相同之处在于都可以记录点了什么菜，Cookie 是给客人（浏览器）看的，客人可以用一种叫 JavaScript 的餐具修改 Cookie（是不是很坏？），服务员（服务器）在每次客人点菜（HTTP 请求）的时候也会收到 Cookie，为了安全起见，还是别太相信这个 Cookie 中记录的菜单，要是客人删除了那个龙虾就赔了。

Session 那里也可以记录客人点了什么东西，不同之处就在于，Session 是由 PHP 控制的，存在服务器端，Session 通过在 Cookie 中设置一个叫做 Session ID（桌号）的唯一性字符串，来标记这个客人。

这样当客人点了龙虾以后，PHP 控制的 Session 就会记录下来，而客人的那个 JavaScript 餐具可修改不了 Session，到结账的时候按照 Session 记录的付钱就行了。

要是这样讲还是不明白，就去找个饭馆试试看，结账的时候就说'没有点那个龙虾啊！'，看看那个饭馆是相信你，还是相信他们的计算机。

3.3.1 什么是 Cookie

Cookie 是服务器留在用户计算机中的小文件。每当相同的计算机通过同一个浏览器请求页面时，它同时会发送 Cookie。

因此，Cookie 常用于以下几个方面：

- 识别用户。
- 在页面间传递变量。因为浏览器并不会保存当前页面上的任何变量信息，所以一旦关闭页面，它上面的任何变量信息都会消失。把变量以 Cookie 形式保存下来，其他页面就可以通过读取该 Cookie 来获得变量的值。
- 记录访客的信息，创造更好的用户体验。

3.3.2 如何创建 Cookie

setcookie()函数用于设置 Cookie，它的语法结构是：

```
setcookie(name, value, expire, path, domain, secure);
setcookie(cookie 名字，值，失效时间，服务器上的有效路径，域名，是否用 HTTPS 协议传输);
```

PHP 用一个全局变量$_COOKIE 来存储这些变量，示例如下：

```
<?php
setcookie("user", "Chloe", time()+7200);
?>

<html>
<body>

</body>
</html>
```

在上面示例中，程序创建了名为"user"的 Cookie，把它赋值为"Chloe"。同时也规定了 2 小时后过期。

到期后，Cookie 文件将被自动删除，后面要讲的删除 Cookie 也会提到这一点。如果没有设置失效时间，关闭浏览器时会自动删除 Cookie。

setcookie() 函数必须位于 <html> 标签之前，否则会出错！请读者自己体验一下。

更多的示例如下：

```php
<?php
setcookie ("user", "Chloe", time()+7200,'','',"yourdomain.com", 1);
?>
```

上面创建的 Cookie，除了前面已经提到的内容，还设定了域名，在 yourdomain.com 下有效；另外，Cookie 将使用安全的 HTTPS 协议传输（0 代表普通传输）。

3.3.3 如何读取 Cookie

如前所述，可以用$_COOKIE 变量取回 Cookie 的值，示例如下：

```php
<?php
// 只输出一个cookie的值
echo $_COOKIE["user"];

//输出cookie的所有值
print_r($_COOKIE);
?>
```

3.3.4 如何确认 Cookie 存在

isset()函数可以用来确认是否已设置了 Cookie。

【示例 3-5】确认 Cookie 存在。

```php
<html>
<body>

<?php
if (isset($_COOKIE["user"]))
  echo $_COOKIE["user"] . "你好!<br />";
else
  echo "游客你好!<br />";
?>

</body>
</html>
```

3.3.5 如何删除 Cookie

设置 Cookie 的有效时间为过期即可删除。

```php
<?php
// 将过期时间设为半小时前
setcookie("user", "", time()-1800);
?>
```

3.4 Session

3.4.1 什么是 Session

由于 HTTP 是无状态协议，即使是同一个用户向服务器发出不同的请求，服务器也无法分辨这是由一个用户发出的。PHP 定义了全局变量$_SESSION，可以在服务器端存储用户信息解决这个问题。

它的工作机制是：为每个用户创建一个唯一的 ID，并基于这个 ID 来存储变量。默认状态下，Session ID 存储在 Cookie 里和服务器端的文件或数据库中，服务器通过读取 Cookie 中的 SessionID，然后在服务器端找到对应的 Session 文件来获取已经保存在文件中的 Session 值，但如果客户端浏览器无法正常工作，也可以用 URL 方式传递它（在 php.ini 中将 session.use_trans_sid 设为启用状态），不过要注意安全隐患。

Session 信息是临时的，在用户关闭浏览器后自动失效。

3.4.2 如何创建 Session

启动 Session 可以用 session_start()函数。

```
<?php session start(); ?>

<html>
<body>

</body>
</html>
```

上述代码会向服务器注册用户的 Session，以便开始保存用户信息，同时会为用户 Session 分配一个 UID。

　session_start() 函数必须位于 <html> 标签前，因为会设置一个 Cookie，所以必须在有 HTML 输出之前调用。

3.4.3 如何存储 Session

在 PHP 中，有一个全局变量$_SESSION。在一个页面对其赋值，在另一个页面调用就可以实现变量在页面间的传递。

【示例 3-6】存储 Session。

```php
<?php
session_start();
// 存储session数据
if(isset($_SESSION['views']) ){
  $_SESSION['views']++;
}else{
  $_SESSION['views']=1;
}
?>

<html>
<body>

<?php
//读取session数据
echo "浏览次数=". $_SESSION['views'];
?>

</body>
</html>
```

请读者将这段代码保存以后在浏览器中访问，多刷新几次页面试一下。

3.4.4 如何检测 Session 是否存在

isset()函数可以完成这一点。上例已经使用过 isset 函数判断了。

```php
<?php
session_start();
// 存储session数据
if(isset($_SESSION['views']) ){
  $_SESSION['views']++;
}else{
  $_SESSION['views']=1;
}
?>
```

3.4.5 终结 Session

unset() 函数可以释放指定的 Session 变量:

```php
<?php
unset($_SESSION['views']);
?>
```

而 session_destroy() 函数可以彻底终结 Session,所有已存储的 Session 数据都会被重置:

```php
<?php
session_destroy();
?>
```

第 4 章 字符串和数组

字符串（string）就是字符序列，如 "Hello world!"，它是 PHP 语言里一个重要的数据类型。字符串操作函数是 PHP 的核心部分，必须掌握。数组是 PHP 中重要而又复杂的数据类型，它是一个变量的组合，每一个变量都叫做数组的一个元素（element）。对它的索引叫做键名（key），相对应的，元素的值叫做键值（value）。本章就详细介绍字符串和数组。

4.1 字符串

4.1.1 字符串里字符的类型

字符串里的字符有不同种类，列举如下：

- 字母类：如 a、b、c……也包括中文字符。
- 数字类：如 1、2、3……
- 特殊字符类：如#、^、$……
- 不可见字符类：如 Tab、回车符、换行符……

 一个字符串可以是以上类型的任意组合，并不用局限在某种类型之中。

4.1.2 连接字符串

前面我们介绍 PHP 语法时已经提到，英文中的句号"."可以连接字符串。为了帮助大家加深记忆，这里再用例子演示一下。

【示例 4-1】连接字符串。

```
<?php
//定义字符串
$str1 = "Hello";
$str2 = "World!";
```

```
$str3 = $str1 . $str2;
$str4 = $str1 . " " . $str2;  //连接上面两个字符串 中间用空格分隔

//输出连接后的字符串
 echo $str3;   //输出 HelloWorld!
 echo $str4;   //输出 Hello World!
?>
```

4.1.3 计算字符串长度 strlen()

这是对字符串的基本操作之一。strlen()函数会返回字符串的长度,以字符计。

 GBK 编码一个汉字占两个字符,UTF-8 编码一个中文占三个字符。

```
echo strlen('中文');  //输出: 6
```

在中文环境下,判断字符串长度比较麻烦,因为字符串有可能是中文,英文和数字的混合。这个时候可以使用 mb_strlen()函数,例如:

```
echo mb_strlen('中文abc123', 'UTF-8');  //输出: 8
```

mb_strlen 函数由多字节字符串 mbstring 模块提供,专用来处理 PHP 中的多字节编码问题。而且 mbstring 还提供了在各种字符编码之间进行转换。

4.1.4 检索字符串

下面几个看似相似的函数都可以对字符串内指定的字符或文本进行检索,区别是检索的方法和标准不同,具体说明如下。

- strpos(): 查找指定字符串在另一字符串中第一次出现的位置(区分大小写)。
- strrpos(): 查找指定字符串在另一字符串中最后一次出现的位置(区分大小写)。
- stripos(): 查找指定字符串在另一字符串中第一次出现的位置(不区分大小写)。
- strripos(): 查找指定字符串在另一字符串中最后一次出现的位置(不区分大小写)。

返回的值有两种可能:如果找到匹配,返回的是位置,是整型;如果匹配失败,返回 FALSE,例如:

```
echo strpos('abc123', '1');      //输出: 3
echo strpos('abcABC', 'A');      //输出: 3
echo strrpos('abcABC', 'B');     //输出: 4
echo stripos('abcABC', 'B');     //输出: 1 不区分大小写,所以找到的是 b
echo strripos('abcABC', 'B');    //输出: 4不区分大小写,从后向前找,所以找到的是 B
echo strpos('abc123', '0');      //因为返回 false,所以没有输出
```

字符串中首字符的位置是 0 而不是 1，因此要用==来判断是否找到字符串，因为返回值有可能是 0。

【示例 4-2】==的使用。

```php
<?php
if( strpos('abc', 'a') == false){
  echo '没有找到a';
}
//输出：没有找到a
//其实strpos('abc', 'a')返回0，但是0被转换为false，因此if判断成立
//以上代码应修改为
if( strpos('abc', 'a') === false){
  echo '没有找到a';
}else{
  echo '找到a';
}
//输出：找到a
?>
```

啰嗦一句，尽量使用==、!==来判断，避免使用==、!=。

相对应的，所有这些函数都有 mb_版本。咱们需要处理中文的时候就要使用相应的 mb_版本。

下面这两个函数也是用来检索字符串。不同的是，它们返回的值是从匹配点开始的字符串剩余部分。也就是说，上一组函数是告诉你个编号，这一组函数则是把剩下的字符（包括搜索的那个）都提取出来。

- strstr：返回搜索字符串第一次出现的位置开始到结尾的部分。
- stristr：同上，但是不区分大小写。这里的 "i" 是 insensitive 的意思。

例如：

```php
$email= 'test@test.com';
echo strstr($email, '@');  //输出：@test.com
```

值得一提的是 PHP 的官方文档很有意思，请看官方的函数说明：

```
string strstr ( string $haystack , mixed $needle [, bool $before_needle = false ] )
```

- haystack：干草堆。
- needle：针。

这些检索类的函数都是在干草堆里找针。相对应的也有 mb_strstr 和 mb_stristr 来检索多字节字符串。

4.1.5 截取字符串

substr(目标字符串,起始位置 [, 截取长度])，它的作用是返回目标字符串的一部分。其中截取长度是可选参数，如果没有提供，返回的子字符串将从起始位置开始直到字符串结尾。

"起始位置"必须是整数。如果是正数，从字符串的指定位置开始截取即可；如果是 0，应从字符串的第一个字符处开始；如果是负数，从字符串结尾开始的指定位置开始。
"截取长度"也必须是整数。如果是正数，从"起始位置"参数所在的位置算长度；如果是负数，则从字符串末端算起，返回的是从"起始位置"开始直到扣除从字符串末端算起"截取长度"字符串以外的全部字符。

例如：

```
echo substr('abcdef', 1);        // bcdef
echo substr('abcdef', 1, 3);     // bcd
echo substr('abcdef', 0, 4);     // abcd
echo substr('abcdef', 0, 8);     // abcdef
echo substr('abcdef', -1);       // f
echo substr('abcdef', 1, -2);    //bcd
```

相对应的也有 mb_substr 函数。

substr 的使用方法比较灵活，建议使用的时候尽量使用正整数，使用负数的时候务必小心。

4.1.6 替换字符串

PHP 主要有三个函数用来查找和替换字符串，我们依次来介绍。

（1）str_replace()、str_ireplace()两个函数都可以用来替换字符串中的一些字符，区别还是 str_replace()对大小写敏感，str_ireplace()则不是。

str_replace()的语法是：

> str_replace(搜索字符串 needle,替换字符串 replace,被寻找字符串 haystack [,记数 count])

参数 count 是可选的，是对替换数进行计数的变量。这是在 PHP 5.0 中新增的参数。
如果被搜索的字符串是数组，那么函数的返回结果仍是数组。
如果被搜索的字符串是数组，函数执行时会对数组中的每个元素进行查找和替换。

例如：

```
// 去掉字符串中的逗号
echo str_replace(',', '', '1,000,000');  //输出: 1000000
```

```
    // 替换颜色
    echo str_replace('red', 'black', '<font color="red">');    //输出：<font color="black">

    // 替换换行符、回车符
    echo str_replace(["\r\n", "\n","\r"] , "<br>", "abc\n def\n hijk\r\n");
    // 输出：abc<br> def<br> hijk<br>
```

（2）substr_replace()的作用是把字符串的一部分替换为另一个字符串。

```
    substr_replace(目标字符串 string, 替换字符串 replace, 起始位置 start [, 替换长度 length])
```

从参数就可以看出，它和上面 str_replace()、str_ireplace()函数的不同是：不依靠检索到匹配字符串再进行替换，而是根据指定位置及长度进行替换。

"起始位置"的值：正数无须多说，0 则默认从第一个字符处开始，这和前面讲过的字符串检索相吻合，负数仍意味着从字符串结尾的指定位置开始替换。

"替换长度"的值：正数、负数和 0。正数不讲了，0 相当于插入操作，负数则表示待替换的子字符串结尾处距离目标字符串末端的字符个数。

例如：

```
    $var= 'hello !';
    echo substr_replace($var, 'world', 0);  //输出：world 将整个字符串替换为 world
    echo substr_replace($var, 'world', 6);  //输出：world 将 ! 替换为 world
    echo substr_replace($var, 'world', 1);  //输出：hworld，从第一个字符开始替换到末尾
    echo substr_replace($var, 'world', 1,1);
    //输出：hworldllo !，从第一个字符开始，仅仅替换一个字符 e
```

4.1.7　清理字符串

字符串中有时会有多余的空格，而这些空格有时又会影响程序的正常执行。所以清理空格是很实用的操作。这里介绍一组 PHP 里的清理函数：ltrim()、rtrim()、trim()。它们的语法相同，区别只是清理的顺序而已。

具体如下。

- ltrim()：移除字符串左侧的空白字符或其他预定义字符。
- rtrim()：移除字符串右侧的空白字符或其他预定义字符。
- trim()：移除字符串两侧的空白字符或其他预定义字符。

下面以 ltrim()为例介绍一下语法结构：

ltrim(目标字符串，需删除字符)

这里的"需删除字符"并不是必须的。如果省略该参数，则移除下列所有字符：
- "\0": NULL。
- "\t": 制表符。
- "\n": 换行。
- "\x0B": 垂直制表符。
- "\r": 回车。
- " ": 空格。

例如：

```
echo trim(" abcd \r\n");          //输出：abcd，前面的空格和后面的\r\n 都被清除
echo trim("\abcd\\", '\\');       //输出：abcd，前后的\都被清除
echo trim("ab12a3cd", "a..z");    //输出：12a3，前后的字母都被清除
```

4.1.8 切分和组合字符串

explode() 函数可以把字符串打散为数组，implode() 函数则刚好相反。它们的语法结构如下：

```
explode(separator,string)
explode(分隔符,字符串)

implode(separator,array)
implode(分隔符,数组)
```

下面用例子来说明这两个函数是如何使用的。

```
print_r( explode(',', 'a,b,c,d') );
//输出以下结果：

Array
(
    [0] => a
    [1] => b
    [2] => c
    [3] => d
)
```

看看输出效果：

```
echo implode( ',', ['a','b','c','d'] ) ; //输出：a,b,c,d
```

注意，implode 可以直接将数组组合，例如：

```
echo implode( ['a','b','c','d'] ) ; //输出：abcd
```

4.1.9 其他常用字符串函数

篇幅所限，这里将其他常用字符串函数简单列一下，请读者自学。

1. 转义与反转义字符串

- addslashes：使用反斜线转义字符串。
- addcslashes：以 C 语言风格使用反斜线转义字符串中的字符。
- stripcslashes：反转义一个使用 addcslashes 转义的字符串。
- stripslashes：反转义一个用 addslashes 转义的字符串。
- quotemeta：将 .\+*?[^]($) 前加反斜线(\) 转义。

2. 字符串进制转换

- bin2hex：把 ASCII 字符的字符串转换为十六进制值字符串。
- hex2bin：转换十六进制字符串为 ASCII 字符的字符串。

3. 字符串分割

- chunk_split：将字符串分割成小块，并加上换行符\r\n。
- wordwrap：打断字符串为指定数量的字串，并加上换行符\n。
- str_split：将字符串转换为数组。
- split：用正则表达式将字符串分割到数组中，这个与 explode 有些像，但是支持正则表达式。

4. 字符串加密

- md5：计算字符串的 MD5 哈希值。
- crc32()：计算一个字符串的 crc32 多项式。
- sha1()：计算字符串的 sha1 散列值。
- hash()：生成哈希值。

5. 处理 CSV 字符串

- str_getcsv：解析 CSV 字符串为一个数组。

处理字符串的函数有近百个（98 个），读者应像学习英语一样进行精读和通读，掌握常用函数名称及功能，一般了解其他函数的使用方法。

4.2 数组的类型

数组的分类有两种，按照索引方法，可以分为数字索引数组和关联索引数组；按照维度，可以分为一维数组和多维数组。

4.2.1 数字索引数组

对于数字索引数组，可以想象成工号和人一一对应的关系。工号相当于键名，人相当于键值。唯一不同的是，数字索引数组键名是从 0 开始的，它是最基础的数组类型。

创建数组既可以整体赋值，也可以一个元素一个元素单独赋值。在 PHP 中，array() 函数用于创建数组，示例如下：

```
$food=array("饼干","巧克力","蛋糕");
//或者使用数组操作符[]
$food = ["饼干","巧克力","蛋糕"];
```

在这种整体赋值中，键名是自动分配的（从 0 开始）。

```
$food[0]="饼干";
$food[1]="巧克力";
$food[2]="蛋糕";
```

也可以直接给元素赋值，手动分配键名。

也可以用省略键名的方法增加新的元素，系统会自动将其键名设为已有最大键名加 1。下面例子中的"瓜子"会被自动设定为键名为"3"。

```
$food=array("饼干","巧克力","蛋糕");
$food[ ]="瓜子";
```

4.2.2 关联索引数组

关联索引数组的键名不再局限为数字，可以是字符串和数字的混合，可以把这时的键名和键值的关系想象为名字和人的一一对应。

同样的，它也支持整体赋值和逐个赋值，示例如下：

```
$price=array("饼干"=>6,"巧克力"=>12,"蛋糕"=>8);
```

或：

```
$price['饼干']=6;
$price['巧克力']=12;
$price['蛋糕']=8;
```

4.2.3 多维数组

以上举的例子都是一维数组，多维数组指的是包含一个或多个数组的数组，像数组的"嵌套"。

如表4.1 所示显示食物的进价和售价：

表4.1 食物的进价和售价

名称	进价（元）	售价（元）
饼干	4	6
巧克力	7	12
蛋糕	5	8

如果需要用数组来存储这些数据，就要用上二维数组了。

```
$food = array
  (
  array("饼干",4,6),
  array("巧克力",7,12),
  array("蛋糕",5,8)
  );
```

相应的，如果要访问里面的元素，必须使用两个索引，相当于"行"和"列"。

【示例4-3】访问二维数组。

```
<?php
$food = array
  (
  array("饼干",4,6),
  array("巧克力",7,12),
  array("蛋糕",5,8)
  );

echo $food[0][0].": 进价: ".$food[0][1].", 售价: ".$food[0][2]."\n";
echo $food[1][0].": 进价: ".$food[1][1].", 售价: ".$food[1][2]."\n";
echo $food[2][0].": 进价: ".$food[2][1].", 售价: ".$food[2][2]."\n";
?>
```

输出以下结果：

```
饼干: 进价: 4, 售价: 6.
巧克力: 进价: 7, 售价: 12.
蛋糕: 进价: 5, 售价: 8.
```

4.3 统计数组元素个数 count()函数

实际应用中,有时需要统计数组元素的个数,count()函数的功能就在于此。它的语法结构是:

```
count(array [,mode]);
count(数组 [,统计模式]);
```

上面参数中,"数组"是必须的;"统计模式"可选。如果设为"0",这也是它的默认值,将只统计数组最上面一层的元素,在多维数组时起作用;如果设为"1",则递归地统计数组中所有元素,例如:

```
$food=array("方便面","鸭翅","啤酒");
echo count($food);

//输出:3
```

对于多维数组,参考下面的例子。

【示例 4-4】多维数组。

```
<?php
$movies=array
  (
  "Action"=>array
  (
  "Skyfall",
  "Die Hard",
  "Terminator"
  ),
  "Cartoon"=>array
  (
  "Toy Story",
  "Shrek"
  ),
  "Sci-Fi"=>array
  (
  "Star War"
  )
  );
echo "电影种类:" . count($movies)."\n";
echo "所有元素:" . count($movies,1);
?>
```

以上代码输出:

```
电影种类：3
所有元素：9
```

4.4 用 foreach 遍历数组

遍历数组就是把数组中的每个元素都读出来，经常用到的是 foreach 语法结构，例如：

```
$food=array("方便面","鸭翅","啤酒");
foreach($food as $value){
  echo "$value,";
}

//输出：
方便面,鸭翅,啤酒,
```

4.5 设置数组指针——reset()、end()、next()、prev()、current()、each()

每个数组中都有一个内部的指针指向它"当前的"元素，初始指针指向插入到数组中的第一个元素。当使用 foreach 遍历数组后，数组指针指向数组的最后一个元素。如果想将数组的指针重置回第一个元素，可以使用 reset()函数。

相对应的，还有以下几个函数可以操作数组指针。

- current()：返回数组中的当前元素的值。
- end()：将内部指针指向数组中的最后一个元素，并输出。
- next()：将内部指针指向数组中的下一个元素，并输出。
- prev()：将内部指针指向数组中的上一个元素，并输出。
- each()：返回当前元素的键名和键值，并将内部指针向前移动。

例如：

```
$superheros = array("Batman", "Spiderman", "Superman", "Hulk");

echo current($superheros) . "\n";    // 当前元素是 Batman
echo next($superheros) . "\n";       // 下一个元素是 Spiderman
echo current($superheros) . "\n";    // 现在的当前元素是 Spiderman
echo prev($superheros) . "\n";       // Spiderman 的上一个元素是 Batman
echo end($superheros) . "\n";        // 最后一个元素是 Hulk
echo prev($superheros) . "\n";       // Hulk 之前的元素是 Superman
```

```
echo reset($superheros) . "\n";    // 把内部指针移动到数组的首个元素 Batman
echo next($superheros) . "\n";     // Batman 的下一个元素是 Spiderman
print_r (each($superheros));       // 返回当前元素的键名和键值（目前是
Spiderman），并向前移动内部指针

//以上代码输出：
Batman
Spiderman
Spiderman
Batman
Hulk
Superman
Batman
Spiderman
Array
(
    [1] => Spiderman
    [value] => Spiderman
    [0] => 1
    [key] => 1
)
```

4.6 数组排序

在 PHP 中，支持对数组的多种排序，这里我们将介绍几组排序函数。

4.6.1 默认排序 sort()、rsort()

sort()函数对数字索引数组进行升序排序，rsort()刚好相反（降序）。

【示例 4-5】对数字索引数组进行升序排序。

```
<?php
$price=array(12,8,27,49,11);
sort($price);
print_r($price);
?>
```

输出：

```
Array
(
    [0] => 8
    [1] => 11
    [2] => 12
    [3] => 27
```

```
    [4] => 49
)
```

如果内容是字符串,则按照字母顺序排序,例如:

```
$names=array("Joe","Mark","Daisy");
rsort($names);
print_r($names);

//输出:
Array
(
    [0] => Mark
    [1] => Joe
    [2] => Daisy
)
```

 这两个函数都将为数组中的元素赋予新的键名。这将删除原有的键名,而不是仅仅将键名重新排序。

另外,sort()、rsort()都支持设置按哪种类型排序,以sort()为例,它的语法结构为:

```
sort(array,sortingtype);
sort(数组,排序类型);
```

其中"排序类型"是可选参数,常用的值如下:

- 0 = SORT_REGULAR:默认。把每一项按常规顺序排列(标准 ASCII 码,不改变类型)。
- 1 = SORT_NUMERIC:把每一项作为数字来处理。
- 2 = SORT_STRING:把每一项作为字符串来处理。
- 3 = SORT_LOCALE_STRING:把每一项作为字符串来处理,基于当前区域设置(可通过 setlocale() 进行更改)。
- 4 = SORT_NATURAL:把每一项作为字符串来处理,使用类似 natsort() 的自然排序。
- 5 = SORT_FLAG_CASE:可以结合(按位或)SORT_STRING 或 SORT_NATURAL 对字符串进行排序,不区分大小写。

【示例4-6】对字符串进行排序。

```
<?php
$names=array( "5.5", "5.1", 1,2,3,"4");
sort($names,SORT_NUMERIC);
print_r($names);
?>
```

输出:

```
Array
```

```
(
    [0] => 1
    [1] => 2
    [2] => 3
    [3] => 4
    [4] => 5.1
    [5] => 5.5
)
```

4.6.2 关联索引数组按照键值排序 asort()、arsort()

对于关联索引数组，保持索引关系排序非常重要。asort()可以对关联索引数组按照键值进行升序排序，arsort()刚好相反（降序）。

示例如下：

```
$price=array("cookie"=>"6","chocolate"=>"15","cake"=>"8");
asort($price);
print_r($price);
```

输出：

```
Array
(
    [cookie] => 6
    [cake] => 8
    [chocolate] => 15
)
```

4.6.3 关联索引数组按照键名排序 ksort()、krsort()

对于关联索引数组，ksort()可以按照键名进行升序排序，krsort()刚好相反（降序）。示例如下：

```
$age=array("Mary"=>"6","Tom"=>"15","John"=>"8");
ksort($age);
print_r($age);
```

输出：

```
Array
(
    [John] => 8
    [Mary] => 6
    [Tom] => 15
)
```

4.7 数组常见操作

4.7.1 向数组添加新元素 array_push()、array_unshift()

数组操作中，经常要用到添加和删除元素。array_push()、array_unshift()都可以向数组添加新元素，只是插入的位置不同。

- array_push()函数向数组尾部添加元素，可以想象为排队时不断有人按顺序加入队伍。
- array_unshift() 函数向数组的开头添加元素，可以想象为往弹夹里压子弹。

例如：

```
$a=array("old1","old2");
array_push($a,"push1","push2");
array_unshift($a,"unshift1","unshift2");
print_r($a);
```

输出：

```
Array
(
    [0] => unshift1
    [1] => unshift2
    [2] => old1
    [3] => old2
    [4] => push1
    [5] => push2
)
```

如果用 array_push()来给数组增加一个元素，用$array[] =更好一些，因为这样没有调用函数的额外负担。

4.7.2 删除数组元素 array_pop()、array_shift()

array_pop()函数删除数组中的最后一个元素，返回数组的最后一个值。array_shift()删除数组中第一个元素，并返回被删除元素的值。

示例如下：

```
$a=array("old1","old2", "old3");
array_pop($a);
print_r($a);
```

```
array shift($a);
print r($a);
```

输出:
```
Array
(
    [0] => old1
    [1] => old2
)
Array
(
    [0] => old2
)
```

4.7.3 删除数组中的重复值 array_unique()

有时数组中的元素会被重复输入，用 array_unique()可以解决这种情况。

array_unique() 函数可以删除数组中重复的值。如果数组中多个元素的值相同，将只保留第一个元素，删除其他的。返回值为结果数组。

例如:

```
$name = array("Mark", "John", "Rose", "Rose", "Shane","Chloe");
print_r(array_unique($name));
```

输出:
```
Array
(
    [0] => Mark
    [1] => John
    [2] => Rose
    [4] => Shane
    [5] => Chloe
)
```

即使键名不同，仍然会去掉重复的元素，只保留第一个，例如:

```
$staff=array("n1"=>"John","n2"=>"Rose","n3"=>"Rose","n4"=>"Lily");
print_r(array_unique($staff));
```

输出:
```
Array
(
    [n1] => John
```

```
    [n2] => Rose
    [n4] => Lily
)
```

4.7.4 对数组进行查询 in_array()

因为数组是元素的集合，经常需要对数组查询，所以常常用到 in_array()函数。in_array() 函数查询数组中是否存在指定的值。

【示例 4-7 】对数组进行查询。

```
<?php
$name = array("Mark", "John", "Rose", "Shane","Chloe");

if (in_array("Shane", $name))
{
  echo "找到Shane 了";
}else{
  echo "没有找到Shane! ";
}
?>
```

输出：

找到Shane 了

4.7.5 其他常用数组函数 array_keys()、array_values()、unset()

- array_keys()函数：返回包含数组中所有键名的一个新数组。

示例如下：

```
$price=array("饼干"=>"6","巧克力"=>"12","蛋糕"=>"8");
print_r(array_keys($price));
```

输出：

```
Array
(
    [0] => 饼干
    [1] => 巧克力
    [2] => 蛋糕
)
```

- array_values()函数：返回包含数组中所有键值的新数组，例如：

```
$price=array("饼干"=>"6","巧克力"=>"12","蛋糕"=>"8");
print_r(array_values($price));
```

输出:

```
Array
(
    [0] => 6
    [1] => 12
    [2] => 8
)
```

- unset() 函数: 删除数组中的元素, 例如:

```
$name = array("Mark", "John", "Rose", "Shane","Chloe");
unset($name[0]);          //删除 Mark
print_r($name);
```

输出:

```
Array
(
    [1] => John
    [2] => Rose
    [3] => Shane
    [4] => Chloe
)
```

第 5 章

◀ 日期与时间 ▶

在实际做项目时，日期和时间常常是编程首先要考虑的部分。日期和时间不正确，程序往往无法正常运行。无论是订票、订房间还是安排日程，离开日期和时间编程都是没有意义的，所以了解相关的常用函数非常有用。

在本章将会学到：

- 设置时区。
- 获取 UNIX 时间戳：time()。
- 根据时间戳获取日期和时间：date()。
- 根据日期和时间获取时间戳：mktime()、strtotime()。
- 根据时间戳获取包含日期信息的数组：getdate()。
- 验证日期的有效性：checkdate()。
- 输出指定格式的日期和时间：strftime()。

5.1 设置时区

首先介绍一下时区的概念，它的英文翻译是 time zone，是地球上的区域使用同一个时间定义。全球划分为 24 个时区，中国采用首都北京所在的东八区，即 UTC/GMT+08:00。

PHP 中日期和时间的默认设置是格林尼治时间（GMT），与我们当前的时区不符，故而需要重新设置。

设置时区可以用以下两种方式：

- 在 php.ini 中设置，找到 "date.timezone = " 选项，将其设置为 date.timezone=Asia/Shanghai。
- 在代码中设置，调用函数 date_default_timezone_set()，并将其中的参数设为 Asia/Shanghai，date_default_timezone_set("Asia/Shanghai")。

为了保证程序的正确运行，一定要在一开始就设置好正确的时区。

5.2 获取 UNIX 时间戳

再介绍一下 UNIX 时间戳(timestamp)的概念：一种时间表示方式，定义为从格林尼治时间 1970 年 01 月 01 日 00 时 00 分 00 秒起至现在的总秒数。

与其他时间表示方式相比，它不要求格式（如月日年等）、不需要换算，非常容易处理。PHP 系统完全采用了这个概念。

获取当前时间戳的函数叫 time()，它的用法如下：

```
echo time();              //输出：1454265134
echo time()+ 7* 24 * 3600 ;   // 一周之后的时间戳
```

5.3 根据时间戳获取日期和时间

date()函数把时间戳格式化为更易读的日期和时间。它的语法格式如下：

```
date(时间格式 [,时间戳])
date(format [,timestamp] )
```

其中"时间戳"是可选参数，如果不设默认值，则是系统当前时间戳。

"时间戳格式"必须设定，常用的参数见表 5.1。

表 5.1 时间戳格式

参数	含义	参数	含义
a	小写 am 或 pm	h	12 小时格式的小时数(01~12)
A	大写 AM 或 PM	H	24 小时格式的小时数(00~23)
d	月里的某天（01~31）	i	分钟数(01~60)
m	月份（01~12）	s	秒数（00~59）
F	月份的英文全拼	e	显示时区
M	月份简写(Jan~Dec)	T	时区简写
t	每月天数总和(28~31)	D	星期几简写(Mon~Sun)
Y	年（四位数）	U	当前 UNIX 时间戳

例如：

```
echo date('Y-m-d H:i:s'); //输出：2016-01-31 20:01:25
echo date('Y-m-d', 0); //输出：1970-01-01
echo date('Y-m-d', time()+ 3*24*3600); //3天以后的同一时间：2016-02-03
```

> 其他字符，比如 "/"、"." 或 "-" 也可被插入格式字符中，以美化时间格式。如：date("Y/m/d") 或 date("Y-m-d") 等。

5.4 根据日期和时间获取时间戳

mktime() 函数返回一个日期的 Unix 时间戳。它的语法格式如下：

```
mktime(hour,minute,second,month,day,year)
mktime(时,分,秒,月,日,年)
```

这些参数可以空缺，默认为当前的日期时间。

```
echo mktime( 0,0,0,1,1, 2016);   //输出：1451602800

//让我们看看2008年奥运会时星期几?
echo date('D', mktime(0,0,0, 8,8,2008));
//输出：Fri
//Fri 是 Friday 的简写，就是星期五
```

strtotime()函数将任何英文文本的日期时间描述转换为 Unix 时间戳。它的语法格式如下：

```
strtotime(string time [,int now ] )
strtotime(要解析的时间, 计算返回值的时间戳)
```

如果不设置 "now"，默认使用当前时间作为计算返回值的时间戳。一般来说，strtotime 的用途在于将文本表示的时间转为整形表示的时间，便于进一步计算，例如：

```
echo strtotime( 'now'); // 同 time()
echo strtotime('+1 week'); //一周后的时间戳
echo strtotime('2008-08-08'); //2008年8月8日的时间戳
echo strtotime('next Monday'); //下周一的时间戳
```

> strtotime 函数相当灵活，请使用的时候做好测试工作。

5.5 根据时间戳获取包含日期信息的数组

getdate()函数可以返回一个根据指定时间戳得出的包含日期信息的数组。如果没有给出时间戳，则默认是当前本地时间。它的语法格式如下：

```
getdate(timestamp)
getdate(指定时间戳)
```

日期信息的数组说明如表 5.2 所示。

表 5.2 日期信息的数组说明

键名	含义	返回值说明
"seconds"	秒	0~59
"minutes"	分钟	0~59
"hours"	小时	0~23
"mday"	月份中第几天	1~31
"wday"	星期中第几天	0（表示星期天）~6（表示星期六）
"mon"	月份	1~12
"year"	4 位数字表示的完整年	如 2016
"yday"	一年中的第几天	0~365
"weekday"	星期几的完整文本	Sunday~Saturday
"month"	月份的完整文本	January~December
0	从 UNIX 纪元开始至今的秒数，和 time()的返回值以及用于 date()的值类似	-2147483648~2147483647

【示例 5-1】

```
<?php
echo getdate( mktime(0,0,0,1,1,2016))["wday"];           //输出：5 星期五
echo getdate( mktime(0,0,0,1,1,2016))["weekday"];        //输出：Friday
echo getdate( strtotime('2017-01-01') )['weekday'];      //输出：Sunday
?>
```

5.6 验证日期的有效性

checkdate()函数可以验证输入日期是否合法有效。具体标准为：

- 年份值应在 1~32767。
- 月份值应在 1~12。
- 日期应在给定月份应有的天数之间，闰年已经考虑进去了。

它的具体语法结构是：

```
checkdate(month,day,year)
checkdate(月,日,年)
```

例如：

```
vard_ump( checkdate( 1,32, 2016)) ;   //输出 bool(false) 这明显是个错误日期
vard_ump( checkdate( 2, 29, 2001));   //输出：bool(false)
```

5.7 输出指定格式的日期和时间

strftime()函数可以根据区域设置格式化本地时间／日期。它与 date 函数的主要不同是 strftime 支持国际化，因此要显示其他语言的时间/日期格式的时候需要用 strftime 函数。它的语法结构如下：

```
strftime(format [,timestamp])
strftime(格式 [,时间戳])
```

时间戳参数是可选的，其默认值是系统当前时间。

"格式"参数的说明见表 5.3。

表 5.3 "格式"参数的说明

代码	说明	代码	说明
%a	星期几的简写（Sun~Sat）	%P	AM 或 PM
%A	星期几的全拼(Sunday~Saturday)	%r	12 小时的时间，如 07:12:36
%b 或%h	月份的简写(Jan~Dec)	%R	24 小时的时间，如 17:25
%B	月份的全拼(January~December)	%S	秒（00~59）
%C	世纪，如 21	%t	Tab 字符，同"\t"
%d	月份中的第几天（01~31）	%T	hh:mm:ss
%D	日期，mm/dd/yy	%u	每周的第几天（1~7，1 为 Monday）
%e	月份中的第几天（01~31）	%U	本年的第几周，从第 1 周的第 1 个星期天开始
%g	2 位数的年份，如 16（2016）	%V	本年的第几周，从第 1 个至少还有 4 天的星期开始
%G	4 位数的年份，如 2016	%w	星期中的第几天（0~6，0 为 Sunday）
%H	24 小时制的小时(00~23)	%W	一年中的第几周，从第 1 周的第 1 个星期一作为开始
%I	12 小时制的小时(1~12)	%x	标准格式日期，无时间
%j	年份中的第几天（001~366）	%X	标准格式时间，无日期
%m	月份（01~12）	%y	两位数显示年份，如 16
%M	分钟(00~59)	%Y	四位数显示年份，如 2016
%n	换行符，同"\n"	%z 或%Z	时区
%p	am 或 pm		

例如：

```
echo strftime( '%x');          //输出：02/01/16
```

有些国家日期格式是月/日/年，而有些则是日/月/年。

5.8 面向对象的日期时间类

自从 PHP 5.2 开始，PHP 提供了一套面向对象的日期时间类，大大简化了时间日期的使用难度。虽然我们还没有详细介绍类与对象的相关知识，但使用一个编写好的类没有任何问题，仅仅需要了解一点调用类方法的语法知识即可。

许多日期时间类的方法也有实现同样功能的过程化风格的函数，本章介绍常用的一些类。

5.8.1 DateTime 类

先列一下 DateTime 类中定义的一些预定义常量，见表 5.4。

表 5.4 预定义常量

常量名称	常量值
ATOM	Y-m-d\TH:i:sP
COOKIE	l, d-M-Y H:i:s T
ISO8601	Y-m-d\TH:i:sO
RFC822	D, d M Y H:i:s O
RFC850	l, d-M-y H:i:s T
RFC1036	D, d M Y H:i:s O
RFC1123	D, d M Y H:i:s O
RFC2822	D, d M Y H:i:s O
RFC3339	Y-m-d\TH:i:sP
RSS	D, d M Y H:i:s O
W3C	Y-m-d\TH:i:sP

这些常量定义了一些国际标准中使用的时间格式，其中的值使用的和 date 函数格式是一样的。我们可以在 date 函数中使用这些常量，例如：

```
echo date(DateTime::ATOM);    //输出：2016-02-03T11:17:16+01:00
```

下面是 DateTime 类的一些常用方法。

- __construct: 构造函数，返回一个新的日期时间对象。
- Add: 增加一段时间，参数为 DateInterval 对象。
- createFromFormat: 静态方法，根据指定的格式和时间字符串（可选）返回一个新的日期时间对象。
- diff: 返回两个日期时间对象的时间差异。
- format: 返回指定日期时间格式的字符串。
- getLastErrors: 返回错误和警告信息。
- getOffset: 返回时区偏移量，用正负秒数表示。

- getTimestamp：返回时间戳。
- getTimezone：返回时区。
- modify：修改时间戳，支持 strtotime 函数支持的字符串格式。
- setDate：设置年月日。
- setTime：设置时分秒，其中秒为可选参数。
- setTimestamp：设置时间戳。
- setTimezone：设置时区。
- sub：减去一段时间，参数为 DateInterval 对象。

下面列举一些常用函数的例子。

【示例 5-2】时间常用函数。

```
<?php
//用字符串创建一个 DateTime 对象
$dt = new DateTime('2016-01-01 00:00:00');

//设置时分秒
$dt->setTime(2, 1);
echo $dt->format('H:i:s'); // 输出：02:01:00

//设置年月日
$dt->setDate(2016, 02, 01);
echo $dt->format('Y-m-d'); //输出：2016-02-01

//diff 函数返回的是一个 DateInterval 对象
//DateInterval 的 days 属性表示两个日期相差的天数
echo $dt->diff( new DateTime('2016-03-01'))->days; //输出：28

//modify 修改 DateTime 对象
$dt->modify('+1 week');
echo $dt->format('Y-m-d'); //输出：2016-02-08

//add 增加 DateTime 对象
$dt->add( new DateInterval('P1D')); //增加一天 P1D
echo $dt->format('Y-m-d'); //输出：2016-02-09

//当遇到特殊日期时间格式字符串时可以用 createFromFormat
$dt2= DateTime::createFromFormat('Y,m,d', '2016,01,01');
echo $dt2->format('Y-m-d'); //输出：2016-01-01
?>
```

5.8.2　DateTimeImmutable 类

DateTimeImmutable 类与 DateTime 非常类似，没有那些预定义常量（因为没有必要定义两次），主要的区别是 DateTimeImmutable 的大多数方法会返回一个新的 DateTimeImmutable 对象，而本身则不会改变。

例如：

```
$dt1 = new DateTimeImmutable('2016-01-01');      //$dt1=2016-01-01
$dt2 = $dt1->modify('+1 week');         //$dt2 = 2016-01-01 +1周
$dt3= $dt2->modify('+1 month');         //$dt3= 2016-01-01 +1周+1月

echo $dt1->format('Y-m-d');   // 2016-01-01
echo $dt2->format('Y-m-d');   // 2016-01-08
echo $dt3->format('Y-m-d');   // 2016-02-08
```

5.8.3　DateTimeZone 类

DateTimeZone 类用来进行时区相关的运算，主要用于 DateTime 的 setTimeZone/getTimeZone 方法。

DateTimeZone 类的常用方法如下：

- __construct：构造函数，传入一个字符串来创建一个 DateTimeZone 对象，例如 Asia/Shanghai。
- getLocation：返回时区的位置信息。
- getName：返回时区的名称。
- getOffset：返回时区相对于 GMT 的偏移量。
- getTransitions：返回时区转换。
- listAbbreviations：返回一个包含 DST（夏令时）、时差和时区信息的关联数组。
- listIdentifiers：返回一个包含了所有时区标示符的索引数组。

【示例 5-3】时区操作。

```
<?php
//创建一个 DateTimeZone 对象，初始化为 Asia/Shanghai
$tz= new DateTimeZone('Asia/Shanghai');

//创建一个 DateTime 对象，初始化为 GMT 时间2016-01-01 00:00:00
$dt= new DateTime('2016-01-01 00:00:00+0');

//输出：00:00:00
echo $dt->format('H:i:s');

//将时区设为 Asia/Shanghai
$dt->setTimeZone($tz);

//输出：08:00:00
echo $dt->format('H:i:s');
?>
```

5.8.4 DateInterval 类

DateInterval 类用来表示一段时间，这个类主要用于 DateTime 的 add/sub/diff 方法。
有两个方法得到 DateInterval 对象：

（1）第一个方法是使用构造函数，例如：

```
$dt = new DateInterval('P1Y1M1DT1H1M1S');
```

构造函数接受一个特殊格式的字符串，用 P 开头，然后以数字和标识符来表示一段时间，例如 1Y=1 年。如果有时分秒部分，则加一个 T 在时分秒的前面，例如 PT1H。

字符串格式如下：

P
- Y：年
- M：月
- D：日，也可以用 W：周代替

T
- H：时
- M：分
- S：秒

例如：

```
P1Y：一年
P2Y1M1D：两年一月一日
P1DT1H：一日一小时
```

也可以用 PY-m-dTH:i:s 格式传递给构造函数，例如：

```
$dt = new DateInterval('P0001-01-01T01:01:01');
```

（2）第二个方法是使用静态方法 createFromDateString，传入的字符串格式为 strtotime 接受的格式，例如：

```
$dt= DateInterval::createFromDateString('1 year + 1 month + 1 day');
```

获得 DateInterval 对象后可以用修改它的公开属性来修改时间段的长度，例如：

```
$dt= new DateInterval('P1D');
//时间段：1天
echo $dt->format('%d 天');
```

```
//修改为两天
$dt->d = 2;
echo $dt->format('%d days');
```

DateInterval 的公开属性有 y、m、d、h、i、s，含义分别为年月日时分秒，都是整数类型。

DateInterval 还有一个方法是 format，返回指定格式的字符串来表示这个时间段，例如：

```
$dt= new DateInterval('P0001-02-03T04:05:06');
echo $dt->format('%y年 %m月 %d日 %h时 %i分 %s秒');
//输出：1年 2月 3日 4时 5分 6秒
```

5.8.5 DatePeriod 类

DatePeriod 类用来表示一组相同时间段间隔的时间，说起来好拗口，请看下面示例。

【示例 5-4】如何获得从 2016 年 1 月 1 日至 2016 年 12 月 31 日每个星期五是几号？

```
<?php
//首先获得第一个星期五
$start_date = new DateTime('2015-12-31');
$start_date->modify('next Friday');

//设置结束日期
$end_date = new DateTime('2016-12-31');

//时间段间隔7天
$interval= new DateInterval('P7D');

//初始化 DatePeriod
$date_period= new DatePeriod($start_date, $interval, $end_date);

foreach($date_period as $date){
  echo $date->format('Y-m-d')."\n";
}
?>
```

请读者自己运行一下这段代码，就知道 2016 年的每个周末了。

DatePeriod 也可以指定时间组的长度，例如：

```
//获得接下来的10个周末
$date_period= new DatePeriod($start_date, $interval, 10);
```

第 6 章 文件与目录

设计程序时,文件是很重要的操作对象,故而在 PHP 学习时,对文件和目录进行操作的函数非常常用。但反过来,一旦操作失误,常常会造成严重的后果,一定要了解清楚再用。

在本章我们将会讲到:

- 打开文件:fopen()。
- 检查是否已到达文件末尾:feof()。
- 读取文件:fread()。
- 关闭文件:fclose()。
- 将整个文件读入一个字符串:file_get_contents()。
- 将字符串写入文件:file_put_contents()。
- 将整个文件读入一个数组:file()。
- 复制文件:copy()。
- 重命名文件或目录:rename()。
- 删除文件:unlink()。
- 检查文件是否正常:is_file()。
- 检查文件或目录是否存在:file_exists()。
- 返回关于文件的信息:stat()。
- 打开目录:opendir()。
- 关闭目录:closedir()。
- 读取目录:readdir()。
- 创建目录:mkdir()。
- 删除目录:rmdir()。

6.1 文件操作

6.1.1 打开文件

fopen() 函数的作用是打开文件。它的语法结构如下:

```
fopen(filename,mode)
fopen(文件名或URL,打开模式)
```

以上两个参数都是必需的。其中"打开模式"可以用如表 6.1 所示的几种方式。

表 6.1 文件的打开模式

打开模式	意义	说明
"r"	只读	只读方式打开文件，将文件指针指向文件头
"r+"	读写	读写方式打开文件，将文件指针指向文件头
"w"	写入	写入方式打开文件，将文件指针指向文件头 如果文件已存在，将其清空；如果不存在，则尝试创建
"w+"	读写	读写方式打开文件，将文件指针指向文件头。 如果文件已存在，将其清空；如果不存在，则尝试创建
"a"	添加	写入方式打开文件，将文件指针指向文件末尾。如果文件不存在，则尝试创建
"a+"	添加	读写方式打开文件，将文件指针指向文件末尾。如果文件不存在，则尝试创建
"x"	谨慎写入	以写入方式打开文件，将文件指针指向文件头。如果文件已存在，则 fopen() 调用失败返回 false，并生成警告 此选项被 PHP 4.3.2 以及以后的版本所支持，仅能用于本地文件
"x+"	谨慎写入	以读写方式打开文件，将文件指针指向文件头。如果文件已存在，则 fopen() 调用失败返回 false，并生成警告 此选项被 PHP 4.3.2 以及以后的版本所支持，仅能用于本地文件
"c"	创建并写入	以写入方式打开文件，将文件指针指向文件头。即使文件存在也不会失败或清空
"c+"	创建并读写	以读写方式打开文件，将文件指针指向文件头。即使文件存在也不会失败或清空

fopen()成功时返回文件指针资源，如果打开失败，则返回 false。

```
$file = fopen('new.txt', 'r');
$network = fopen('http://www.baidu.com');
```

6.1.2 检查是否已到达文件末尾

feof()函数用来测试文件指针是否到了文件结束的位置，对遍历长度未知的数据非常有用。它的语法结构是：

```
feof(file pointer)
feof(文件指针)
```

如果文件指针到了 EOF（end of rile）或者出错返回 true，否则返回一个错误（包括 socket 超时），其他情况则返回 false。

> 文件指针必须是有效的，必须指向由 fopen() 或 fsockopen() 成功打开的文件(并还没有被 fclose()关闭)。如果服务器没有关闭由 fsockopen() 所打开的链接，feof() 会一直等到超时返回 true。默认的时间是 60 秒，可以用 stream_set_timeout() 来改变这个值。

```
$file = fopen('new.txt', 'r');
if( feof($file) ){
  echo '文件指针位置在结束位置了';
}
```

6.1.3 读取文件

fread()函数可以读取文件,对二进制文件也是安全的。它的语法结构如下:

```
fread(file pointer, length)
fread(文件指针,读取长度)
```

以上两个参数都是必需的。"文件指针"从 fopen()的返回值得到。

fread()从指定要读取的文件读取指定数量的字节。返回的是所读取的字符串,如果出错则返回 false。

【示例 6-1】

```
<?php
$file = fopen('index.php', 'r');
echo fread($file, 4);
?>
```

输出:

```
<?php
```

如果能实际读取的文件长度比指定长度短,也就是会遇到 EOF 的情况,函数也会自动停止,返回所读取的字符串。

6.1.4 关闭文件

fclose()函数用来关闭打开的文件。它的语法结构是:

```
fclose(file pointer)
fclose(文件指针)
```

如果执行成功,函数返回 true,否则返回 false,例如:

```
$file = fopen('index.php', 'r');
fclose($file);
```

用完文件后把它们关闭是一个良好的编程习惯,否则它们会继续占用服务器资源。

6.1.5 将整个文件读入一个字符串

file_get_contents()可以把整个文件读入一个字符串中。它的语法结构是:

```
file_get_contents(file_name)
file_get_contents(文件名)
```

如果函数正常运行,返回值为文件内容;如果失败,返回 False。

```
$file_contents= file_get_contents('index.php');
```

6.1.6 将字符串写入文件

和 file_get_contents()相反,file_put_contents() 函数可以把一个字符串写入文件中。它的语法结构是:

```
file_put_contents(file,data [,mode])
file_put_contents(写入文件,要写入数据  [,打开/写入文件方式])
```

其中,"写入文件"参数是必需的。如果该文件不存在,则程序自动创建一个新文件;"要写入数据"参数可以是字符串、数组、数据流等;"打开/写入文件方式"也是可选参数,支持 3 种方式,如表 6.2 所示。

表 6.2 打开/写入文件方式

FILE_USE_INCLUDE_PATH	在 include_path 目录里搜索要写入的文件名
FILE_APPEND	如果要写入文件已存在,追加数据而非覆盖
LOCK_EX	在写入时获得一个独占锁

如果函数正常运行,返回写入到文件内数据的字节数;如果失败,返回 false。

【示例 6-2】写入文件。

```php
<?php
$file = 'list.txt';
// 打开已有名单文件
$contents = file_get_contents($file);
// 在名单里增加一个人
$contents .= "Zhang San\n";
// 再把更新过的名单写回文件
file_put_contents($file, $contents);
?>
```

以上代码也可以简化为一行:

```
file_put_contents( 'list.txt', "Zhang San\n", FILE_APPEND);
```

6.1.7 将整个文件读入一个数组

file()可以把整个文件读入一个数组中。它的语法结构是：

```
file(file name [, flags])
file(文件名 [, 读取参数])
```

如果函数正常运行，返回值为数组，数组元素由文件的换行键分隔；如果失败，返回false。

读取参数为可选参数，其值列表参见表6.3。

表6.3 读取参数

常量值	含义
FILE_USE_INCLUDE_PATH	在 include_path 中查找文件
FILE_IGNORE_NEW_LINES	在数组每个元素的末尾不要添加换行符
FILE_SKIP_EMPTY_LINES	跳过空行

例如：

```
$file contents= file('index.php');
foreach($file contents as $line){
  //处理每一行文本
}
```

file 函数极为实用，因为无须打开/读取/关闭文件，就可以方便地读取整个文件，然后进行处理，但是需要注意的是处理大文件，因为 file 函数是将文件读取到内存中，会占用大量系统内存。

6.1.8 复制文件

copy()函数可以复制文件。它的语法结构是：

```
copy(source, destination)
copy(源文件,目标文件)
```

以上参数都是必需的。如果函数成功执行，则返回 true，否则返回 false，例如：

```
if( copy('index.php', 'index-1.php')){
  //成功复制文件
}
```

如果目标文件已存在，将会被完全覆盖，一定要谨慎操作。

6.1.9 删除文件

unlink()函数用来删除文件。它的语法结构是:

```
unlink(filename)
unlink(文件名)
```

如果函数执行成功,返回 true;执行失败,则返回 false。

```
if( unlink('index-1.php') ){
   //成功删除文件
}
```

6.1.10 检查文件是否正常

is_file()函数用来检查指定的文件名是否是正常的文件。它的语法结构是:

```
is_file(file)
is_file(要检查文件)
```

如果要检查的文件存在且正常,则返回 true;否则返回 false,例如:

```
if( is_file( 'index.php')){
   //文件存在
}
```

is_file 与 file_exists 的区别是 is_file 只检查文件,而 file_exists 既检查文件也检查目录。

6.1.11 返回关于文件的信息

stat()函数用来返回文件的统计信息。它的语法结构是:

```
stat(filename)
stat(文件名)
```

如果函数执行成功,则返回包含有文件的统计信息的数组;否则返回 false,并且发出一条警告。

返回数组说明参见表 6.4。

表 6.4 返回数组说明

数字下标	关联键名	说明
0	dev	device number - 设备名
1	ino	inode 号码
2	mode	inode 保护模式

(续表)

数字下标	关联键名	说明
3	nlink	number of links-被连接数目
4	uid	userid of owner -所有者的用户 id
5	gid	groupid of owner-所有者的组 id
6	rdev	设备类型，如果是 inode 设备
7	size	文件大小的字节数
8	atime	time of last access -上次访问时间（Unix 时间戳）
9	mtime	time of last modification-上次修改时间（Unix 时间戳）
10	ctime	time of last change-上次改变时间（Unix 时间戳）
11	blksize	blocksize of filesystem-文件系统 IO 的块大小
12	blocks	所占据块的数目

注意，rdev 在 Windows 下总是 0；而 11 blksize 仅在支持 st_blksize 类型的系统下才有效，其他系统（如 Windows）则返回-1，例如：

```
print r( stat('index.php'));

//在Windows 系统中输出如下：
Array
(
    [0] => 2
    [1] => 0
    [2] => 33206
    [3] => 1
    [4] => 0
    [5] => 0
    [6] => 2
    [7] => 267
    [8] => 1438233791
    [9] => 1364646540
    [10] => 1438233791
    [11] => -1
    [12] => -1
    [dev] => 2
    [ino] => 0
    [mode] => 33206
    [nlink] => 1
    [uid] => 0
    [gid] => 0
    [rdev] => 2
    [size] => 267
    [atime] => 1438233791
    [mtime] => 1364646540
    [ctime] => 1438233791
    [blksize] => -1
    [blocks] => -1
)
```

6.2 目录操作

6.2.1 打开目录

目录，也可以理解为文件夹。opendir()函数用来打开一个目录。它的语法结构是：

```
opendir(path)
opendir(目录)
```

如果执行成功，则该函数返回一个目录句柄，否则返回false，例如：

```
if( $dir= opendir('.')){
  //成功打开当前目录
}
```

如果要打开的目录路径不合法或因为权限限制或文件系统错误不能打开，函数会返回 false 及一条错误信息。如果要隐藏，可以在opendir()前面加上"@"符号。

6.2.2 关闭目录

closedir()函数关闭由opendir()函数打开的目录句柄。它的语法结构是：

```
closedir(dir handle)
closedir(要关闭的目录句柄)
```

例如：

```
if( $dir= opendir('.')){
  //成功打开当前目录
  closedir($dir);
  //关闭目录句柄
}
```

要关闭的目录句柄必须之前由 opendir() 所打开。如果目录句柄没有指定，系统会默认为opendir()所打开的最后一个句柄。

6.2.3 读取目录

readdir()函数返回由opendir()打开的目录句柄中的条目。它的语法结构是：

```
readdir(dir handle)
readdir(要读取的目录句柄)
```

如果执行成功,返回目录中下一个文件的文件名;否则返回 false。

使用 opendir、closedir、readdir 可以对一个目录下的文件和子目录进行遍历。

【示例 6-3】打印当前目录下的所有文件名称。

```
<?php
$dir = opendir('.');
while( $file = readdir($dir)){
 if( is_file($file)){
   echo "文件:$file\n";
 }
}
?>
```

输出:

```
文件:apache_pb.gif
文件:apache_pb.png
文件:apache_pb2.gif
......
```

6.2.4 创建目录

mkdir()函数可以创建目录。它的语法结构是:

```
mkdir(path [, mode, recursive])
mkdir(目录名称 [, 目录模式 , 是否创建父目录])
```

成功时返回 true,失败时返回 false,例如:

```
if( mkdir('testdir')){
  //目录创建成功
}
```

在 Linux 和 Mac OSX 操作系统可以指定 mode 参数,默认值为 0777(八进制表示的整数),用来指定目录的访问/读写权限,在 Windows 上 mode 参数没有作用,例如:

```
if( mkdir('testdir', 0755)){
  //目录创建成功
}
```

recursive 参数用来控制创建目录的时候是否同时创建父目录,例如想要创建 testdir/dir1,此时如果 testdir 也没有建立,则使用 recursive 参数十分方便,例如:

```
if( mkdir('testdir/dir1', 0755, true)){
  //目录创建成功
}
```

6.2.5 删除目录

rmdir()函数可以删除目录。它的语法结构是：

```
rmdir(目录名称)
```

成功时返回 true，失败时返回 false，例如：

```
if( rmdir('testdir')){
 //目录删除成功
}
```

 函数会尝试删除指定的目录，但该目录必须是空的，而且要有相应的权限。失败时会产生一个 E_WARNING 级别的错误。

6.2.6 重命名文件或目录

rename()函数可以重命名文件或目录，它可以用来移动文件。它的语法结构是：

```
rename(oldname,newname)
rename(旧文件名,新文件名)
```

如果函数执行成功，返回 true；如果失败，则返回 false，例如：

```
if( rename('index.php', 'index-1.php') ){
   //成功重命名文件
}
```

6.2.7 检查文件或目录是否存在

file_exists()函数可以检查文件或目录是否存在。它的语法结构是：

```
file_exists(path)
file_exists(检查目录或文件名)
```

如果指定的文件或目录存在，则返回 true；否则，返回 false。

```
if( file_exists('index.php')){
   //文件存在
```

第 7 章 PHP与国际化

国际化很重要，因为 PHP 语言是针对英语开发的，后来才增加了国际化的支持。中文字符编码以前用的是国标，如 GB2312、GBK 等，现在都用 UTF-8。PHP 的国际化模块主要有两个：

- mb_string：多字节字符串模块。
- intl：国际化模块。

7.1 多字节字符函数

mb_string 模块专门处理多字节字符串，PHP 的字符串函数大多都是针对 ASCII 字符的，因此处理多字节字符串时结果常常不准确，例如：

```
echo strlen('中');      //输出：3
echo mb_strlen('中');   //输出：1
```

因为在字符串一章中已经介绍过一些函数，现在把 mb_string 的对应函数列举在这里，参见表 7.1。

表 7.1 mb_string的对应函数

字符串函数	多字节字符串函数	说明
split	mb_split	分割字符串
stripos	mb_stripos	查找字符串在另一个字符串首次出现位置，大小写不敏感
stristr	mb_stristr	查找字符串在另一个字符串首次出现并返回部分字符串，大小写不敏感
strlen	mb_strlen	获取字符串长度
strpos	mb_strpos	查找字符串在另一个字符串首次出现位置
strrchr	mb_strrchr	查找字符在另一个字符串最后一次出现并返回部分字符串
strrichr	mb_strrichr	查找字符串在另一个字符串最后一次出现并返回部分字符串 大小写不敏感
strripos	mb_strripos	查找字符串在另一个字符串最后一次出现的位置，大小写不敏感
strrpos	mb_strrpos	查找字符串在另一个字符串最后一次出现的位置
strstr	mb_strstr	查找字符串在另一个字符串里首次出现并返回部分字符串

(续表)

字符串函数	多字节字符串函数	说明
strtoupper	mb_strtoupper	返回大写字符串
strtolower	mb_strtolower	返回小写字符串
substr	mb_substr	获取部分字符串
substr_count	mb_substr_count	统计字符串出现次数

7.1.1 检测字符串的编码

mb_detect_encoding 可以检测字符串的编码，例如：

```
echo mb_detect_encoding('中文');
//输出：UTF-8
```

可以以字符串或数组方式指定需要检测的编码，例如：

```
echo mb_detect_encoding('中文', "UTF-8, GBK");
//用逗号分隔字符串编码

echo mb_detect_encoding('中文', ["UTF-8", "GBK"]);
```

7.1.2 检查字符串在指定的编码里是否有效

mb_check_encoding 可以检查字符串在指定的编码里是否有效，例如：

```
var_dump( mb_check_encoding('中文', 'ASCII'));
//输出：bool(false)

var_dump( mb_check_encoding('中文', 'UTF-8'));
//输出：bool(true)
```

7.1.3 转换字符编码格式

mb_convert_encoding 可以转换字符编码格式，例如：

```
echo mb_convert_encoding('中文', 'GBK', 'UTF-8');
//将字符串从 UTF-8 编码转换为 GBK 编码
```

第二个参数用来指定要转换的编码格式。

第三个参数用来指定字符串的编码格式，可以省略，也可以是字符串或数组形式供 mb_convert_encoding 函数来检测字符串的编码格式。

这个函数常用于 GBK 编码的字符串转换为 UTF-8 编码，好在浏览器中显示，因为现在的浏览器和操作系统都支持 UTF-8 编码，而对于 GBK 则需要额外安装软件才行。

7.1.4 解析$_GET 字符串

mb_parse_str 用于解析$_GET 字符串，将它转换为一个数组。

【示例 7-1】

```
<?php
$data = "email=test@test.com&name=张三";

$result= array();
mb_parse_str($data, $result);
print_r($result);
?>
```

输出：

```
Array
(
    [email] => test@test.com
    [name] => 张三
)
```

7.1.5 按字节数来截取字符串

mb_strcut 与 mb_substr 类似，都是获取部分字符串，不一样的是 mb_strcut 是按字节数来截取的，如果指定的长度刚好位于一个多字节字符的中间，则从这个字符的第一个字节截取，因此 mb_strcut 返回的字符串有可能小于指定的长度，例如：

```
$data= '中文测试';
echo mb_strcut($data, 1);

//输出：中文测试
//虽然指定从第一个字节截取，由于'中'字有三个字节，所以改为从'中'字第一个字节开始截取

echo mb_strcut($data, 3);

//输出：文测试
```

mb_strcut 的语法结构如下：

```
string mb_strcut ( string $str , int $start [, int $length = NULL [, string $encoding = mb_internal_encoding() ]] )
```

- $str：需要截取的字符串。
- $start：开始截取的起始位置，以字节为单位。
- $length：需要截取的长度，以字节为单位，如果省略则截取剩余所有字符。
- $encoding：字符串的编码。

7.2 intl 模块简介

intl 模块是一个 ICU 库的封装模块，ICU 库是一个 C++类库，提供了各种支持国际化的类，列表如下：

- Collator：提供字符串比较和排序功能。
- NumberFormatter：数字格式化和字符串解析成数字。
- MessageFormatter：字符串格式化功能。
- IntlDateFormatter：日期时间格式化。
- Normalizer：将字符串转换为 Unicode 规范格式。
- Locale：获取区域信息。
- Calendar：日历操作。
- TimeZone：时区信息。

由于本书篇幅所限，下面对部分类进行简单介绍，有需要详细了解的读者请参阅官方文档。

7.2.1 安装 intl 模块

XAMPP 已经带了编译好的 intl 模块，但是默认情况下没有安装，因此需要修改 php.ini 文件安装 intl 模块，步骤如下：

（1）打开 php.ini 文件，找到如下一行：

```
;extension=php_intl.dll
```

php.ini 文件可以在安装文件夹 C:\xampp\php 下找到，也可以通过 XAMPP 控制面板打开（单击 Apache 后面的 Config 按钮），如图 7.1 所示。

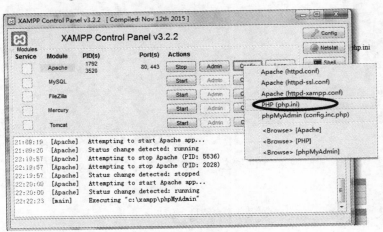

图 7.1 打开 php.ini

（2）删除最前边的分号，保存文件。此时，intl 模块安装完成。

重新启动 Apache 服务器，打开浏览器查看 phpinfo，界面如图 7.2 所示。

intl	
Internationalization support	enabled
version	1.1.0
ICU version	54.1
ICU Data version	54.1

Directive	Local Value	Master Value
intl.default_locale	no value	no value
intl.error_level	0	0
intl.use_exceptions	0	0

图 7.2　安装好 intl 模块

7.2.2　Collator 类比较字符串

Collator 类用来比较两个字符串。

【示例 7-2】比较字符串。

```
<?php
$data= array('北京', '上海', '广州', '深圳');
$coll = new Collator('zh_CN');
$coll->sort($data );
var_dump($data);
?>
```

如果没有安装 intl 模块，则上述代码会出现"找不到 Collator"的错误。

以上代码按照中文顺序对数组进行排序，输出：

```
array(4) {
  [3]=>
  string(6) "北京"
  [1]=>
  string(6) "广州"
  [2]=>
  string(6) "上海"
  [0]=>
  string(6) "深圳"
}
```

有兴趣的读者可以试试使用其他的办法进行排序，看看是否有更好的方法。

7.2.3　NumberFormatter 类帮助做财务

NumberFormatter 这个类有个特殊的用途，例如：

```
$fmt = new NumberFormatter( 'zh_CN', NumberFormatter::SPELLOUT );
echo $fmt->format(1234567.89);
```

输出:

一百二十三万四千五百六十七点八九

只需要再做一下替换就是财务记账的数字了。

【示例 7-3】财务记账。

```
<?php
$search= ['一','二','三', '十','百'];
$replace= ['壹','贰','叁', '拾','佰'];
$fmt = new NumberFormatter( 'zh_CN', NumberFormatter::SPELLOUT );
echo str_replace( $search, $replace, $fmt->format('123'));
?>
```

输出:

壹佰贰拾叁

有兴趣的读者可以在网络上找找这是不是最简单的人民币大写转换代码？

7.2.4 IntlDateFormatter 类显示中文版的日期时间

IntlDateFormatter 这个类也有些用处，可以显示中文版的日期时间，例如:

```
$fmt = new IntlDateFormatter( "zh_CN" ,IntlDateFormatter::FULL, IntlDateFormatter::FULL,
    'Asia/Shanghai' );
echo $fmt->format(mktime(0,0,0,1,1,2016));
```

输出:

2016年1月1日星期五 中国标准时间上午7:00:00

IntlDateFormatter 定义了一些时间日期格式，例如:

- FULL: 全格式，例如，2016 年 1 月 1 日星期五 中国标准时间上午 7:00:00。
- LONG: 长格式，例如，2016 年 1 月 1 日 GMT+8 上午 7:00:00。
- MEDIUM: 中长格式，例如，2016 年 1 月 1 日 上午 7:00:00。
- SHORT: 短格式，例如: 16/1/1 上午 7:00。

 如果使用时间日期模块，也可以输出类似的格式，但可能要多写一点代码。

第 8 章

◀ PHP 与 zip 文件处理 ▶

PHP 不仅可以输出 HTML，还可以输出压缩文件，也可以创建和操作压缩文件。本章主要讲述比较流行的 zip 文件格式。

在 PHP 中通过 zip 模块提供了可以读取 zip 文件的函数，也提供了全能的 ZipArchive 类。

8.1 zip 函数

为了测试 zip 函数，我们先新建一个 zip 文件，笔者使用免费的 7-zip，将 c:\xampp 7\htdocs 中的文件制作成 htdocs.zip，从 7-zip 中可以看到文件内容，如图 8.1 所示。

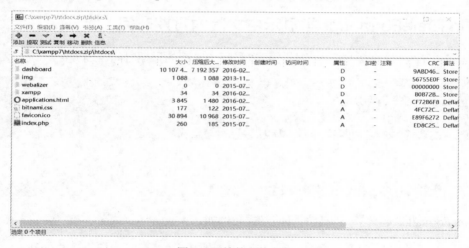

图 8.1 压缩的文件内容

zip 函数只能读取和解压缩 zip 文件，不能创建和修改。

8.1.1 打开和关闭 zip 文件

使用 zip_open 函数打开 zip 文件，zip_close 函数关闭打开的 zip 资源句柄，例如：

```
$zip= zip_open('htdocs.zip');
if($zip){
//处理 zip 文件
zip_close($zip);
}
```

zip_open 和 zip_close 函数语法如下：

```
zip_open(文件名)
```

成功的时候返回一个资源句柄供函数 zip_read()和 zip_close()后续使用；如果文件不存在或者出现其他错误，则会返回相应的错误码。

```
zip_close(zip 资源句柄)
```

8.1.2 读取并打印文件/目录名称

zip 文件中是目录和文件的混合，因此我们打开 zip 文件后需要用一组 zip_entry 函数来做实际的工作。

【示例 8-1】读取并打印文件。

```
<?php
$zip= zip_open('htdocs.zip');
if($zip){
    //打印出文件和目录名称
while ($zip_entry = zip_read($zip)) {
    echo "文件名: " . zip_entry_name($zip_entry) . "\n";
    }
zip_close($zip);
}
?>
```

 当前操作文件夹下必须有一个 htdocs.zip 压缩包，否则会提示出错。

以上代码输出：

```
文件名: applications.html
文件名: bitnami.css
文件名: dashboard/404.html
......
```

zip_read 函数读取 zip 存档文件中的下一项，成功时返回一个资源可以进一步处理；如果没有下一项，则返回 false。

8.1.3 处理 zip 文件

以下一组函数用于处理由 zip_read 返回的 zip_entry 项：

- zip_entry_close：关闭 zip_entry 项。
- zip_entry_compressedsize：获取 zip_entry 项压缩过后的大小。
- zip_entry_compressionmethod：获取 zip_entry 项的压缩方法。
- zip_entry_filesize：获取 zip_entry 项的实际大小。
- zip_entry_name：获取 zip_entry 项的名称。
- zip_entry_open：打开用于读取的 zip_entry 项。
- zip_entry_read：读取一个打开了的压缩 zip_entry 项。

【示例 8-2】以下代码将 htdocs.zip 解压缩到当前目录下的子目录 htdocs 中。

```php
<?php
//将 zip 文件解压到$subdir
$subdir= 'htdocs';

//判断$subdir 是否存在，如果存在则退出
if( file_exists($subdir)) {
die( $subdir.'目录已存在，请删除后重试！');
}

//创建$subdir 目录
if( ! file_exists($subdir)) mkdir($subdir);

//打开 zip 文件
$zip= zip_open('htdocs.zip');
if($zip){ //如果打开成功
//循环读取每个 zip_entry，直到最后一个
   while( $zip_entry= zip_read($zip)){
    //获得 zip_entry 的名称
    $zip_name= zip_entry_name($zip_entry);

    //调用 pathinfo 获取目录信息
    //这里也可以使用 dirname 函数，请读者试试
    $path_info= pathinfo($zip_name);

    //如果目录不存在，则创建目录
    if( ! file_exists( $subdir.'/'.$path_info['dirname'])){

        //注意这里第三个参数控制递归创建父目录
        mkdir( $subdir.'/'.$path_info['dirname'], 0755,true);
        echo "新建目录: ${path_info['dirname']} \n";
    }

    //判断这个$zip_entry 是目录还是文件
    //通过比较最后一个字符是否是 '/' 来判断
```

```php
        if(strrpos($zip_name, '/') !== strlen($zip_name)-1){
            //如果最后一个字符不是'/',那么就是一个文件,应该解压缩
            //打开$zip_entry
            if(zip_entry_open($zip, $zip_entry)){
                //用 zip_entry_read 函数读取$zip_entry 的内容,此时内容已经解压了
                //调用 file_put_contents 将文件内容写入文件
                file_put_contents(                    $subdir.'/'.$zip_name,
zip_entry_read($zip_entry));

                //关闭$zip_entry
                zip_entry_close($zip_entry);
                echo "解压文件 : $zip_name \n";
            }
        }
    }
    //关闭 zip 文件资源句柄
    zip_close($zip);
}
?>
```

以上代码输出:

```
解压文件 : applications.html
解压文件 : bitnami.css
新建目录: dashboard
解压文件 : dashboard/404.html
新建目录: dashboard/de
解压文件 : dashboard/de/faq.html
……
```

读完了以上的代码,读者应该比较了解 zip_entry 函数的用法了,现在告诉大家一个"好消息",以上几十行代码可以用以下代码实现:

```php
$subdir= 'htdocs';

//判断$subdir 是否存在,如果存在则退出
if( file_exists($subdir)) {
die( $subdir.'目录已存在,请删除后重试!');
}else{
//创建$subdir
mkdir($subdir);

//新建 ZipArchive 对象
$zip= new ZipArchive;

//打开 htdocs.zip
if( $zip->open('htdocs.zip') ===true){
```

```
        //解压缩文件到$subdir
        $zip->extractTo($subdir);

        //关闭zip文件
        $zip->close();
        echo '解压完成,简单吗?';
    }
}

//以上代码将htdocs.zip解压后输出:
解压完成,简单吗?
```

你说牛不牛?ZipArchive类太强大了!

8.2 处理zip文件的必杀技:ZipArchive类

ZipArchive确实是处理zip文件的必杀技,全能型选手,创建、增加、修改、删除、解压等方法应有尽有。

8.2.1 打开/关闭压缩文件

ZipArchive的初始化函数无须参数,因此新建一个ZipArchive对象十分简单,例如:

```
$zip= new ZipArchive;
//新建一个ZipArchive对象
//也可以
$zip= new ZipArchive();
```

open方法打开一个压缩文件,语法如下:

```
open ( string 文件名 [, int 打开模式 ] )
```

成功打开返回true,否则返回错误代码。打开模式参数可选,混合使用以下预定义常量:

- ZipArchive::CREATE: 如果不存在,则创建一个zip压缩包。
- ZipArchive::OVERWRITE: 如果不存在,则创建一个zip压缩包;如果存在,则覆盖。
- ZipArchive::EXCL: 如果压缩包已经存在,则出错。
- ZipArchive::CHECKCONS: 对压缩包执行额外的一致性检查,如果失败,则显示错误。

例如:

```
//打开htdocs.zip
if( $zip->open('htdocs.zip') ===true ){

    //关闭zip文件
```

```
$zip->close();
}
```

8.2.2 解压缩文件

extractTo 方法用来解压缩文件，语法如下：

```
extractTo ( string 解压目录 [, 需要解压的文件名 ] )
```

成功时返回 TRUE，失败时返回 FALSE，例如：

```
$zip = new ZipArchive;
if( $zip->open('htdocs.zip') ===true ){
//只解压缩 index.php 到子目录 test
$zip->extractTo('test', 'index.php');

//解压缩多个文件
$zip->extractTo('test', ['dashboard/index.html',
'dashboard/phpinfo.php'] );

//关闭 zip 文件
$zip->close();
}
```

8.2.3 添加目录与文件

用 addEmptyDir 方法添加一个空目录，例如：

```
$zip = new ZipArchive;
if( $zip->open('test.zip', ZipArchive::CREATE) ===true ){

$zip->addEmptyDir('emptydir');
$zip->close();
echo '压缩文件已保存';
}
```

有多个方法可以向 zip 压缩文件中添加文件。

1. addFile 添加一个文件

语法如下：

```
addFile ( string 文件名[, string 替换文件名])
```

例如：

```
$zip->addFile('dashboard/index.html');
$zip->addFile('dashboard/index.html', 'dashboard/index1.html');
```

用 7-zip 打开 test.zip，如图 8.2 所示。

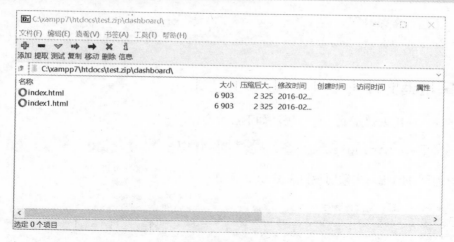

图 8.2 压缩包内容

2. addFromString 添加一个指定内容的文件

例如：

```
$zip->addFromString('test.txt', 'test');
```

3. addGlob 按照匹配模式添加多个文件

语法如下：

```
addGlob ( string 匹配模式 [, int 匹配标记 [, array 其他参数 ]] )
```

其中匹配模式和匹配标记参见 glob 函数的说明，在这里举几个例子参考：

```
$zip->addGlob('*.php');                    //添加当前目录中的所有后缀为 php 的文件
$zip->addGlob('dashboard/*.html');         //添加 dashboard 目录中的所有 html 文件
$zip->addGlob('*.{php,txt}');              //添加当前目录的 php 和 txt 文件
```

4. addPattern 按照正则表达式匹配添加多个文件

语法如下：

```
addPattern ( string 正则表达式 [, string 搜索目录 [, array 其他参数 ]] )
```

正则表达式请参考相关文档，这里举几个例子参考：

```
$zip->addPattern('/\.php$/', '.');    //添加当前目录中的所有后缀为 php 的文件
```

使用 addPattern 的问题是它将文件的绝对目录都添加进去了，如图 8.3 所示。

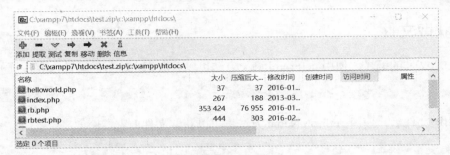

图 8.3　目录也一起压缩

因此常用以下代码添加文件：

```
$directory = realpath('c:/xampp/htdocs');
$options= [ 'add_path'=> basename($directory).'/', 'remove_path'=>$directory];
$zip->addPattern('/\.php$/' , $directory , $options);
```

8.2.4　遍历 zip 文件

以下代码实现遍历 zip 文件，并打印文件名称。

【示例 8-3】遍历 zip 文件。

```
<?php
$zip = new ZipArchive;
if( $zip->open('htdocs.zip') ===true ){

$count= $zip->numFiles;
for( $i=0;$i <$count; $i++){
    echo $zip->getNameIndex($i)."\n";
}
$zip->close();
}
?>
```

输出：

```
applications.html
bitnami.css
dashboard/404.html
dashboard/de/
dashboard/de/faq.html
......
```

numFiles 属性是压缩文件中的文件数量，getNameIndex 方法返回第 i 个文件的名称。

8.2.5 获取文件

如果知道文件的编号，使用 getFromIndex 方法可以获取指定编号的文件内容，例如：

```
$contents = $zip->getFromIndex(0);
```

如果知道文件名，使用 getFromName 方法也可以获取文件内容，例如：

```
$contents = $zip->getFromName('index.php');
```

使用 getStream 方法可以获取一个文件指针，然后使用文件函数如 fread 就可以获取文件内容，这种方法可以节约内存，适合处理大文件，例如：

```
$fp = $zip->getStream('index.php');
$contents = fread($fp, 1024);
fclose($fp);
```

ZipArchive 的方法就介绍到这里，有兴趣的读者请参考官方文档继续学习。

第 9 章 图形图像处理

PHP 从 PHP 4 就提供了处理图像的扩展库 GD，利用这个库，PHP 就可以生成图片并对图片进行处理。PHP 7 依然保留了 GD 库，版本是 GD2。本章就从 PHP 的图像处理函数开始，向读者介绍如何通过 PHP 完成图像处理。

9.1 启用 GD2 扩展库

我们可以找到 XAMPP 的安装文件夹 "C:\xampp\php\ext"，找到 php_gd2.dll，说明在 PHP 安装的时候已经自带了 GD2 库，那我们就可以直接在 php.ini 中启动它。

打开 XAMPP，单击 Apache 后面的 Config 按钮打开 php.ini，可通过查找 "gd2" 的方式找到

```
; extension=php_gd2.dll
```

把前面的分号去掉，就可以启动 GD2 了，利用 phpinfo.php 页面我们就可以看到 gd 的一些信息，如图 9.1 所示。

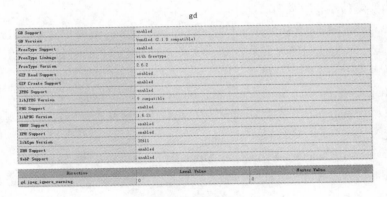

图 9.1　gd 配置信息

  从这个信息中可以看到 PHP 所支持处理的图片格式和处理功能，如 GIF Read Support、GIF Create Support、JPEG Support、PNG Support 等。

目前 GD2 库的图像处理函数有上百个，限于篇幅不能一一讲述，本节将向读者介绍一些有

代表性的图像处理函数。后面的章节中,将通过小例子向读者演示这些函数的用法:

- resource imagecreatefromgif(string $filename):该函数用来从给定的 GIF 文件或 URL 取出一个图像,参数$filename 是文件名或 URL。该函数返回值是图像标识符,代表了从给定的文件名取得的图像。失败时,返回一空字符串,并且输出一条错误信息。
- bool imagegif(resource $image [, string $filename]):该函数从参数$image 所代表的图像以参数 $filename 为文件名创建一个 GIF 图像。image 参数是 imagecreate() 或 imagecreatefromgif 等函数的返回值。
- resource imagecreatefrompng (string $filename):该函数从 PNG 文件或 URL 取出一个图像,参数$filename 是文件名或 URL。该函数返回值是图像标识符,如果执行失败,函数返回一个空字串,并且输出一条错误信息。
- bool imagepng(resource $image [, string $filename]):该函数类似 imagegif(),将 GD 图像流(参数$image 代表)以 PNG 格式输出到标准输出(通常为浏览器),或者如果用参数$filename 给出了文件名,则将其输出到该文件。
- resource imagecreate(int $x_size, int $y_size):新建一个基于调色板的图像,参数$x_size 和$y_size 代表了创建图像的宽和高,该函数返回所创建图像的标识符。
- resource imagecreatetruecolor(int $x_size, int $y_size):该函数返回一个图像标识符,它代表了一幅大小为$x_size 和$y_size 的黑色图像。
- int imagecolorallocate(resource $image, int $red, int $green, int $blue):参数$image 是图片标识符,参数$red、$green、$blue 分别代表色系中的红色、绿色和蓝色(RGB),这些参数的取值范围是 0 到 255,或者十六进制的 0x00 到 0xFF,例如代码 imagecolorallocate($img, 255, 0, 0)表示设置图像$img 的颜色为红色。该函数的返回值代表了由给定的参数组成的颜色。
- bool imagefill(resource $image, int $x, int $y, int $color):该函数在参数$image 所指定图像的坐标 $x 和$y(图像左上角为 0,0)处用$color 颜色执行区域填充,即与 x,y 点颜色相同且相邻的点都会被填充。
- bool imageline(resource $image, int $x1, int $y1, int $x2, int $y2, int $color):该函数用参数$color 所指定的颜色在参数$image 所标识的图像中从坐标$x1,$y1 到$x2,$y2(图像左上角为 0,0)画一条线段。
- bool imagestring(resource $image, int $font, int $x, int $y, string $s, int $col):水平地显示一行字符串。该函数用参数$col 所指定的颜色将字符串$s 显示到参数$image 所标识图像的$x,$y 坐标处。

9.2 创建图形图像

前面已经了解了 PHP 有图像库,也了解了这些图像库提供了哪些函数,本节开始了解 PHP

创建图像的代码和步骤。

9.2.1 用 PHP 生成一个简单图形

本小节我们直接做一个图形的例子，读者先了解 GD2 库的使用。

【示例 9-1】生成一个方框。

```
<?php
    header ('Content-Type: image/png');      //向浏览器发送头信息,输出 png 图片
    $width = 300;           //宽度
    $height =300;           //高度
    $img = imagecreatetruecolor($width,$height) or die("不支持 GD 图像处理
");    //创建图形
    imagepng($img);         //输出图形
    imagedestroy($img);     //清除资源
?>
```

函数 imagecreatetruecolor()建立了一个图像标识符$img，它代表了一个黑色图像，这个黑色图像的大小，由变量$width 和$height 指定。函数 imagepng() 以 PNG 格式生成该图像。函数 imagedestroy()清除绘制图像时所占用的系统资源。最终效果如图 9.2 所示。

9.2.2 详解 PHP 生成图形的步骤

在 PHP 7 中创建一个图形通常需要 4 步：

（1）创建一个背景图像，后面的操作基于此背景。
（2）在图像上绘制轮廓或者输入文本。
（3）输出图形。
（4）清除资源。

图 9.2 输出一个默认的方形

这里以前面示例 9-1 来简单说明下。要在 PHP 中创建背景图像，代码是：

```
resource imagecreatetruecolor ( int x_size, int y_size )
```

imagecreatetruecolor()函数返回一个图像标识符，代表了一幅大小为 x_size 和 y_size 的黑色图像。这里我们要注意，默认颜色为黑色，为了简化代码我们在示例 9-1 采用了默认颜色。

要绘制颜色，PHP 提供了 Imagecolorallocate()为图像选择颜色。颜色由红、绿、蓝（RGB）值的组合决定。该函数语法如下：

```
int imagecolorallocate ( resource image, int red, int green, int blue )
```

接下来，我们需要使用其他函数将颜色绘制到图像中。用哪个函数取决于要绘制的内容：直线、弧形、多边行或者文本。我们介绍下常使用的三个函数。

- imagefill()

```
bool imagefill ( resource image, int x, int y, int color )
```

imagefill()函数在 image 图像的坐标 x，y（图像左上角为 0,0）处用 color 颜色执行区域填充（即与 x，y 点颜色相同且相邻的点都会被填充）。

PHP 中图像的起始坐标从左上角开始，该点坐标为 X=0,Y=0，图像右下角的坐标为 X=$width,Y=$height。这和常规做图习惯是相反的。

- imageline()

```
bool imageline ( resource image, int x1, int y1, int x2, int y2, int color )
```

imageline()函数用 color 颜色在图像 image 中从坐标 x1，y1 到 x2，y2（图像左上角为 0,0）画一条线段。

- imagestring()

```
bool imagestring ( resource image, int font, int x, int y, string s, int col )
```

imagestring()用 col 颜色将字符串 s 画到 image 所代表的图像的坐标 x，y 处（这是字符串左上角坐标，整幅图像的左上角为 0,0）。如果 font 是 1，2，3，4 或 5，则使用内置字体。

如果 font 字体不是内置的，则需要导入字体库以后该函数才可正常使用。

创建图像以后就可以输出图形或者保存到文件中，如果需要直接输出可以使用 Header()函数来发送一个图形头来欺骗浏览器，使它认为运行中的 PHP 页面是一幅真正的图像。

```
header("Content-type: image/png");
```

发送标题数据后，就可以使用 imagepng()函数来输出图像数据。该函数的使用语法如下：

```
bool imagepng ( resource image [, string filename] )
```

最后务必清除创建该图像所占用的内存资源，语法如下：

```
bool imagedestroy ( resource image )
```

9.3 操作图形图像

除了用 PHP 创建图像，我们还可以对图像进行处理，本节通过简单的两个例子：更改图像颜色和在图像上输出文字来介绍 PHP 操作图形图像的一些方法。

9.3.1 更改图像颜色

前面分析 PHP 生成图形的步骤时，我们说过示例 9-1 简化了步骤，默认只生成了黑色图像，其实可以用 imagecolorallocate()函数来更改图像的颜色。

【示例 9-2】更改图像颜色。

```php
<?php
header ('Content-Type: image/png');//向浏览器发送头信息,输出 png 图片
$width = 300;            //宽度
$height =300;            //高度
$img = imagecreatetruecolor($width,$height) or die("不支持 GD 图像处理");
//创建图形
$bg_color = imagecolorallocate($img, 255, 105, 150);   //设置颜色值
imagefill($img, 0, 0, $bg_color);                      //填充颜色
imagepng($img);          //输出图形
imagedestroy($img);      //清除资源
?>
```

上述代码通过 imagecolorallocate()设置一个颜色值，然后用 imagefill()填充颜色，最终效果如图 9.3 所示。

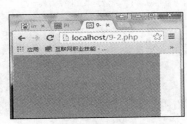

图 9.3　更改图像的颜色

9.3.2 在图像上输出文字

在图像上输出文字需要使用 imagestring()，其语法形式是：

```
bool imagestring ( resource $image , int $font , int $x , int $y , string $string , int $color )
```

这里需要指定文字的字体、颜色、位置和内容。

【示例 9-3】在图像上输出文字。

```php
<?php
 header ('Content-Type: image/png');        //向浏览器发送头信息,输出 png 图片
 $im = imagecreate(100, 100);
 $bg = imagecolorallocate($im, 255, 255, 0);        //设置背景颜色
 $textcolor = imagecolorallocate($im, 255, 0,0);    //设置字体颜色
 imagestring($im, 5,0, 0, 'Hello world!', $textcolor);
 imagepng($im);           //输出图形
 imagedestroy($im);       //清除资源
?>
```

本例先设置好字体颜色，然后使用 imagestring()输出文字，如图 9.4 所示。

图 9.4　输出文字

9.4　操作已有的图片

前面学习的是新建图形图像，并在这个新建图形图像的基础上操作。那么，对于已经设计好的图片，我们如何打开并进行操作呢？本节就来详细介绍。

9.4.1　获取图片的宽和高

要获取图片的宽高属性，我们先使用 imagecreatefromjpeg()打开需要的 jpeg 格式图片，并指定图片的绝对路径，默认路径是 PHP 工作文件夹 "C:\xampp\htdocs"。打开文件后，我们使用 imageSX()和 ImageSY()获取宽度和高度，如图 9.5 所示。

【示例 9-4】

```php
<?php
 $img=imagecreatefromjpeg("qq.jpg"); //打开指定图片
 $x = imageSX($img);
 $y = ImageSY($img);
 echo "图片的宽为：<b>$x</b>";
 echo "<br/>";
 echo "图片的高为：<b>$y</b>";
?>
```

图 9.5 获取图片的宽和高

9.4.2 生成图片的缩略图

从 Windows 7 开始,我们能在任务栏中看到一些窗口的缩小界面,我们称这类界面为缩略图,目前很多图片管理软件也都支持缩略图。本节我们就来学习如何用 PHP 生成缩略图。

【示例 9-5】生成图片的缩略图。

```php
<?php
header('Content-Type: image/jpeg');
$img_name="qq.jpg";
$src_img=imagecreatefromjpeg($img_name);

$ow=imagesx($src_img);              //获取图片的宽
$oh=imagesy($src_img);              //获取图片的高

$nw=round($ow*200.0/$ow);           //缩略图的宽
$nh=round($oh*200.0/$oh);           //缩略图的高
$desc_img=imagecreate($nw, $nh);    //创建新图

imagecopyresized($desc_img, $src_img, 0, 0, 0, 0, $nw, $nh, $ow, $oh);
//生成缩略图

imagejpeg($desc_img);
imagedestroy($desc_img);
imagedestroy($src_img);
?>
```

从代码中可以看出,首先要打开原图,然后获取原图的宽和高,然后使用 round() 计算出缩略图的宽和高,然后创建一张新图。前面我们用到的都是 imagepng (),这里我们用 imagejpeg(),因为打开的是 jpeg 格式的图片。本例效果如图 9.6 所示。

图 9.6 生成图片的缩略图

9.4.3 给图片添加水印效果——文字水印

文字水印估计读者一看就明白，就是给原有的图片添加上一段文字。

【示例 9-6】给图片添加文字水印效果。

```php
<?php
header('Content-Type: image/jpeg');
$dst_path = 'qq.jpg';

$dst = imagecreatefromstring(file_get_contents($dst_path));
$font = '..//php//extras//fonts//ttf//Vera.ttf';                    //字体
$black = imagecolorallocate($dst, 0x00, 0x00, 0x00);    //字体颜色
imagefttext($dst,40,0,20,40, $black, $font, 'Hello PHP');

imagejpeg($dst);
imagedestroy($dst);
?>
```

在创建文字水印时，注意先设计好文字的字体（这里使用了 PHP 自带的字体，也可以用 Windows 带的一些字体，指定字体所在的位置即可）和颜色，然后在 imagefttext()中填写文字的内容。本例效果如图 9.7 所示。

图 9.7 给图片添加水印（文字水印）

上面的例子我们只支持 jpeg 格式的图片，如果要支持大部分格式（如 png），可以更改这段代码为：

```php
<?php
$dst_path = 'qq.jpg';

$dst = imagecreatefromstring(file_get_contents($dst_path));
$font = '..//php//extras//fonts//ttf//Vera.ttf';                    //字体
$black = imagecolorallocate($dst, 0x00, 0x00, 0x00);    //字体颜色
imagefttext($dst, 30, 0, 20, 20, $black, $font, 'HELLO PHP');
//输出图片
```

```php
list($dst_w, $dst_h, $dst_type) = getimagesize($dst_path);
switch ($dst_type) {
    case 1:                                    //GIF
        header('Content-Type: image/gif');
        imagegif($dst);
        break;
    case 2:                                    //JPG
        header('Content-Type: image/jpeg');
        imagejpeg($dst);
        break;
    case 3:                                    //PNG
        header('Content-Type: image/png');
        imagepng($dst);
        break;
    default:
        break;
}
imagedestroy($dst);
?>
```

9.4.4 给图片添加水印效果——图片水印

前面我们添加了文字水印，本节再来添加一个图片水印，一般用于添加一些公司的LOGO。

【示例 9-7】给图片添加图片水印效果。

```php
<?php
$dst_path = 'qq.jpg';
$src_path = 'logo.jpg';
//创建图片的实例
$dst = imagecreatefromstring(file_get_contents($dst_path));
$src = imagecreatefromstring(file_get_contents($src_path));
//获取水印图片的宽高
list($src_w, $src_h) = getimagesize($src_path);
//将水印图片复制到目标图片上，最后参数50是设置透明度，这里实现半透明效果
imagecopymerge($dst, $src, 10, 10, 0, 0, $src_w, $src_h, 50);
//如果水印图片本身带透明色，则使用 imagecopy 方法
//imagecopy($dst, $src, 10, 10, 0, 0, $src_w, $src_h);
//输出图片
list($dst_w, $dst_h, $dst_type) = getimagesize($dst_path);
switch ($dst_type) {
    case 1:            //GIF
        header('Content-Type: image/gif');
        imagegif($dst);
        break;
    case 2:            //JPG
        header('Content-Type: image/jpeg');
        imagejpeg($dst);
```

```
        break;
    case 3:                    //PNG
        header('Content-Type: image/png');
        imagepng($dst);
        break;
    default:
        break;
}
imagedestroy($dst);
imagedestroy($src);
?>
```

读者可以参考代码的注释来理解这段代码，本例效果如图9.8所示。

图9.8　给图片添加水印

第 10 章

◀ 正则表达式 ▶

要在计算机系统中查找某个文件，碰巧忘记了文件名，但知道该文件的类型，即知道该文件的后缀名，比如，要找一个图片，那么可能会通过*.png 这样的字符来帮助查找，其中字符*就代表了一个或多个字符。计算机通过这样的字符组合，会将系统中所有以.png 为后缀名的文件列出来，如：m.png、flag.png、river.png、mydog.png 等，以便用户找到需要的图片文件。

*.png 就是一个表达式，我们可以简单理解为正则表达式（Regular expression）。正则表达式是一种可以用于模式匹配的强大工具。简单地说，正则表达式就是一套规则，用于去判定其他的元素是否符合它。PHP 继承了 Perl 的正则表达式法则，还有自己的一套法则。本章将详细介绍 PHP 的正则表达式。

10.1 在 PHP 中使用正则表达式

本节通过一个例子让读者了解正则表达式在 PHP 中如何使用，以及 PHP 中有关正则的函数。这些函数与 PHP 5 中的函数不同，如果是升级 PHP 代码的读者请务必注意，调试 PHP 5 中的正则函数会报错。

10.1.1 应用正则的函数

在 PHP 中主要有 3 个函数来处理正则表达式，用来检查一个字符串是否满足一个的规则。它们都把一个正则表达式作为它们的第一个参数，语法为：

- int preg_match(string $pattern , string $subject)：最常用的正则表达式函数，搜索跟正则表达式 pattern 匹配的一个字符串。搜索到返回 1，否则返回 0。这个函数在 PHP 5 中是 ereg()。
- string preg_replace(mixed $pattern , mixed $replacement , mixed $subject)：搜索跟正则表达式 pattern 匹配的一个字符串，并用新的字符串代替所有这个表达式出现的地方，PHP 5 中是 replace()。
- array preg_split(string $pattern , string $subject)：搜索和正则表达式匹配的字符串，并且以字符串集合的方式返回匹配结果。

本节，旨在给出 PHP 提供的正则表达式函数，并简单介绍其功能。

10.1.2 通过一个例子理解正则

举一个简单的例子：在一个用户注册的页面中（例如，一个论坛或者交友网站的注册页面），上面可能有"电子邮件"这一项需要填写。对系统来说，需要判定用户所填写的电子邮件地址是否合法，即是否符合电子邮件地址的规则。

【示例 10-1】未使用正则检测电子邮件地址规则。

```php
<?php
function validate_email1($email)
{
    $hasAtSymbol = strpos($email, "@");        //检查是否包含@
    $hasDot = strpos($email, ".");             //检查是否包含.
    if($hasAtSymbol && $hasDot && $hasAtSymbol<$hasDot )
      return 1;
    else
      return 0;
}
echo validate_email1("tom@php.net");    //true, 返回1
echo validate_email1("tom@php");        //false, 返回0
?>
```

上面代码实现了一个函数 validate_email1()，使用字符串操作中的定位字符函数，用来判断一个字符串是否是一个合法的电子邮件地址。仔细考虑实现的功能，实际上是在判断一个字符串是否具有一定的模式，或者说是否满足一定的规则。在这种情况下，就可以使用正则表达式来实现相同的功能。

【示例 10-2】使用正则检查电子邮件地址规则。

```php
<?php
function validate_email2($email)
{
    return    preg_match    ("/^([0-9A-Za-z\\-_\\.]+)@([0-9a-z]+\\.[a-z]{2,3}(\\.[a-z]{2})?)$/i", $email);
}
echo validate_email2("tom@php.net"); //true
echo validate_email2("tom@php");     //false
?>
```

上面实现了具有相同功能的函数 validate_email1()，函数使用了一个正则表达式的函数 preg_match()。

观察 preg_match()函数的 pattern 参数可以看出，它实际上表示满足这样规则的字符串：以任意大小写字符串（或数字）开头，然后紧跟"@"，然后又是任意大小写字母（或数字）组成的字符串，最后的 i 表示不区分大小写。这相当于定义了一个字符串的组成规则。

看过这个示例后,重新来看正则表达式的定义:正则表达式是一种可以用于模式匹配的强大工具。

10.1.3 定义正则表达式的头部和尾部

在匹配一个字符串到正则表达式之前,必须先构造正则表达式。构造时要遵循一定的规则,本节介绍表达式头部和尾部的定义规则。

1. 定义头部规则

PHP 用 "^" 定义字符串头部的规则,例如:"^hello" 即定义头部为 "hello" 的字符串,如代码:

```
<?php echo preg_match ("/^hello/", "hello world!"); ?>  //1
```

将返回 1,因为待验证的字符串 "hello word!" 满足规则:以 "hello" 开头。而

```
<?php echo preg_match ("/^hello/", "i say hello world"); ?>   //0
```

将返回 0,因为 hello 不在字符串 "i say hello world" 的头部。

2. 定义尾部规则

PHP 用 "$" 定义字符串尾的规则,例如:"world$" 即定义尾部为 "world" 的字符串,如代码:

```
<?php echo preg_match("/world$/", "hello world!"); ?>    //1
```

将返回 1,因为待验证的字符串 "hello word!" 满足规则:以 "world" 结尾。而代码

```
<?php echo preg_match("/world$/", "i say hello php"); ?>   //0
```

将返回 0,因为 world 不在字符串 "i say hello php" 的尾部。

10.2 正则表达式中的符号

上一节的最后一小节我们只介绍了正则表达式的头部和尾部,用^来表示头、$表示尾,这些符号是正则表达式的基本符号,我们称之为元符号。本节介绍正则表达式中一些专用的符号。

10.2.1 元字符

正则表达式中的元字符有:^ $ [ ] \ . | ? * + ( ),下面分别介绍这些元字符的用途。

- **^**:用来匹配以指定字符(或字符串)开头的字符串。例如,模式^hell 可以匹配

hello、hell 等，但不匹配 holla。

- 美元符号$：用来匹配以指定字符（或字符串）结尾的字符串。例如，ow$可以匹配 low、fellow 等，这些字符串均以 ow 结尾。
- 英文句点.：用来匹配除\n 之外的任何单个字符。例如，要找出三个字母的单词，而且这些单词必须以字母"b"开头，以"s"字母结束。通常可以使用这个通配符——英文句点符号"."。这样，完整的模式就是"b.s"，这就是一个正则表达式，它可以匹配的三个字母的单词，这些单词可以是"bes""bis""bos"和"bus"。事实上，这个正则表达式还可以匹配"b3s""b#s"甚至"b s"，还有其他许多无实际意义的组合。又如，模式^.5$匹配以数字 5 结尾和以其他非换行字符开头的字符串。模式.可以匹配任何字符串，除了空串和只包括一个换行的字符串。
- 方括号[]：为了解决句点符号匹配范围过于宽泛的问题，可以用方括号"[]"来指定匹配范围，可以在方括号内指定有意义的字符。此时，只有方括号里面指定的字符才参与匹配。也就是说，正则表达式"b[eiou]s"只匹配"bes"、"bis"、"bos"和"bus"。但"bees"不匹配，因为在方括号之内只能匹配单个字符。例如，[a-z]用来匹配所有小写字母，但只能匹配一个字母。注意，通常用符号-连接匹配范围的首尾。
- 或操作符|：可以完成在两项或多项之间选择一个进行匹配。对于上述的例子，如果还想匹配"boos"，那么以使用"|"操作符，"|"操作符的基本意义就是"或"运算。所以正则表达式"b(a|e|i|o|oo)s"可以匹配"boos"。特别注意，这里不能使用方括号，因为方括号只允许匹配单个字符。这里必须使用圆括号"()"。圆括号还可以用来分组。如果希望在正则表达式中实现类似编程逻辑中的"或"运算，在多个不同的模式中任选一个进行匹配的话，就可以使用元字符|。
- \：用来转义一个字符。对于一些特殊的符号的匹配，如元字符本身和空格、制表符等，需要用到转义，所有的转义序列都用左斜杠\打头。例如，要在正则表达式中匹配元字符$，就需要使用\$，匹配元字符\就要使用\\。
- ()：标记一个子表达式的开始和结束位置，即括住一个表达式。

以上介绍的元字符基本可以看作是对字符（或字符串）位置的匹配，下面介绍和匹配次数有关的一些元字符。这些元字符用来确定紧靠该符号左边的符号出现的次数。注意，这里强调了"紧靠左边"这一原则。

- *：匹配其左边（即前面）的子表达式 0 次或多次。例如，pe*匹配 perl、peel、pet、port 等，因为这些字符串都符合（即匹配）在字母 p 后连续出现 0 个或多个字母 e。
- +：匹配其左边（即前面）的子表达式 1 次或多次，注意，与*不同，+前的字符至少要出现 1 次，例如，co+匹配 come、code、cool、co 等，这些字符串都匹配在字母 c 后至少出现 1 个或多个字母 o。
- ?：匹配其左边（即前面）的子表达式 0 次或 1 次。

*、+和?只对紧挨它的前面那个字符起作用。

10.2.2 转义字符

正则表达式中的转义,除了需要对元字符转义之外,还有一些非打印的字符在匹配时需要转义。这些字符及其含义见表 10.1。

表 10.1 转义含义

字符	含义描述
\n	匹配一个换行符,等价于\x0a 和\cJ
\r	匹配一个回车符,等价于\x0d 和\cM
\s(小写)	匹配任何空白字符,包括空格、制表符、换页符等,等价于[\f\n\r\t\v]
\S(大写)	匹配任何非空白字符,等价于[^ \f\n\r\t\v]
\t	匹配一个制表符,等价于\x09 和\cI
\v	匹配一个垂直制表符,等价于\x0b 和\cK
\f	匹配一个换页符,等价于\x0c 和\cL
\cx	匹配由 x 指明的控制字符。例如,\cM 匹配一个 Control-M 或回车符。x 的值必须是 A-Z 或 a-z 之一;否则,将 c 视为一个原义的 'c'字符,即字符 c 本身

10.2.3 修正符

在本章第一个例子中,我们使用了 i 修正符来忽略大小写,本小节就介绍下 PHP 中有哪些修正符:

- i(PCRE_CASELESS):匹配时忽略大小写。
- m(PCRE_MULTILINE):当设定了此修正符,行起始(^)和行结束($)除了匹配整个字符串开头和结束外,还分别匹配其中的换行符(\n)的之后和之前。
- s(PCRE_DOTALL):如果设定了此修正符,模式中的圆点元字符(.)匹配所有的字符,包括换行符。如没有此设定的话,则不包括换行符。
- x(PCRE_EXTENDED):如果设定了此修正符,模式中的空白字符除了被转义的或在字符类中的以外,完全被忽略。
- e:如果设定了此修正符,preg_replace()在替换字符串中对逆向引用作正常的替换,将其作为 PHP 代码求值,并用其结果来替换所搜索的字符串。只有 preg_replace()使用此修正符,其他 PCRE 函数将忽略。
- A(PCRE_ANCHORED):如果设定了此修正符,模式被强制为"anchored",即强制仅从目标字符串的开头开始匹配。
- D(PCRE_DOLLAR_ENDONLY):如果设定了此修正符,模式中的行结束($)仅匹配目标字符串的结尾。没有此选项时,如果最后一个字符是换行符,也会被匹配。如果设定了 m 修正符,则忽略此选项。
- S:当一个模式将被使用若干次时,为加速匹配而得先对其进行分析。如果设定了此修正符则会进行额外的分析。目前,分析一个模式仅对没有单一固定起始字符的 non-

anchored 模式有用。
- U（PCRE_UNGREEDY）：使"?"的默认匹配成为贪婪状态的。
- X（PCRE_EXTRA）：模式中的任何反斜线后面跟上一个没有特殊意义的字母导致一个错误，从而保留此组合以备将来扩充。默认情况下，一个反斜线后面跟一个没有特殊意义的字母被当成该字母本身。
- u（PCRE_UTF8）：此修正符启用了一个 PCRE 中与 PERL 不兼容的额外功能。模式字符串被当成 UTF-8。

10.2.4 字符应用

本节将综合以上几小节知识，通过对一些正则表达式的构成分析，来进一步理解以上几小节学习到的知识。另外，举一些实例来学习如何创建一个正则表达式。下面先分析几个比较简单的正则表达式。

- ab*：和 ab{0,}同义，匹配以 a 开头，后面可以接 0 个或者 n 个 b 组成的字符串，如 a、ab、abbb 等。
- ab+：和 ab{1,}同义，但最少要有 1 个 b 存在，如 ab、abbb 等。
- ab?：和 ab{0,1}同义，可以没有或者只有 1 个 b，如 a、ab。
- a?b+$：匹配以 1 个或者 0 个 a 再加上 1 个以上的 b 为结尾的字符串，如 ab、abb 等。

以上几个正则表达式示例，只是匹配单一字符；如果想匹配多个字符，可以使用()将需要匹配的字符括住。下面是几个正则表达式示例。

- a(bc)*：匹配 a 后面跟 0 个或者 1 个 bc 的字符串。如该模式可以匹配 a、abc、abcbc 等。

而使用中括号括住的内容只能匹配一个字符，如下面的正则表达式所示。

- [ab]：匹配单个的 a 或者 b，该模式和 a | b 同义。如匹配 a、b。
- [a-d]：匹配 a 到 d 的单个字符，该模式和 a | b | c | d 及[abcd]同义。

下面看几个稍微复杂的正则表达式。

- ^[a-zA-Z_]$：匹配所有的只有字母和下划线的字符串。这里之所以在模式开头加上^在模式结尾加上$，是为了匹配只含有字母和下划线的字符串，因为，如果不加^和$，那么凡是含有字母和下划线的字符串均会被匹配。
- ^[a-zA-Z0-9_]{1,}$：匹配所有包含一个以上的字母、数字或下划线的字符串。
- ^[0-9]{1,}$：匹配所有的正数。
- ^\-{0,1}[0-9]{1,}$：匹配所有的整数。含负数，在负号前加了转义符号\。
- ^\-{0,1}[0-9]{0,}\.{0,1}[0-9]{0,}$：匹配所有的小数。

10.3 验证 URL

本节实现利用 PHP 正则表达式验证 URL 合法性的示例。一个合法的 URL 如：http://www.php.net 或 www.php.net。其构造规则为：[协议]://[www].[域名].[com|net|org...]。

根据上一节学过的个各种符号，可以构造下面的正则表达式：

"^(http:\/\/)?[a-zA-Z0-9]+(\.[a-zA-Z0-9]+)*."

其中，"^http:"定义能匹配规则的字符串开头是"http:"；"\/\/"用到转义符号\，匹配了"//"。完成验证 URL 合法性的代码如下所示。

【示例 10-3】验证 URL。

```php
<?php
$str_arr = array(
"http://www.baidu.com",
"www.sohu.com",
"http://www.baidu.com/map/index.html",
"//baidu.com",
":www.sohu.com"
);                                                      //定义 URL 地址数组

$patt_url = "/^(http:\/\/)?[a-zA-Z0-9]+(\.[a-zA-Z0-9]+)*.+$/";    // 验证 URL 的正则表达式

foreach ($str_arr as $str)                              //遍历数组
{
    echo "字符串'$str'：是";
    if (preg_match($patt_url, $str))                    //匹配 URL
    {
        echo "<b>合法的 URL 格式</b>";
        echo "<br>";
        echo "<br>";
    }
    else
    {
        echo "不合法的 URL 格式";
        echo "<br>";
        echo "<br>";
    }
}
?>
```

本例效果如图 10.1 所示。

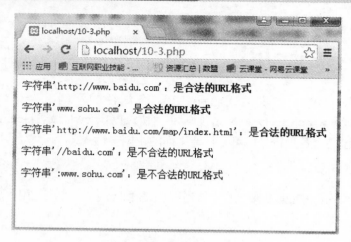

图 10.1　验证 URL 效果

10.4　验证电话号码

本小节实现利用 PHP 正则表达式验证北京市电话号码合法性的示例。合法的号码如：+86 010××××××××，其构造规则为：[+86] [010][八位数字]

根据上一小节的构造正则表达式，可以构造下面的规则：

"^\+86[[:space:]]010[0-9]{8}$"

其中，"^\+86"定义能匹配规则的字符串开头是"+86"；"[[:space:]]"表示随后一个空格；而"[0-9]{8}$"表明以 8 个数字结尾。

完成验证北京市电话号码合法性的函数如下所示。

【示例 10-4】验证电话号码。

```
<?php
function isValidPhone($phoneNum)
{
echo preg_match("/^\+86[[:space:]]010[0-9]{8}$/", $phoneNum);
}
echo isValidPhone("+86 01012345678");      //1
echo isValidPhone("+86 010123456789");     //0
echo isValidPhone("+86 0101234567a");      //0
?>
```

第 11 章
MySQL 的安装与配置

在 Web 应用技术中，数据库的操作是必不可少的，包括对数据库表的增加、删除、修改、查询等功能。现如今，数据库可以分为关系型数据库和非关系型数据库，关系型数据库主要有 MySQL、Oracle、DB2、Infomix、SQL Server 等；而非关系型数据库主要有 NoSQL、voltDB 等数据库。在本章，主要介绍 MySQL 数据库的基本概念与基本知识。

本书如无特别说明，其数据库的操作都是在 MySQL 数据库环境下进行。

11.1 什么是 MySQL

MySQL 数据库是一款小型的关系型数据库，它以其自身的特点（例如：体积小、速度快、成本低等）独树一帜。因其有如上特性使得 MySQL 数据库是目前最受欢迎的开源数据库之一。

本节介绍 MySQL 的基本概念。

11.1.1 客户端/服务器软件

客户端-服务器架构被称为 C/S 架构，是一种网络架构，也是一种设计架构。在该架构下软件被称为客户端软（Client）件和服务器（Server）软件。它们之间的关系如图 11.1 所示。

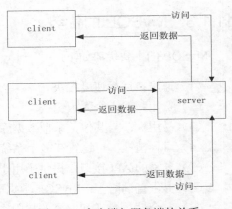

图 11.1 客户端与服务端的关系

可以理解为服务器是应用系统的核心，客户端则处理自身相应的功能，共同实现完整的应用。在客户端/服务器中，客户端用户的请求数据传送到数据库服务器，数据库服务器进行数据过滤处理后，将结果返回给客户。用户使用应用程序时，首先启动客户端通过命令告知服务器进行操作。每一个客户端软件的实例都可以向另外一个服务器或应用程序服务器发出请求。

此系统的特点就是，客户端跟服务器程序相对独立，不在同一台机器上运行。

11.1.2 MySQL 版本

MySQL 被 Oracle 收购后，针对不同的用户有不同的版本，分别如下：

- MySQL Community Server：社区版完全免费，但是官方不提供技术支持。
- MySQL Enterprise Server：企业版能够为企业提供高性能的数据库应用，以及高稳定性的数据库系统，提供完整的数据库提交、回滚以及锁机制等功能。但是该版本收费，官方只提供电话支持。

MySQL Cluster 主要用于建立数据库集群服务器，需要在以上两个版本的基础上使用。

MySQL 的命名机制由 3 个数字组成，例如：MySQL-5.6.15。

（1）第一个数字 5 是主版本号，用于描述文件格式，表示所有版本 5 的发行版都有相同的文件格式。

（2）第 2 个数字 6 是发行级别，它与主版本号组合在一起就构成了发行序列号。

（3）第 3 个数字 15 是此发行系列的版本号。目前 MySQL 5.7.15 版本是最新版本。

旧版本的 MySQL，例如 MySQL4.1、4.0 以及 3.13 版本，官方将不再提供技术支持。而所有发布的 MySQL 版本都有经过严格的测试，可以保证其正常使用。针对不同的系统，读者应该从 MySQL 官方网址（http://dev.MySQL.com/downloads/）下载相应的安装文件。

11.1.3 MySQL 的优势

MySQL 的主要优势如下：

（1）速度：运行速度很快。
（2）费用：对于个人版免费。
（3）易用性：与其他关系型数据库相比，管理与使用相对简单且易于学习。
（4）可移植性：可运行在多个系统平台上，例如主流的 Windows、Linux、UNIX 等。
（5）丰富的 API 接口：提供了用于 JAVA、PHP、Python、Ruby、C、C++等语言的 API。
（6）提供查询语言：MySQL 数据库利用标准 SQL 语法查询数据。
（7）安全性：灵活和安全的权限密码系统，允许主机的验证。连接服务器时，密码传输均采用加密方式。

11.2 安装与配置 MySQL 5.6

MySQL 支持不同的操作系统平台，虽然在不同平台下的安装和配置都不相同，但是差别也不是很大。在 Windows 平台下可以使用二进制的安装包或者免安装版的软件包进行安装，安装包提供图形化的安装向导过程，免安装版则直接解压就能用。Linux 平台下使用命令安装 MySQL，但由于 Linux 有很多的版本，因此不同的 Linux 平台需要下载相应的 MySQL 安装包。

本小节主要叙述 Windows 平台下的 MySQL 的安装和配置过程。

Windows 平台下提供两种安装方式：MySQL 二进制版和免安装版。一般来说，应该采用二进制版，因为该版本在使用起来比较简单，不用第三方工具来启动就可以运行 MySQL。这里采用二进制的安装方式。

1. 下载 MySQL 安装文件

具体的下载操作步骤如下：

（1）打开常用浏览器，输入网址：http://dev.mysql.com/downloads/mysql，页面自动跳转到 MySQL Community Server 5.6.15 下载页面，选择 Generally Available(GA) Release 选项卡，下载界面如图 11.2 所示。

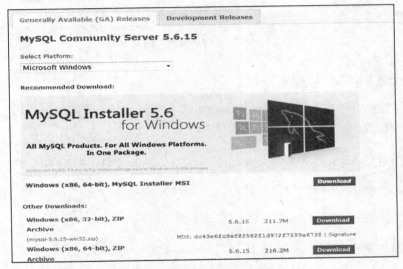

图 11.2　MySQL 下载界面

（2）在下拉列表框中选择 Microsoft Windows 平台，如图 11.3 所示。

图 11.3　选择 Microsoft Windows 平台

（3）可以选择网络安装二进制或者直接下载二进制文件，在这里选择直接下载二进制文件，单击 Download 按钮下载，如图 11.4 所示。

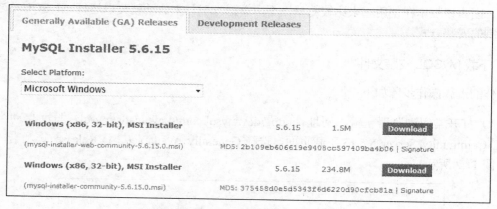

图 11.4　单击下载 MySQL 二进制文件

2. 安装和配置 MySQL 数据库

MySQL 二进制文件下载完成后，找到下载文件（例如 d:\ MySQL-installer-5.6.15.msi），双击进行安装，具体步骤如下。

（1）双击下载的 MySQL-installer-community-5.6.15.0.msi 文件，如图 11.5 所示。

图 11.5　MySQL 安装文件

（2）等待 Windows 系统检测 MySQL 安装环境，如图 11.6 所示。

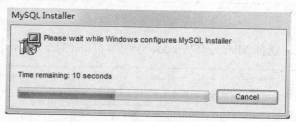

图 11.6　Windows 系统检测 MySQL 安装环境

（3）弹出安装 MySQL 选择对话框，选择"Install MySQL Products"，如图 11.7 所示。

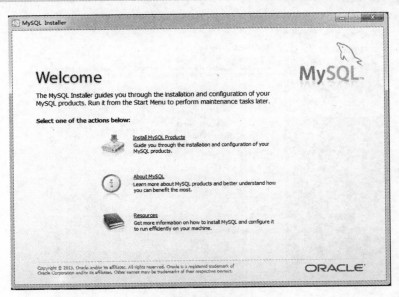

图 11.7　选择 MySQL 产品

（4）弹出安装协议对话框，勾选同意协议，单击 Next 按钮，如图 11.8 所示。

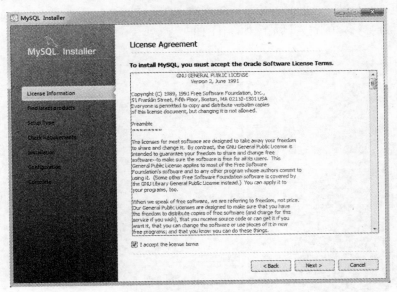

图 11.8　MySQL 协议对话框

（5）查找最新产品，可以选择跳过此步骤，单击 Execute 按钮，继续执行，如图 11.9 所示。

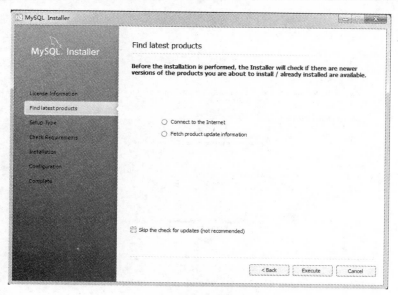

图 11.9　查找最新 MySQL 产品

（6）选择安装类别，有 5 中类别可以选择，分别是开发版（Developer Default）、服务器版（Server Only）、客户端（Client Only）、全部 MySQL（Full）、经典版（Custom）。在此，本书选择开发版并选择指定的安装目录，如图 11.10 所示。

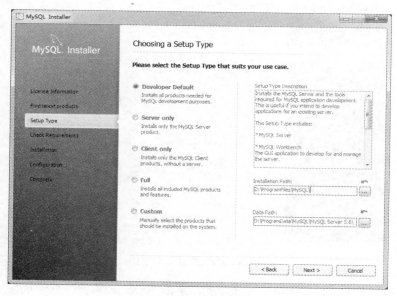

图 11.10　选择安装类别

 MySQL 默认安装路径"C:\Program Files\MySQL"，可以单击右侧的…按钮更改安装路径，同样 MySQL 数据路径也可以单击右侧的…按钮更改。

（7）检查安装的必需产品，如果系统中没有安装相应的必需工具，可以返回上一步选择普通版的 MySQL 类别或者直接单击 Execute 按钮，MySQL 会过滤掉相应的安装程序，等系统有了对应的软件，可以重新运行安装程序进行更新，如图 11.11 所示。

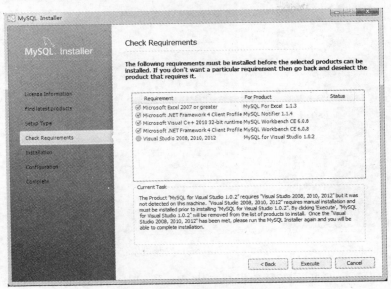

图 11.11　检查必需软件

（8）单击 Execute 按钮，MySQL 开始安装或者更新，如图 11.12 所示。

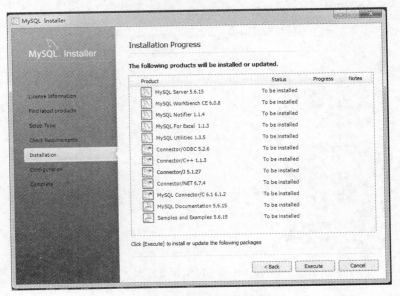

图 11.12　MySQL 安装界面

显示 MySQL 安装进度，如图 11.13 所示。

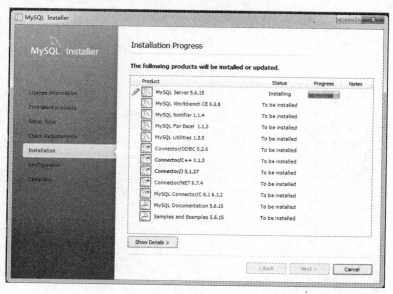

图 11.13 MySQL 安装进度

（9）初始化配置 MySQL，在第 8 步都安装完成后，单击 Next 按钮，跳转到配置页面，单击 Next 按钮，如图 11.14 所示。

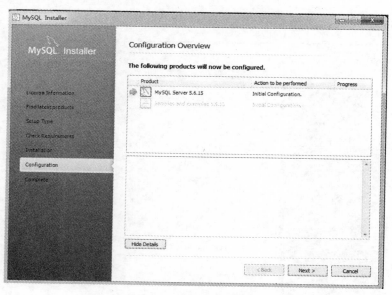

图 11.14 MySQL 配置界面

单击 Next 按钮，进行 MySQL 端口配置，如图 11.15 所示。

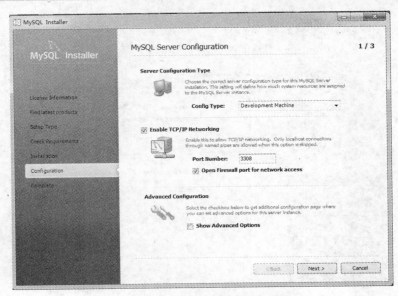

图 11.15　MySQL 数据库端口配置

单击 Next 按钮，进入 MySQL 管理员的密码设置和用户设置，如图 11.16 所示。

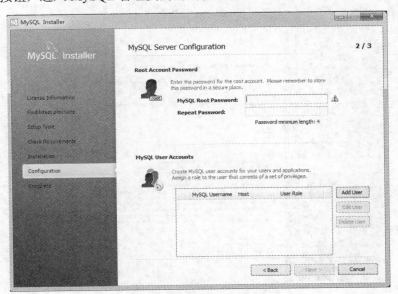

图 11.16　MySQL 用户和密码设置

设置完，单击 Next 按钮，进行 MySQL 服务器名的设置，如图 11.17 所示。

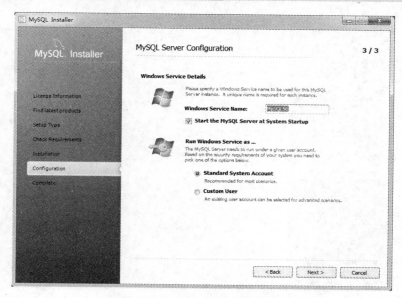

图 11.17 MySQL 服务器名的设置

配置完的界面如图 11.18 所示。

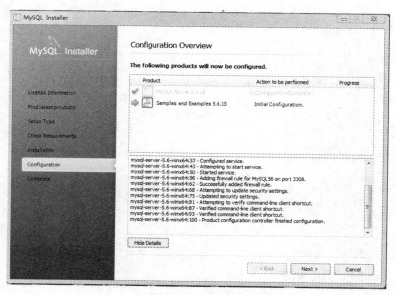

图 11.18 MySQL 配置完初始化

单击 Next 按钮，进行 MySQL 示例配置，如图 11.19 所示。

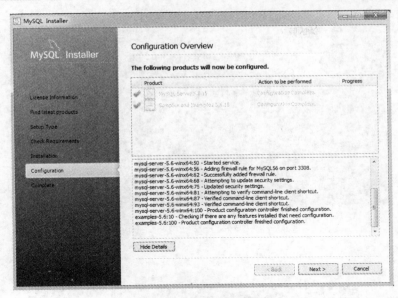

图 11.19　MySQL 示例配置

（10）单击 Next 按钮，显示完成，如图 11.20 所示。

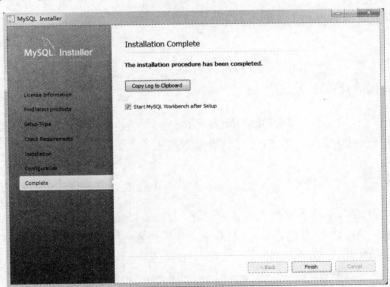

图 11.20　MySQL 安装完成界面

单击 Finish 按钮，系统出现 MySQL Workbench 图形化界面，如图 11.21 所示。

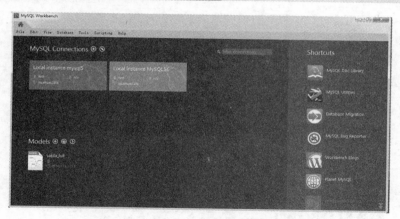

图 11.21　MySQL Workbench 操作界面

11.3　启动服务并登录 MySQL 数据库

安装完 MySQL 数据库之后，需要启动服务进程，相应的客户端就可以连接数据库，客户端可以通过命令行或者图形界面工具登录数据库。本节介绍如何启动 MySQL 服务和登录 MySQL 数据库。

11.3.1　启动 MySQL 服务

在默认的配置中，已经将 MySQL 设置为 Windows 服务，当系统启动或停止时，MySQL 服务会自动启动或者关闭。但是，用户还可以通过图形服务工具来控制 MySQL 服务器或者从命令行使用命令启动。

可以通过 Windows 的服务进行管理，具体的操作步骤如下。

（1）单击"开始"菜单，在弹出的菜单中输入"services.msc"命令，打开 Windows 的"服务管理器"，在其中可以看到服务名为"MySQL56"的服务项，右边状态为"已启动"，表明该服务已经启动，如图 11.22 所示。

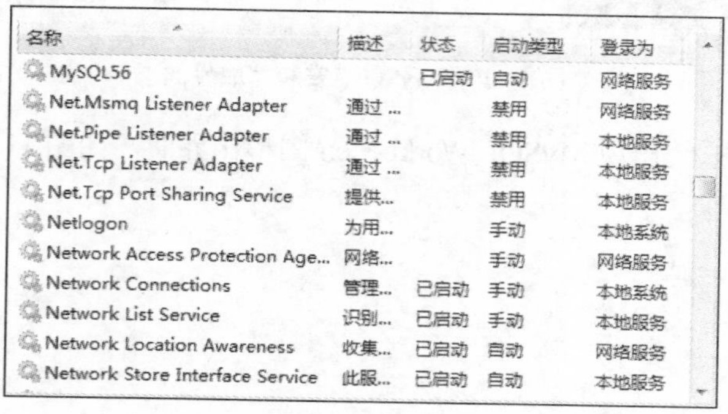

图 11.22　服务管理器窗口

（2）从图 11.22 中可以看出 MySQL 启动类型为自动，且该服务已经启动。如果状态为空白，说明服务未启动。启动方法为：双击 MySQL 服务名，打开"MySQL56 的属性"对话框，在其中通过单击"启动"或者"停止"按钮来改变服务状态，具体如图 11.23 所示。

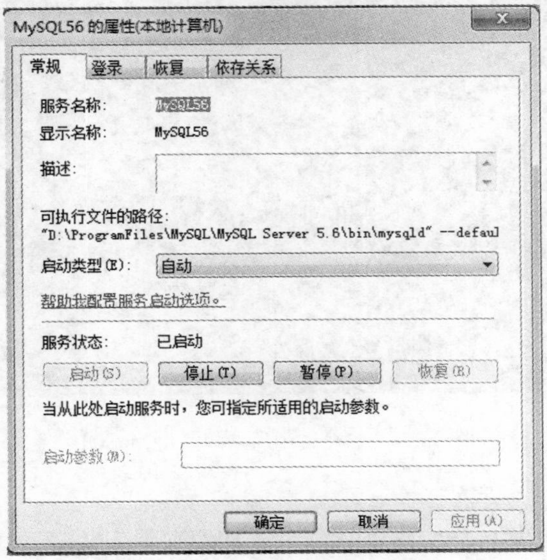

图 11.23　MySQL56 服务属性对话框

也可以通过命令行启动，启动方法如下。

（1）单击"开始"菜单，在搜索框中输入"cmd"，如图 11.24 所示，按回车键弹出 Windows 命令操作界面。

图 11.24　Windows 运行界面

（2）输入"net start MySQL56"，按回车键，就可以启动 MySQL56 服务了，停止

MySQL56 服务的命令为"net stop MySQL56",如图 11.25 所示。

图 11.25　命令行中启动和停止 MySQL

　"net start MySQL56"中"MySQL56"是 MySQL 服务的名字。如果 MySQL 服务的名字是其他名字,应该输入"net start XX"。

11.3.2　登录 MySQL 数据库

当 MySQL 服务启动后,可以通过客户端来登录 MySQL 数据库。在 Windows 系统中,有两种方式登录 MySQL 数据库。

1. Windows 命令行登录

具体的步骤如下。

单击"开始"菜单,在弹出的对话框中输入命令"cmd",如图 11.24 所示。在 DOS 窗口中通过登录命令连接到 MySQL 数据库,连接 MySQL 的命令为:

```
MySQL -h hostname  -u username -p
```

其中 MySQL 为命令,-h 后面是服务器主机地址,-u 后面是登录数据库的用户名,-p 后面是用户登录密码。在这里由于 MySQL 客户端和服务器是同一台机器,所以输入命令如下:

```
MySQL -h localhost -u root -p
```

按回车键,系统会提示输入密码"Enter password",如图 11.26 所示,输入前面配置中的密码,验证正确后,即可登录到 MySQL 数据库,如图 11.27 所示。

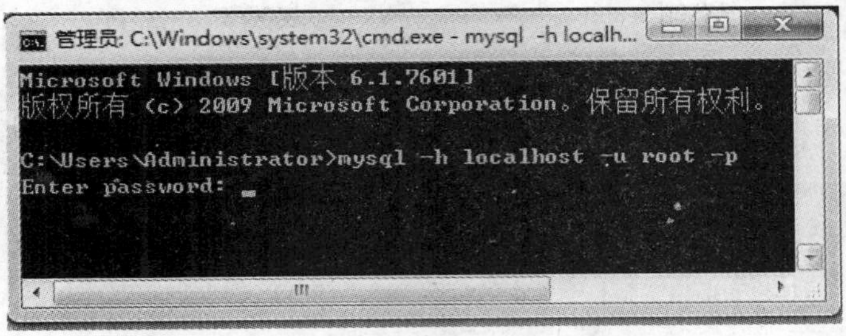

图 11.26　输入命令提示输入密码

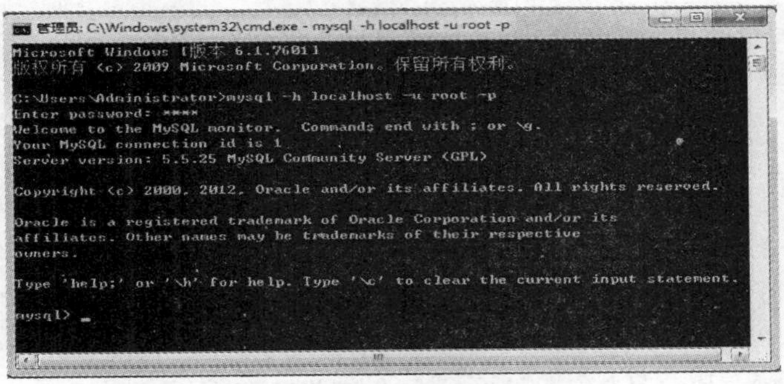

图 11.27　Windows 命令行登录窗口

 当窗口中出现图 11.27 所示的描述信息，且命令提示符变为"MySQL>"时，表明已成功登录 MySQL 服务器了。

2. 使用 MySQL 命令行登录

依次选择"开始"|"所有程序"|MySQL|MySQL Server 5.6|MySQL 5.6 Command Line Client 菜单命令，进入密码输入窗口，如图 11.28 所示。

图 11.28　MySQL 命令行登录窗口

输入正确的密码后，就可以登录到 MySQL 数据库中了。显示的结果跟 Windows 命令行登录的结果是一样的。

11.3.3　配置 Path 变量

当输入 MySQL 登录命令可以登录到数据库时，是因为把 MySQL 的安装目录 bin 目录添加到系统的环境变量中，所以可以直接使用。手动配置环境变量如下。

（1）右击桌面上"我的电脑"图标，在弹出的菜单中选择"属性"菜单命令，如图 11.29 所示。

（2）打开系统属性对话框，选择"高级系统设置"，如图 11.30 所示。

图 11.29　"我的电脑"属性菜单

图 11.30　系统属性对话框

（3）单击"环境变量"按钮，如图 11.31 所示，打开对话框。

（4）在系统变量列表中选择"PATH"变量，单击"编辑"按钮，在"编辑系统变量"对话框中，将 MySQL 应用程序的安装目录 bin 目录（C:\Program Files\MySQL\MySQL Server 5.6\bin）增加到变量中，用分号与其他路径分开，如图 11.32 所示。

图 11.31　单击"环境变量"按钮

图 11.32　"编辑系统变量"对话框

（5）添加完成后，单击"确定"按钮，如此即完成了 PATH 变量的配置工作，就可以直接在命令窗口中输入 MySQL 命令登录数据库。

11.4　更改 MySQL 的配置

上节介绍 MySQL 数据库的启动服务，使读者对数据库的启动有所了解。在 MySQL 数据库实际使用过程中，可以根据系统需要来更改 MySQL 配置参数。MySQL 数据库更改配置文件的目录一般在 MySQL 数据库安装目录下。

通过更改配置，可以加深对数据库的理解，而且通过这种方式也是更快更好地学习数据库的途径，只是这需要对每个参数的含义必须理解。

在旧版本时，安装目录下面有很多配置文件，例如 my-huge.ini、my-medium.ini、my-small.ini 这 3 个配置，它们分别对应的是大型系统的 MySQL 配置例子、中型系统的 MySQL 配置例子、小系统的 MySQL 配置例子。现在只有一个配置例子 my-default.ini。

下面对配置文件在的参数进行简单介绍。

```
# For advice on how to change settings please see
#            http://dev.mysql.com/doc/refman/5.6/en/server-configuration-defaults.html
# *** DO NOT EDIT THIS FILE. It's a template which will be copied to the
# *** default location during install, and will be replaced if you
# *** upgrade to a newer version of MySQL.

[mysqld]

# Remove leading # and set to the amount of RAM for the most important data
# cache in MySQL. Start at 70% of total RAM for dedicated server, else 10%.
# innodb buffer pool size = 128M

# Remove leading # to turn on a very important data integrity option: logging
# changes to the binary log between backups.
# log bin

# These are commonly set, remove the # and set as required.
# basedir = .....
# datadir = .....
# port = .....
# server id = .....


# Remove leading # to set options mainly useful for reporting servers.
# The server defaults are faster for transactions and fast SELECTs.
# Adjust sizes as needed, experiment to find the optimal values.
# join buffer size = 128M
# sort buffer size = 2M
# read rnd buffer size = 2M

sql mode=NO ENGINE SUBSTITUTION,STRICT TRANS TABLES
[mysqld]
##安装路径
basedir=C:/Program Files/MySQL/MySQL Server 5.6
##数据路径
datadir=C:/Program Files/MySQL/MySQL Server 5.6/data
##默认编码
default-character-set=utf-8
```

```
##端口
port=3306
[client]
##默认客户端编码
default-character-set=utf-8
```

11.5 MySQL 安装失败解决方案

虽然 MySQL 的安装和配置很简单，但是在操作过程中，也有可能出现问题，读者需要多实践。

1. 下载 MySQL 失败

下载过程中网络出现问题会导致失败。

2. MySQL 安装失败

安装过程中，大多是安装了好几次 MySQL 数据库导致，需要彻底删除相关文件。解决办法是：把以前的安装目录删除，删除安装文件夹；同时删除 MySQL 的 DATA 目录，还不行则需要删除注册表中的数据；然后重新安装就可以了。

3. MySQL 安装服务

一般来说，安装并配置完成 MySQL 数据库，系统会默认生成一个 MySQL 服务到系统中，如图 11.33 所示。

图 11.33　系统服务注册图

第 12 章
◀ 数据库的基本操作 ▶

上一章介绍了 MySQL 数据库的基本知识,如何下载安装。成功安装并启动 MySQL 服务后,读者就可以开始学习这个简单而又复杂,强大而又轻便的数据库。而数据库的基本操作包括:创建数据库、使用数据库和删除数据库。本章将逐一介绍这些内容,并描述不同的数据存储引擎之间的差异性。

12.1 创建数据库

学习基于数据库的开发,掌握如何应用一个数据库并熟练使用数据库,是学习的目的。在学习如何创建数据库之前,我们必须了解 MySQL 数据库中默认的几个数据库,如图 12.1 所示。

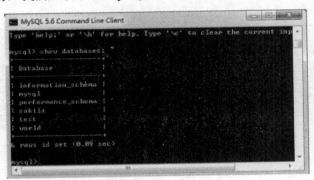

图 12.1 显示默认的数据库界面

从图 12.1 可以看出,有 6 个数据库分别是 information_schema、mysql、performance_schema、test、world、sdkila,它们之间的作用见表 12.1 所示。

表 12.1 默认数据库说明

数据库	说明
information_schema	它是信息数据库,库中保存着所有其他数据库的信息,提供数据库元数据的访问方式。例如,数据库库名、列的数据类型,或访问权限等
mysql	MySQL 核心库,用于存储数据库的用户、权限设置、关键字等
performance_schema	收集数据库服务器性能参数数据库,例如进程等待的详细信息、历史事件的汇总信息等
test	用户的测试库,用来测试
world	示例数据库,库中有 3 张表分别是 city、country、countrylanguage
sdkila	示例数据库,库中有很多示例表,读者可以进行参考

默认数据库中 mysql 是核心库，千万不能删除，删除就需要重装数据库。

系统中默认的数据库并不是我们需要保存数据的数据库，如果我们要新建数据库，语法如下：

```
create database [if not exists] xxx;
```

或者

```
CREATE DATABASE [ IF NOT EXISTS ]XXX;
```

如上所述，就是创建数据库的基本语法，可以看出它的规则很简单的。"create database"或者"CREATE DATABASE"是创建标识关键字，"if not exists"或者"IF NOT EXISTS"是可选项，表示如果不存在时执行创建命令，"xxx"是要创建的数据库名称。

 在 MySQL 数据库中，关键字不区分大小写。

【示例 12-1】创建测试数据库 test。

创建测试数据库，输入命令如下。

```
create database test;
```

结果如图 12.2 所示。

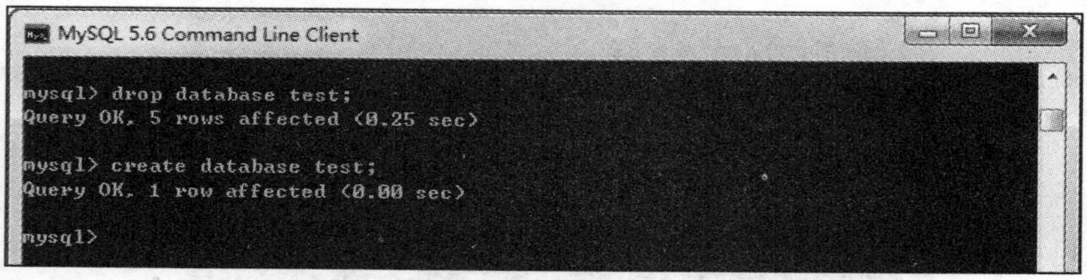

图 12.2　创建数据库

数据库创建好之后，可以使用命令"show databases"或者"SHOW DATABASES"，查看数据库中是否有新增 test 数据库，如图 12.3 所示。

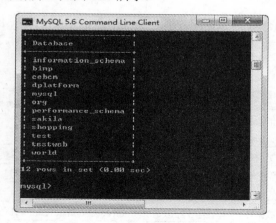

图 12.3　查看现有数据库列表

从图 12.3 中可以看出，数据库列表中存在 test 数据库，说明数据库创建成功。

12.2 删除数据库

顾名思义，删除数据库就是将现有的数据库删除，在 MySQL 中删除数据库与所有的关系型数据库删除数据库一样，就是将数据从一个物理地址中删除，在磁盘空间中清除掉，因为数据库就是一个存储在磁盘上的文件。

```
drop database xxx;
```

或者

```
DROP DATABASE XXX;
```

如上所述，就是删除数据库的基本语法，可以看出它的规则很简单。"drop database"或者"DROP DATABASE"是删除标识关键字，"xxx"是要删除的数据库名称。如果数据库不存在，删除则会出现"ERROR 1008 (HY000): Can`t drop database 'xxx';database doesn`t exit"错误，说明是数据库不存在的错误。下面以删除测试数据库为例。

【示例 12-2】删除默认测试数据库 test。

在删除数据库前，先用命令"show databases"查看现有的数据库列表是否有 test，这样跟删除后的数据库列表进行对比，输入命令如下。

```
show databases;
```

结果如图 12.4 所示。

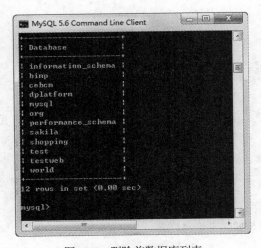

图 12.4 删除前数据库列表

163

从图中可以看出，库中存在测试数据库"test"，然后执行删除数据库命令：

```
drop database test;
```

执行后，再用"show databases"命令查看数据库列表，其结果如图 12.5 所示。

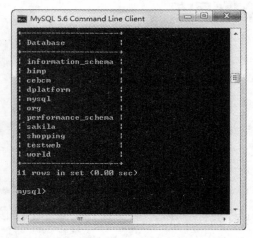

图 12.5　MySQL 删除数据库后列表

从图中可以看出，数据库列表中已经不存在"test"数据库。如果再次执行删除命令时，系统会提示不存在数据库，删除出错，如图 12.6 所示。

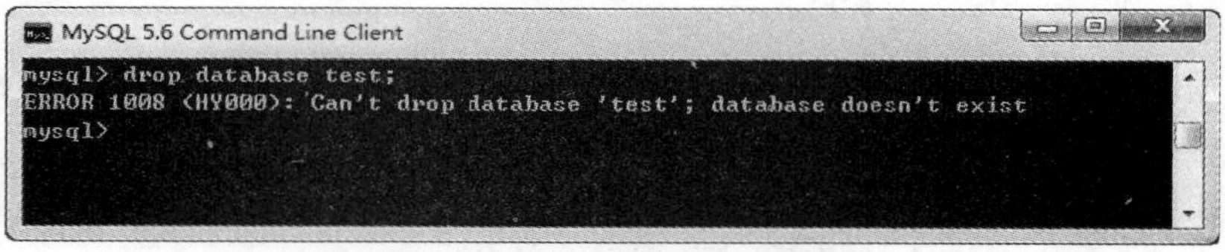

图 12.6　MySQL 执行删除数据库命令错误提示

12.3　数据库存储引擎

什么是数据库存储引擎？根据不同的数据类型提供不同的存储方式，以获取最好的方式对存储的数据进行增加、修改、删除和查询操作。不同的存储引擎提供不同的索引方式、存储方法、锁表方式，不同的存储引擎还提供特定的功能对数据进行处理，选择不同的存储引擎，从而最大限度地利用其强大的功能。关系数据库的核心就是存储引擎，同样 MySQL 也不例外。

12.3.1　MySQL 支持的存储引擎

关系数据库表是用于存储关系的数据结构，某些表简单，某些表复杂，在开发过程中，可能需要各种各样的表。在 MySQL 中，没必要在整个数据库服务器中使用一种存储引擎，可以针对具体的要求，对每张表使用不同的存储引擎。例如，要求事务存储用 InnoDB，要求内存存储用 Memory，要求索引比较高的用 MyISAM。可以使用 show ENGINES 命令查看系统所支持引擎类型，如图 12.7 所示。

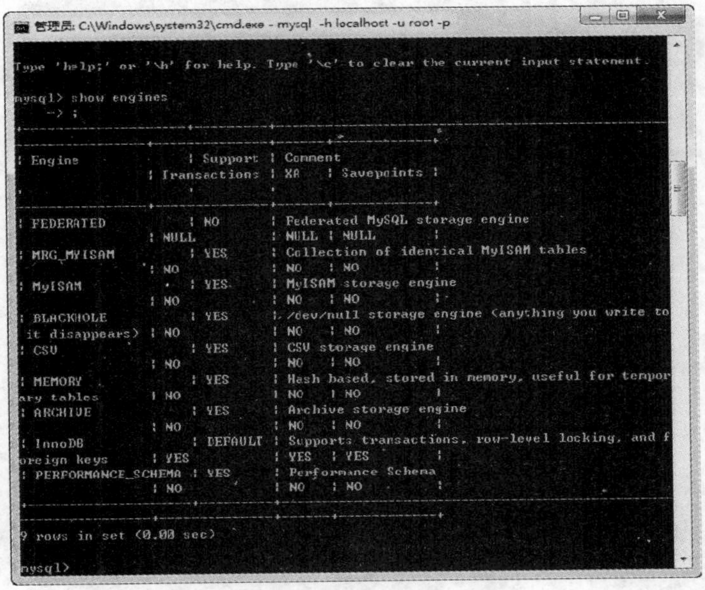

图 12.7　MySQL 数据库引擎

从图中可以看出 Support 列表示该引擎是否可以使用，DEFAULT 表示系统默认引擎；Transaction 列的值表示该引擎是否支持事务控制。下面介绍常见的 3 种引擎。

1. MyISAM 存储引擎

- MyISAM 存储引擎在 MySQL 5.5 版本之前是默认存储引擎，它不支持事务。

下面来看个例子：

【示例 12-3】演示 MyISAM 引擎是否支持事务。

执行步骤如下：

（1）创建表 user，指定其引擎为 MyISAM。

语句如下：

```
create table user
 (
  id         int(10) ,
  name       varchar(20)
 ) engine=MyISAM;
```

（2）查看创建表 user 的语句，确认是否是 MyISAM 引擎，其结果如图 12.8 所示。

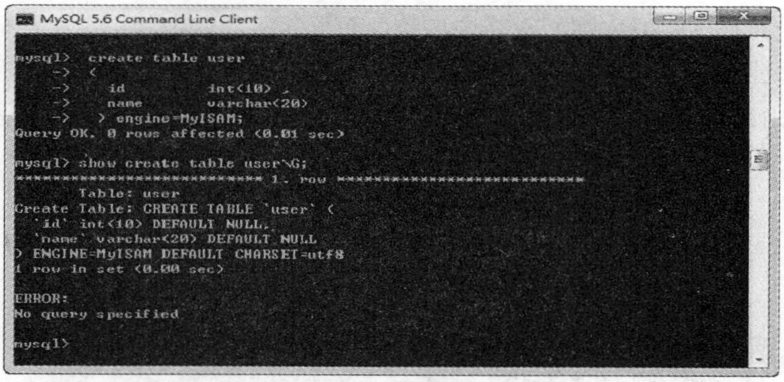

图 12.8 查看 user 表引擎

从图中可以得知，user 表的引擎为 MyISAM。

（3）为表 user 添加 2 条数据，语句如下。

```
insert into user values(1,'lin'),(2,'zhou');
```

其结果如图 12.9 所示。

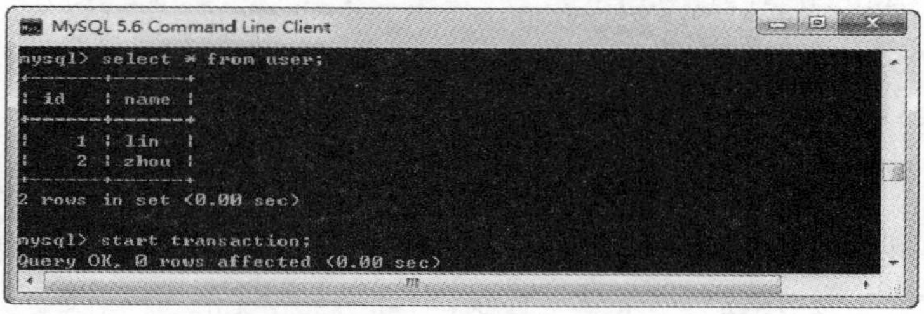

图 12.9 查看插入列表值

（4）开启事务："start transaction;"。
（5）更新 id 为 1 的用户姓名为"wang"，语句如下：

```
update user set name='wang' where id=1;
```

结果如图 12.10 所示。

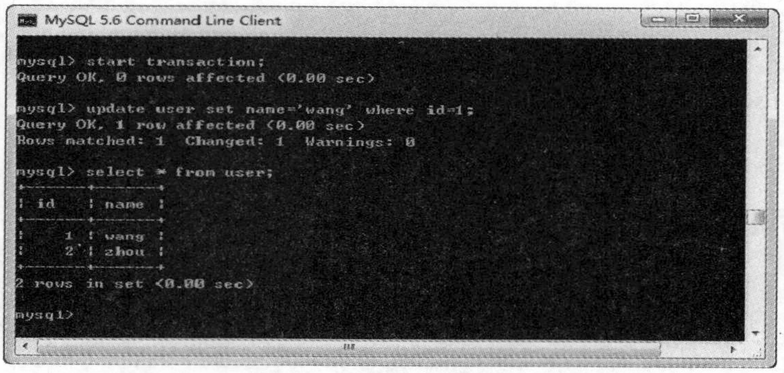

图 12.10 更新后的列表

（6）对更新后的数据回滚，语句："rollback"，再查询列表如图 12.11 所示。

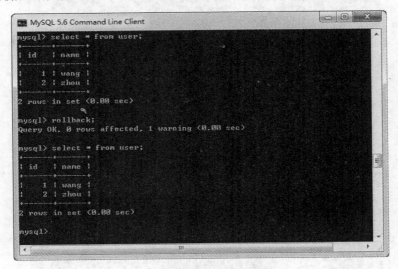

图 12.11 回滚后的数据列表

从图 12.11 可以看出，回滚后的数据是修改之后的数据。

- 支持 BLOB 和 TEXT 数据类型，且可以被索引。

增加 user 表 remark 字段，其类型为 TEXT，语句如下：

```
alter table user add remark text;
```

查看表 user 结构如图 12.12 所示。

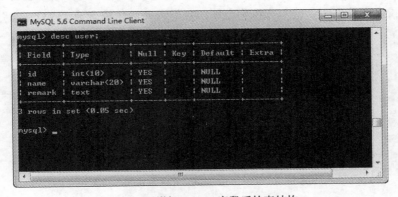

图 12.12 增加 remark 字段后的表结构

增加 user 表的字段 remark 全文索引，语句如下：

```
alter table user add fulltext index(remark);
```

查看表 user 的索引情况如图 12.13 所示。

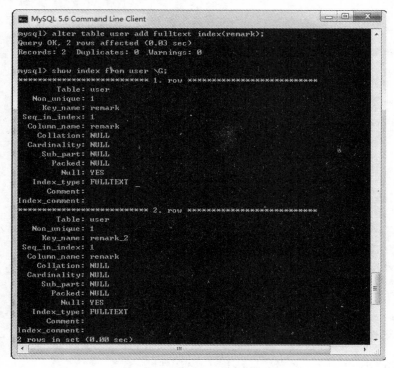

图 12.13 查看表 user 全文索引

从图 12.13 中可以看出，添加索引时全文索引起到了作用(Query OK,2 rows affected)。所以 MyISAM 是支持 text 数据类型的全文索引。

- 使用 MyISAM 引擎创建数据库，将产生 3 个文件。文件的名字以表的名字开始，扩展名则指出文件类型。frm 为结构文件，数据文件的扩展名为.MYD，索引文件的扩展名是.MYI，如图 12.14 所示。

图 12.14 MyISAM 文件类型

2. InnoDB 存储引擎

现如今 MySQL 的默认引擎就是 InnoDB，它是事务型数据库，具有支持外键、行锁、非锁定读等特点，具体特性如下：

（1）InnoDB 具有事务安全存储性能，它提供给 MySQL 数据库回滚、提交和崩溃恢复的特性。InnoDB 行锁在 SELECT 查询的时候锁定在行级，那么查询时，就可以与 MySQL 库中不同表的类型联合起来查询。

（2）InnoDB 引擎查询性能与耗费在系统资源效率方面是最少的。因此在处理大数据时以优先考虑该引擎。

（3）InnoDB 的表跟索引在一个逻辑表空间中，表空间可以有多个文件。

（4）InnoDB 支持外键完整性约束，这与 Oracle 数据库的特点一样。

（5）应用广泛，InnoDB 引擎被大量应用在需要高性能的大型数据库站点上，例如：淘宝。

InnoDB 存储引擎与 MyISAM 存储引擎的显著区别如下：

- 支持事务特性。

执行步骤如下：

（1）创建表 user1，指定其引擎为 InnoDB。

语句如下：

```
create table user1
(
  id          int(10) ,
  name        varchar(20)
) engine=InnoDB;
```

（2）查看创建表 user 的语句，确认是否是 InnoDB 引擎，其结果如图 12.15 所示。

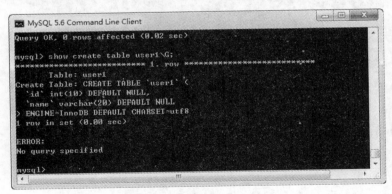

图 12.15　查看 user1 表引擎

从图中可以得知，user 表的引擎为 InnoDB。

（3）为表 user1 添加 2 条数据，语句如下。

```
insert into user1 values(1,'lin'),(2,'zhou');
```

其结果如图 12.16 所示。

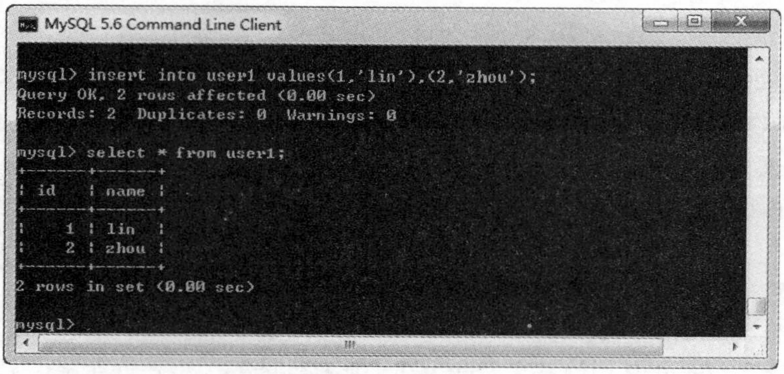

图 12.16　查看插入列表值

（4）开启事务："start transaction;"。

（5）更新 id 为 1 的用户姓名为"wang"，语句如下：

```
update user1 set name='wang' where id=1;
```

其结果如图 12.17 所示。

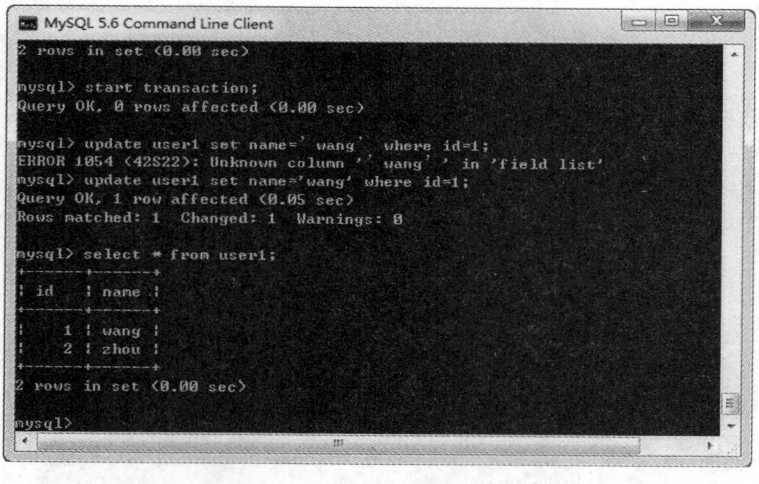

图 12.17　更新后的列表

（6）对更新后的数据回滚，语句"rollback"，再查询列表如图 12.18 所示。

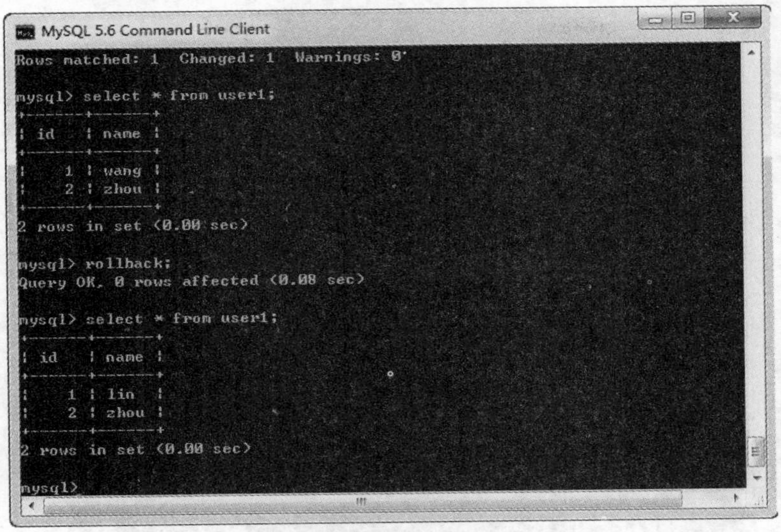

图 12.18 回滚后的数据列表

从图 12.11 可以看出,回滚后的数据是更新数据之前的数据,也就是回滚到最初状态。

- **不支持 BLOB 和 TEXT 数据类型的全文索引**

增加 user1 表 remark 字段,其类型为 TEXT,语句如下:

```
alter table user1 add remark text;
```

查看表 use1 结构如图 12.19 所示。

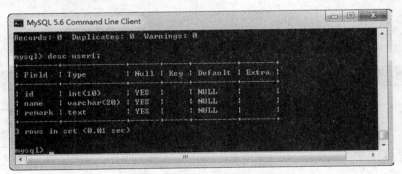

图 12.19 增加 remark 字段后的表结构

增加 user1 表的列 remark 全文索引,语句如下:

```
alter table user1 add fulltext index(remark);
```

查看表 user1 的索引情况如图 12.20 所示。

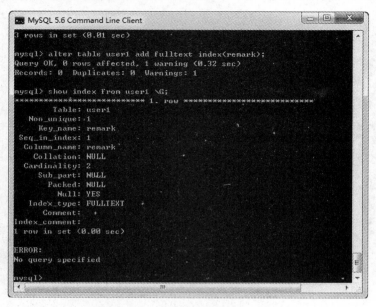

图 12.20 查看表 user1 全文索引

从图 12.20 可以看出，添加 text 全文索引时，没有起作用"query ok，0 rows affected"。所以 InnoDB 不支持 text 的全文索引。

12.3.2 各存储引擎的区别

存储引擎的选择关系到性能的优化，不同的存储引擎有各自的特点，所以要对各自的情况做出正确的选择。各引擎的特点参见表 12.2。

表 12.2 各引擎的特点

功能	InnoDB	MyISAM	Memory	Archive
支持事务	YES	NO	NO	NO
支持全文索引	NO	YES	NO	NO
支持数据索引	YES	YES	YES	NO
支持哈希索引	NO	NO	YES	NO
支持数据缓存	YES	NO	N/A	NO
支持外键	YES	NO	NO	NO

从表 12.2 中可以发现以下几点：

- 对事务安全性要求较高的表，选择 InnoDB 引擎。
- 对查询和插入效率要求较高的表，选择 MyISAM 引擎。
- 对数据量小的，放置在内存中的数据的表，选择 Memory 引擎。
- 对于归档的操作频繁的表，选择 Archive 存储引擎。

使用合适的存储引擎，对于提高整个数据库的利用率和性能以及应用的整体体验都是十分关键的。MySQL 数据库允许多个表用多种引擎并存的现象，所以读者在开发时，尽量用合适的引擎进行开发。

12.4 查看默认存储引擎

前一节介绍了数据库存储引擎以及之间的差异，实际上存储引擎远不止上面介绍的几种，那么如何查看一个数据库的默认引擎？SQL 语句"show engines"可以帮助读者查看系统中所有的存储引擎列表，列表中显示出默认的存储引擎，还可以运用"SHOW VARIABLES LIKE 'storage_engine'"或者"show variables like 'storage_engine'"查看默认引擎，如图 12.21 所示。

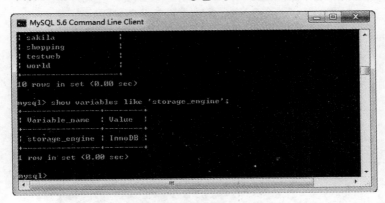

图 12.21 查看默认引擎

图中显示了当前数据库默认存储引擎。

众所周知，不同版本 MySQL 中的默认存储引擎不同，例如 MySQL 5.5 以前默认是 InnODB，从 MySQL 5.6 之后默认存储引擎就是 MyISAM，当读者想要用最合适的存储引擎去存储数据时，可以修改默认引擎，这时就需要修改 my-default.ini 配置文件（见图 12.22）即可，并重启 MySQL 数据库服务，my-default.ini 文件位于 MySQL 安装的根目录下。

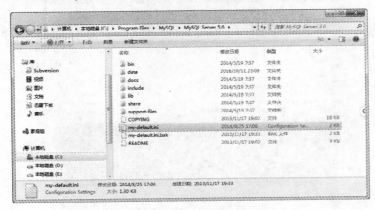

图 12.22 my-default.ini 配置文件

12.5 实战演练——创建数据库的全过程

本节介绍了数据库的两个基本操作：数据库的创建和删除数据库。对于这 2 个基本操作，读者是必须掌握的，因为它们是基础的基础，想要掌握更多的知识，这 2 种操作是必须会的。因此，本节通过例子来复习创建数据库。

（1）首先，登录数据库

登录数据库有 2 种方式，用命令行登陆或者打开 MySQL 命令行。

按"win+R"快捷键打开命令行，如图 12.23 所示，输入数据库用户名跟密码。

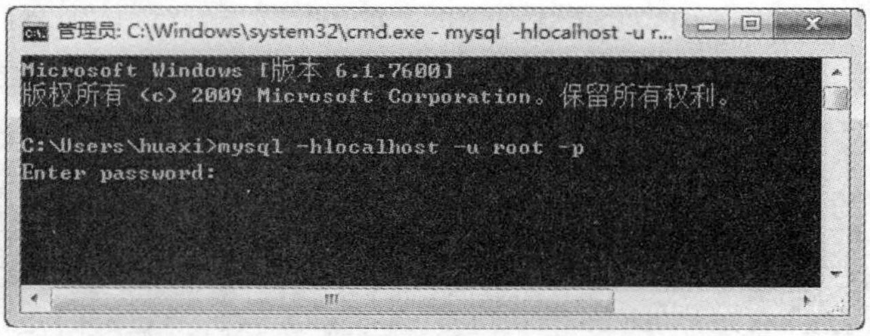

图 12.23　命令行输入

打开 MySQL 5.6 Command Line Client 对话框，只需输入密码登录，如图 12.24 所示。

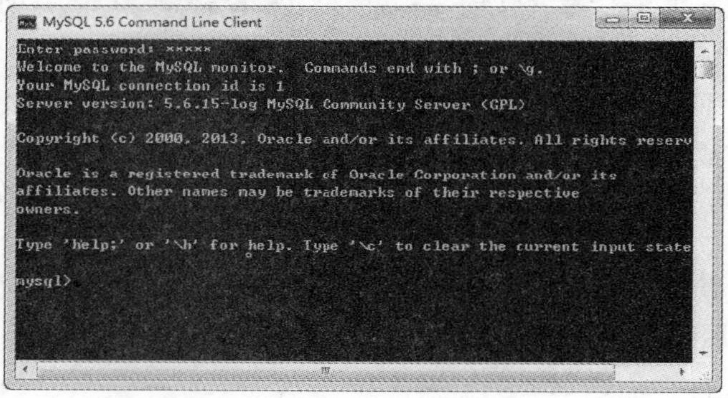

图 12.24　MySQL 5.6 Command Line Client 对话框

（2）创建一个数据库，以创建 bank 数据库为例，执行命令"CREATE DATABASE if not exists BANK"或者"create dataset if not exists bank"，如图 12.25 所示。

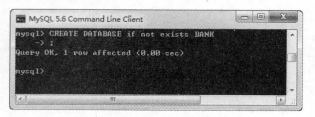

图 12.25　创建 BANK 数据库

提示信息"Query OK,1 row affected"表明语句成功执行。用命令"show databases"查看现有的数据库列表如图 12.26 所示。

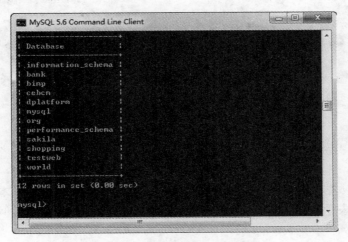

图 12.26　查询 MySQL 数据库列表

第 13 章 数据表的基本操作

前一章节介绍了数据库的存储引擎以及数据库的两个基本操作，相信读者对于数据库的基本操作已经十分熟练，本章将介绍关于 MySQL 数据库中另外一重要的知识点——数据表的基本操作。我们知道，在数据库中数据表示基本操作单元，是数据库中既重要又基本的操作对象。关系型数据库中，数据表示一个集合，数据在表中是按照行列的格式来存储，类似于 Excel 中的行列。行代表记录，列代表记录中的域。

本章将详细介绍数据表的基本操作，包括：创建表、修改表、删除表、查看表结构。通过本章的介绍可以掌握数据表的基本概念以及如何在 MySQL 命令行或者 MySQL 图形工具下对数据表进行操作，理解约束条件和运用其规则。

13.1 新建数据表

新建数据表，即在已有的数据库中增加表，那么表中的字段，字段的约束条件，以及字段直接是否能有关联？有关联的情况下，关联条件是如何建立的？本节将为读者一一解答这些疑问。

13.1.1 语法形式

在创建之前，需了解创建的基本语法形式，因为任何一个数据库都有其自身独特的语法形式。MySQL 的语法基本是遵循 SQL92 标准，所以其创建数据表的语法规则如下：

```
CREATE TABLE 表名
(
 COLUMN1 数据类型 [conditioin],
  COLUMN2 数据类型 [conditioin],
  COLUMN3 数据类型 [conditioin],
……
)
```

或者

```
create table 表名
(
```

```
    column1数据类型 [conditioin],
column2数据类型 [conditioin],
column3数据类型 [conditioin],
……
)
```

如上所述，"CREATE TABLE"或者"create table"是创建数据表的关键字，colum1 或者 COLUMN1、colum2 或者 COLUMN2、colum3 或者 COLUMN3 是需要创建的字段，数据类型包括：int、varcahr、float、text、date、timestamp 等诸多类型，conditioin 是约束条件，是可选项，它包括 not null、primary key、default value xxx 等。在这个语法中，显然字段跟类型是必需的，下面以创建学生表来具体说明语法的使用。

【示例 13-1】创建学生表 student，其表结构如表 13.1 所示。其中主键 id 为 int 数据类型，字符长度为 10byte；学生姓名 name 为 varchar 数据类型，字符长度为 20byte；班级编号 classid，字符长度为 10byte；分数 score 为浮点型 float。

表 13.1 student 表结构

字段名称	数据类型	备注
id	int(10)	学生编号
name	varchar(20)	学生姓名
classid	int(10)	班级编号
score	float	分数

创建数据表的步骤如下：

（1）选择创建表的数据库，运用 SQL 语句"use test"，如图 13.1 所示。

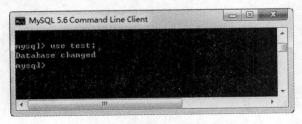

图 13.1 选择数据库

（2）创建 student 表，如图 13.2 所示。

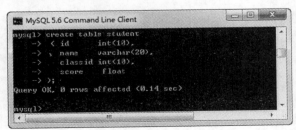

图 13.2 创建 student 表

上述语句执行后，库 test 中便创建了一个名称为 student 的表，使用 SQL 语句命令"show tables"查看现有的表，如图 13.3 所示。

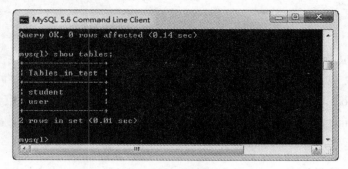

图 13.3 查询表

从图中可以看到，student 表已经存在 test 库中，数据表创建成功。

13.1.2 主键约束

上一小节介绍了创建表的基本语法，那么要为字段添加主键约束，该如何添加？何为主键约束，主键约束一般有主键列必须唯一、不能为 NULL 或者空值，所以一般定义了主键就说明该字段是唯一的且不为 null。主键的值可以是数据库随机生成的序列号，也可以是指定的唯一序列号，还可以是程序中生成的唯一值，例如可以用时间日期转换或者 uuid 的值。主键又可以分为联合主键和单一主键，联合主键是多个字段组合而成的，而单一主键即一个字段组合而成。下面将分别介绍这 2 种主键方式。

1. 单一主键

顾名思义，单一主键就是一个字段组成，其定义方式有下面 2 种方式。

（1）在定义列时指定主键，语法如下：

```
column type primary key
```

（2）在定义列完后指定主键，语法如下：

```
primary key [column]
```

它们的例子说明分别如下：

【示例 13-2】定义数据表 student，定义字段 id 为其主键，且是在字段后直接说明，如图 13.4 所示。

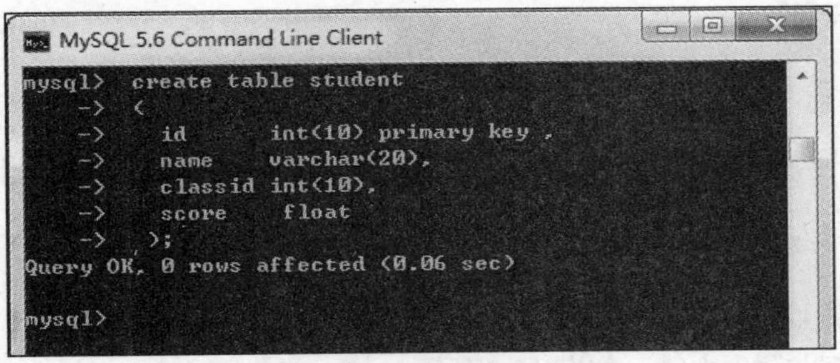

```
MySQL 5.6 Command Line Client
mysql>  create table student
    -> (
    ->   id       int(10) primary key ,
    ->   name     varchar(20),
    ->   classid  int(10),
    ->   score     float
    ->  );
Query OK, 0 rows affected (0.06 sec)

mysql>
```

图 13.4　定义主键

【示例 13-3】定义数据表 teacher ，指定字段 id 为主键，且是在所有列都定义完之后指定，如图 13.5 所示。

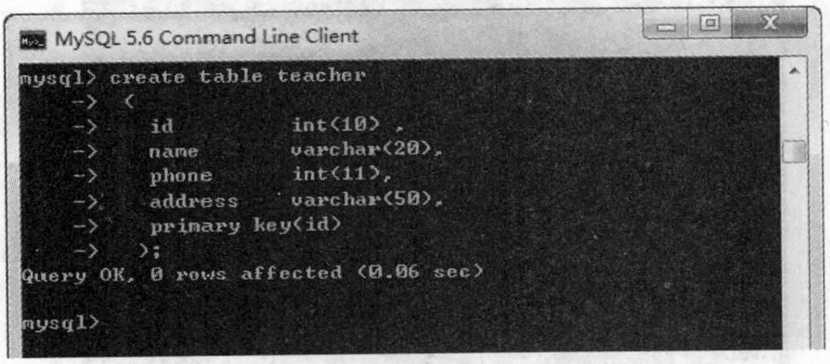

```
MySQL 5.6 Command Line Client
mysql> create table teacher
    -> (
    ->   id          int(10) ,
    ->   name        varchar(20),
    ->   phone       int(11),
    ->   address     varchar(50),
    ->   primary key(id)
    ->  );
Query OK, 0 rows affected (0.06 sec)

mysql>
```

图 13.5　定义主键

2 种定义方式，都可以用 SQL 语句“desc 表名”来查看表结构中关于主键的说明，以此查看创建主键是否成功，例如查看教师 teacher 表结构，如图 13.6 所示。

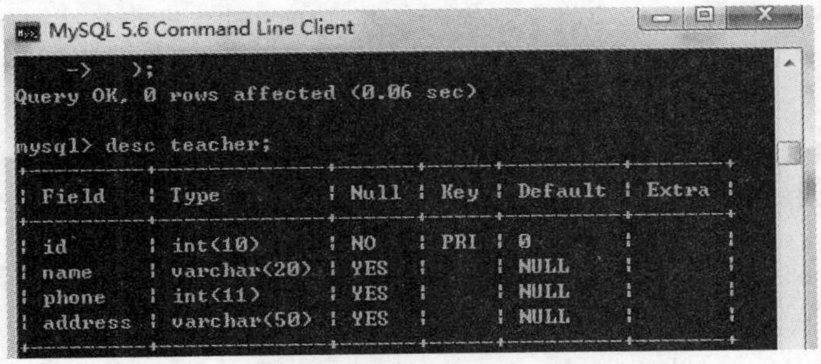

```
MySQL 5.6 Command Line Client
    ->  );
Query OK, 0 rows affected (0.06 sec)

mysql> desc teacher;
+---------+-------------+------+-----+---------+-------+
| Field   | Type        | Null | Key | Default | Extra |
+---------+-------------+------+-----+---------+-------+
| id      | int(10)     | NO   | PRI | 0       |       |
| name    | varchar(20) | YES  |     | NULL    |       |
| phone   | int(11)     | YES  |     | NULL    |       |
| address | varchar(50) | YES  |     | NULL    |       |
+---------+-------------+------+-----+---------+-------+
```

图 13.6　查看表结构

从上图中“Key”列可以看出标注有“PRI”（PRIMARY 缩写），说明它是主键列。进一步说明指定 teacher 表主键成功。

2. 联合主键

单一主键是一个字段，联合主键就是由多个字段联合组成，通常定义联合主键是为了能快速地检索数据，一个字段无法准确确定一条数据时才使用，联合主键的指定方式也有如下 2 种：

（1）在定义列时指定主键，语法如下：

```
column type primary key
```

（2）在定义列完后指定主键，语法如下：

```
Primary key [column1,column2,…]
```

这里只介绍后一种定义模式的例子，例子如下：

【示例 13-4】定义学生老师关系表 stu_teacher，为了确定唯一一个学生，可以把学生 name、老师 id 联合起来做为主键，如图 13.7 所示。

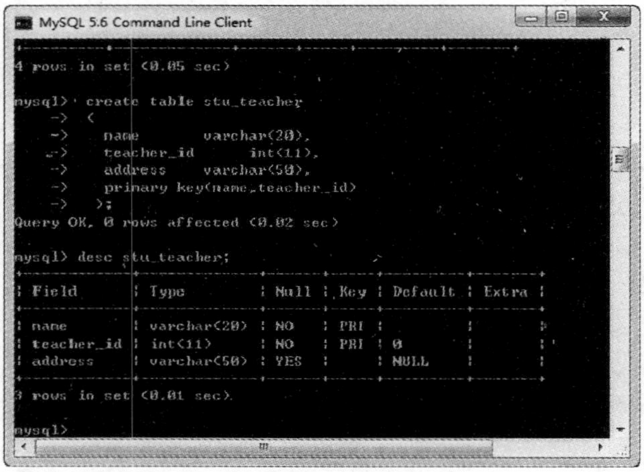

图 13.7 创建联合主键

从图中可以看出，语句创建了由 name 和 teacher_id 组合在一起的联合主键，如此就可以通过学生姓名跟老师确定数据，当学生姓名跟老师还不能确定唯一性时，还可以继续添加字段为其联合主键。

13.1.3 外键关联

所谓外键约束是表与表之间的关系，通过某一列进行关联，那么关联的字段可以是一个也可以是多个，可以是关联表的主键列，也可以是普通列。例如，班级表 t_class 的主键是 id，在学生表 t_stu 中有一个 class_id 与班级表 id 关联对应，这就是外键约束。在删除班级表中某一班时，那是不允许的，数据库会报错，因为其被 t_stu 中的值关联了，它的作用在于保证数据参照完整性。

通常在关联关系表中，称关联表为主表，外键所在的表为从表。

```
[constraint <外键名>] foreign key column 1,[column2 …..]
References <主表名> column1,[column2]
```

如上描述的就是指定外键的约束形式，其中"外键名"就是指定外键约束的名称，一张表不能有两个相同名称的"外键名"，也是建立不成功的，foreign key 后的列表示从表需添加外键约束的字段列；"主表名"即被从表引用表的名称；其后所跟的列是主表中定义的列，也是外键中关联的列，从表中的列与主表中的列必须是类型一样且字符限定数都一样的。下面举一个简单的例子来说明如何指定外键约束。

【示例 13-5】修改例 13-1 中创建学生表的语句，新创建一学生班级表 stu_class，并创建外键约束。其中 class_id 来自于班级表 t_class 表的主键 id。

由于没有班级表，那么先创建一张班级表 t_class 表，其表结构见表 13.2 所示，创建表语句如图 13.8 所示。

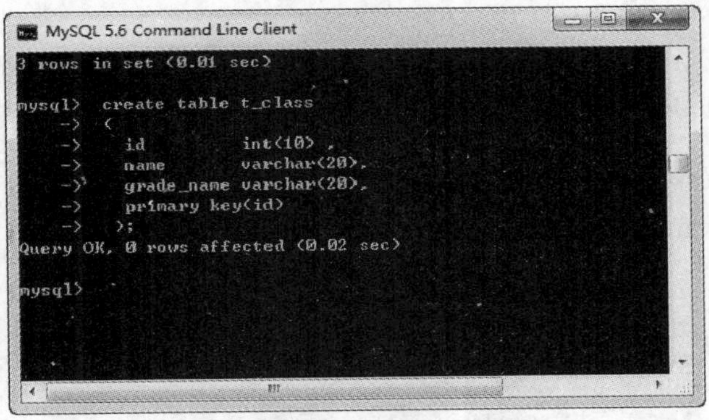

图 13.8 定义表 t_class

表 13.2 t_class 表结构

字段名称	数据类型	备注
id	int(10)	班级编号
name	varchar(20)	班级名称
grade_name	varchar(20)	年级名称

然后指定 class_id 列作为外键关联到 t_class 的主键 id 上，其语句如图 13.9 所示。创建之后可以用 SQL 语句 "desc stu_class" 查看表结构，其结果如图 13.9 所示。

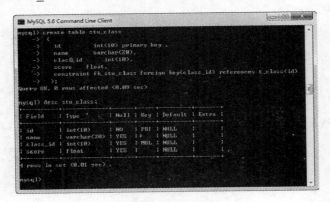

图 13.9 创建外键表

从图中可以看出，在表 stu_class 中添加了名称为 fk_stu_class 的外键约束，外键名称为 class_id，依赖于表 t_class 的主键 id，这样创建外键成功。

13.1.4　非空约束

非空约束实质是指定表中的某字段不能为空。其指定形式比较简单：

```
colum type not null
```

或者

```
column type NOT NULL
```

在指定了列的非空条件，在为表增加数据时，指定非空的数据列不能为空值，否则数据添加不了。还是以学生表 studen 为例，指定学生姓名不能为空。例子如下：

【示例 13-6】定义学生表 student，指定学生姓名不能为空，其中字段有主键 id，int 数据类型；学生姓名 name，varchar（20）数据类型；班级编号 classid，int（10）数据类型；创建语句如图 13.10 所示。

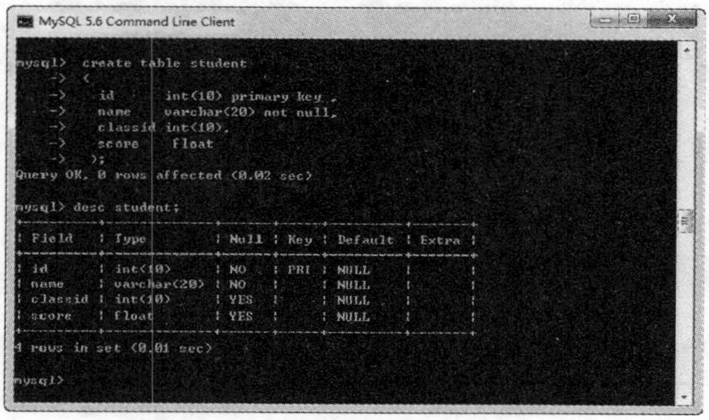

图 13.10　建表 student

创建之后用 SQL 语句 "desc student" 查看表结构，如图 13.10 所示。从图中 Null 列，可以看出 name 字段不能为空值。

13.1.5　唯一性约束

唯一性约束即指定某字段的属性为唯一的，在添加数据时，不能有相同的值。指定方式有 2 种：

（1）在列后直接指定唯一约束限制，语句如下：

```
column type unique
```

或者

```
column type UNIQUE
```

（2）在定义完所有的列后指定唯一约束限制，语句如下：

```
unique(<column>)
```

或者

```
UNIQUE(<column>)
```

第一种跟主键约束是一样直接指定关键字，第二种在所有列都定义完后添加关键字 unique 说明。下面以第一种指定方式进行介绍。

【示例 13-7】定义班级表 t_class1，指定班级的名称为唯一且不能为空。

创建的语句如下：

```
create table t_class1
(
  id         int(10) primary key,
  name       varchar(20) unique not null ,
  grade_name varchar(20)
);
```

创建后，可以用 SQL 语句"desc t_class1"查看表结构。其结果如图 13.11 所示。

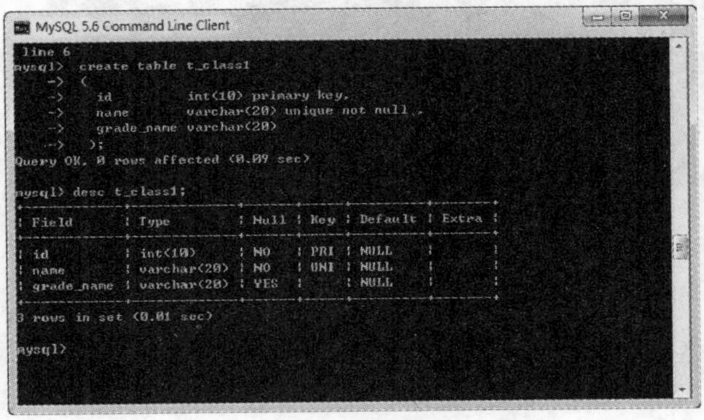

图 13.11 定义 t_class1 的名称唯一且不为空

从图中可以看出指定列 name 为唯一且不为空。

 单张表中，primary key 有且只能有一个且不能为空，但是 unique 限制可以是多个。

13.1.6 默认值

默认值是为表中的列指定默认值，当 insert 语句中没有给字段赋值，那么系统就会自动为这个字段赋值上设定的默认值。指定形式比较简单，如下：

```
column  type  default 默认值
```

默认值要符合定义的数据类型，否则创建表时会报错。还是以学生表为例，定义默认班级为"xx 班"，例子如下：

【示例 13-8】定义学生表 student1，指定学生的班级名称为"1 班"。

创建的语句如下：

```
create table student1
(
  id        int(10) primary key ,
  name      varchar(20) not null,
  classname varchar(20)  default '1班',
  score     float
);
```

创建后，可以用 SQL 语句"desc student1"查看表结构。其结果如图 13.12 所示。

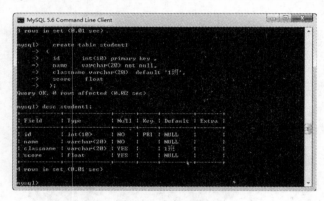

图 13.12　默认约束

图中在"Default"列中显示"1 班"，可以看出学生表 student1 中列 classname 拥有了一个默认值"1 班"，新插入的数据中如果没有指定班级，则默认都是"1 班"的学生。

13.1.7　设置自动增加属性

自动增加属性就是为列值自动生成字段值，字段类型必须是整数类型，当为某个字段设定了自动增加属性，那么在 insert 数据时就可以不指定其字段列和字段值，让 MySQL 语句自动生成。

指定自动增加的形式如下：

```
column type auto_increment
```

或者

```
column type AUTO_INCREMENT
```

从形式上看，直接在字段后添加关键字"auto_increment"或者"AUTO_INCREMENT"就可以，MySQL 的默认值是从 1 开始的。下面我们继续对创建学生表 student1 进行改进。

【示例 13-9】定义学生表 student1，指定学生的编号为自动增加，班级默认是"1 班"。

创建的语句如下：

```
create table student1
(
  id       int(10) primary key auto_increment,
  name     varchar(20) not null,
  classname varchar(20)  default '1班',
  score    float
);
```

创建后，可以用 SQL 语句"desc student1"查看表结构。其结果如图 13.13 所示。

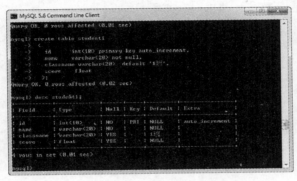

图 13.13　新建表 student1 自动增加主键

从图中列 extra 可以看出表 student1 的主键 id 属性为自增型。在插入记录时，默认的 id 值从 1 开始，每增加一条记录，该值自动加 1 。

13.2　查看数据表结构

查看数据表结构，在前面的章节中提及过此命令，本节将详细介绍。查看数据表结构，一般是用来确定创建的表结构是否正确，或者查看表中的字段说明。查看表结构有下面 2 种方式：

```
desc 表名
```

或者

```
DESC 表名
```

或：

```
show create 表名
```

或者

```
SHOW CREATE 表名
```

第一种方式是列出字段、字段类型以及约束条件等信息，第二种方式是列出创建表时的语句。下面分别介绍这 2 种方式。

13.2.1 查看表结构

desc 命令可以查看表的字段信息，前面介绍过此命令：

```
desc 表名
```

【示例 13-10】使用 desc 查看表 t_class、表 student、表 teacher 的表结构。

首先，查看表 t_class 表结构，如图 13.14 所示。

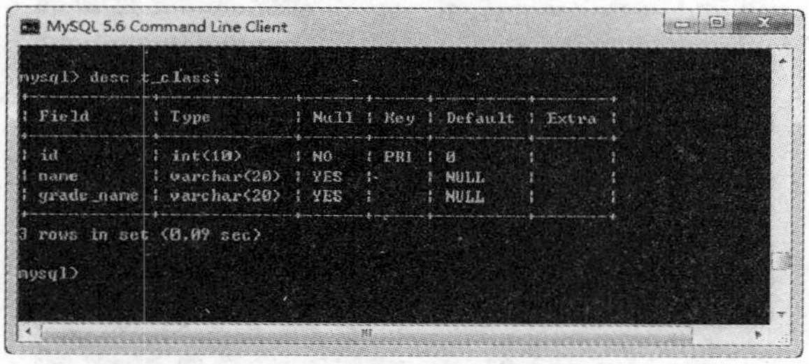

图 13.14　查看表 t_class

接着，查看表 student 表结构，如图 13.15 所示。

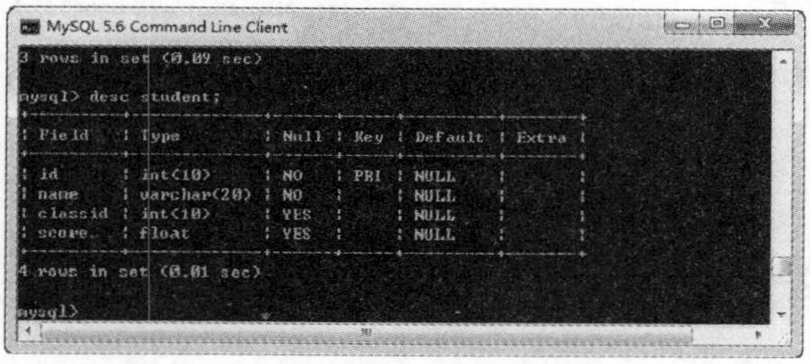

图 13.15　查看表 student

最后，查看 teacher 表结构，如图 13.16 所示。

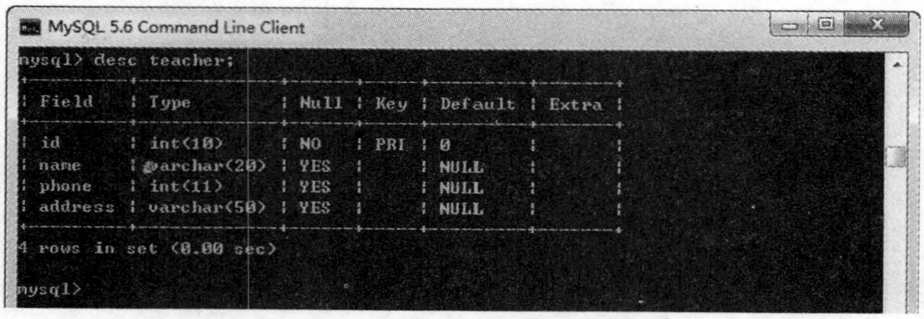

图 13.16　查看 teacher

各字段代表的含义见表 13.3。

表 13.3 desc 命令后的结果含义

字段	说明
type	数据类型
null	表示该列是否允许 null 值
key	表示该列是否有约束条件,pri 表示该列是主键的组成部分;uni 表示该列唯一;mul 表示该列设定的值允许出现多次
default	表示该列是否有默认值
extra	表示该列获取的附加消息,例如:auto_increment 等

综上所述,desc 命令可以查看字段名、字段类型、是否为空值、是否为主键、是否有默认值,以及额外的信息,例如自动增加等。

13.2.2 查看创建表的语句

表已经创建完成,但是想查看创建的语句是否正确,则可以使用语句"show create table"查看。语句形式如下:

```
show create table 表名;
```

或者

```
SHOW CREATE TABLE 表名
```

此语句十分浅显易懂,下面以查看班级表 t_class 为例说明。

【示例 13-11】使用 show create table 查看表 t_class 创建时的结构。

执行步骤如下:

(1)登录 MySQL 命令窗口。
(2)执行语句"show create table t_class",结果如图 13.17 所示。

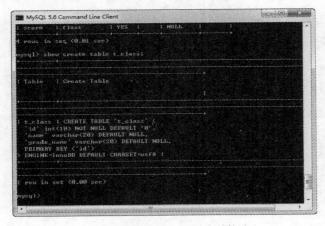

图 13.17 查看 t_class 表结构

从图中可以看出创建表的语句，存储引擎类型以及默认字符编码等信息。图 13.18 所示的是图 13.17 的清晰版，用法是在语句后加 "\G"，字母 "G" 必须大写。

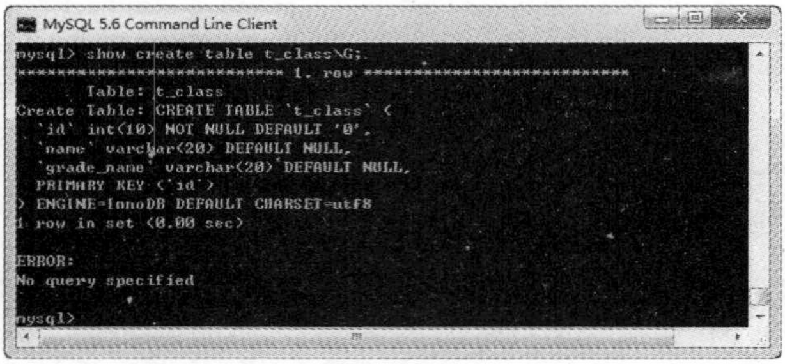

图 13.18　加参数查看 t_class 表结构

13.3 修改数据表

上两节介绍了如何创建表和如何查询表结构，使得大家对创建表、查询表结构有了初步印象，从语句上看创建语句跟约束条件都相对比较容易理解。那么当创建完成了，发现创建错误，例如表名错误、字段类型错误、字段名错误、少字段等这些错误，该如何应对？本节将逐一对这些内容进行介绍。

13.3.1　修改表名

修改表名，语句如下：

```
ALTER TABLE <旧表名> RENAME [TO] <新表名>;
```

或者

```
alter table <旧表名> rename [to] <新表名>;
```

从上述语句中，可以看出 "alter table…rename" 或者 "ALTER TABLE…RENAME" 为修改表名的关键字，括号（[]）内的为可选参数。下面例子以学生班级 stu_class 表更名为 student_class 表为例说明其用法。

 在 MySQL 中，关键字是不区分大小写的，但是为了跟 sql92 标准统一，一般都是大写。

【示例 13-12】将学生班级 stu_class 表更名为 student_class 表。

执行步骤如下：

（1）登录 MySQL 命令行。

（2）用语句"show tables"查看库中存在的表，如图 13.19 所示。

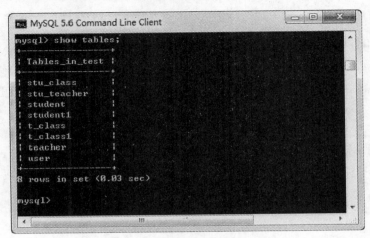

图 13.19　查看库中表

（3）执行修改语句如下：

ALTER TABLE stu_class RENAME student_class;

（4）检查表 stu_class 是否更名成功，使用"show tables"查看数据库中的表，如图 13.20 所示。

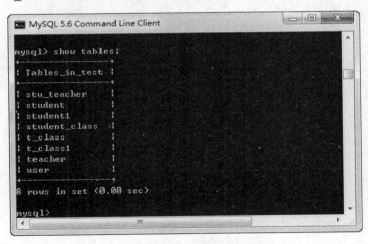

图 13.20　执行变更表后的结果

从图 13.20 可以得知表 student_class 已经存在于库中，而表 stu_calss 查询不到，表示更名成功。

13.3.2　修改字段类型

当字段类型错误，要修改类型，MySQL 数据库提供如下方法：

alter table <表名> modify <字段名>　<数据类型>

或者

```
ALTER TABLE <表名> MODIFY <字段名> <数据类型>
```

从上述语句中，可以看出"alter table…modify"或者"ALTER TABLE…MODIFY"为修改字段类型的关键字，"表名"表示需要修改字段的表名称，"字段名"表示要修改的字段，"数据类型"表示要修改成的数据类型。下面以修改 student_class 表中 name 字段的数据类型为例介绍修改字段类型。

 修改数据类型时，如果是不同数据类型之间的修改，需要清空数据才能修改成功。例如，表中的原有类型为 varchar，要修改成 int，那么，需要清空表数据才能修改成功。

【示例 13-13】将学生班级 student_class 表中 name 字段的数据类型由 VARCHAR(20)修改成 VARCHAR(40)。

执行步骤如下：

（1）登录 MySQL 命令行，已登录可以省略。
（2）使用语句"use test"，选择数据库，已选择可以省略。
（3）使用语句"desc student_class"，查看修改前的表结构，结果如图 13.21 所示。

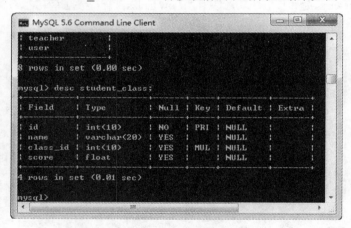

图 13.21　查看 student_class 表结构

从图中可以看出 name 字段的数据类型为 varchar(20)。

（4）执行修改语句如下：

```
ALTER TABLE student_class MODIFY name VARCHAR(40);
```

（5）检查字段是否修改成功，同样使用"desc student_class"查看表 student_class，如图 13.22 所示。

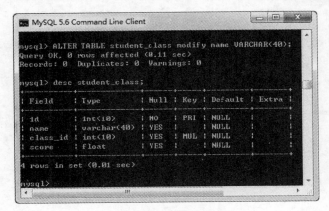

图 13.22　查看修改类型

与图 13.21 对比，可以发现表 student_class 中的 name 字段数据类型已经修改成 VARCHAR(40)，表明字段数据类型修改成功。

13.3.3　修改字段名

当字段名错误，要修改，MySQL 数据库提供如下方法修改字段名：

```
alter table <表名> change <旧字段名> <新字段名> <新数据类型>
```

或者

```
ALTER TABLE <表名> CHANGE <旧字段名> <新字段名> <新数据类型>
```

从上述语句中，可以看出"alter table…change"或者"ALTER TABLE…CHANGE"为修改字段名的关键字，"表名"表示需要修改字段名的表名称，"旧字段名"表示要修改的字段，"新字段名"表示修改后的字段名，"新数据类型"表示要修改成的数据类型，这些都是必填项，下面以班级 student_class 表中 score 字段名修改为 sco 为例，介绍修改字段名。

【示例 13-14】将学生班级 student_class 表中 score 字段名修改为 sco，数据类型更改为 long（长整型）。

执行步骤如下：

（1）登录 MySQL 命令行，已登录可以省略。
（2）使用语句"use test"，选择数据库，已选择可以省略。
（3）使用语句"desc student_class"查看修改前的表结构，结果如图 13.23 所示。

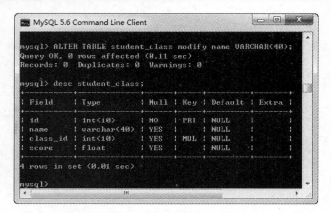

图 13.23　查看 student_class 表结构

从图中可以看出 score 字段名称为 score，类型为 float。

（4）执行修改语句如下：

```
alter table student_class change score sco int(5);
```

（5）检查字段是否修改成功，同样使用"desc student_class"查看表 student_class，结果如图 13.24 所示。

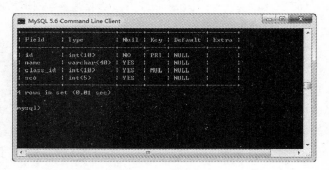

图 13.24　修改表名后的表结构

与图 13.23 对比，发现表 student_class 中的 score 字段，字段名称变为 sco，数据类型为 int(5)，表明字段名修改成功。

如果不想修改字段类型，则可以设置数据类型与修改前一样的数据类型即可。同理，change 也可以只修改数据类型，即语句中设置新旧字段名同名，那么它所实现的效果和 MODIF 是一样的。

13.3.4　添加字段

缺少字段，MySQL 数据库提供如下方法添加字段：

```
alter table <表名> add <新字段名> <数据类型> [约束条件] [first|after 已有字
段名];
```

或者

```
ALTER TABLE <表名> ADD <新字段名> <数据类型> [约束条件] [FIRST|AFTER 已有字
段名];
```

从上述语句中，可以看出"alter table…add"或者"ALTER TABLE…ADD"为添加字段的关键字，添加一个字段必须得包括其字段名、数据类型。约束条件、添加的位置是可选的。"表名"表示需要添加字段的表名称，"新字段名"表示添加的字段名，"数据类型"表示添加字段的数据类型，"约束条件"表示对添加字段的约束限制，"first|after"表示新增字段存放的位置，不指定位置时，默认是添加在数据表的最后列。下面分别介绍4种例子用于说明添加字段过程中的不同情况。

1. 添加无约束条件的字段

【示例 13-15】在学生班级 student_class 表中添加一个无约束的 varchar 类型字段 class_name（班级名称）。

执行步骤如下：

（1）登录 MySQL 命令行，已登录可以省略。
（2）使用语句"use test"，选择数据库，已选择可以省略。
（3）用语句"desc student_class"，查看修改前的表结构，结果如图 13.24 所示
（4）执行添加语句如下：

```
ALTER TABLE student_class ADD  class_name varchar(20);
```

（5）检查字段是否添加成功，同样使用"desc student_class"查看表 student_class，添加后的结果如图 13.25 所示。

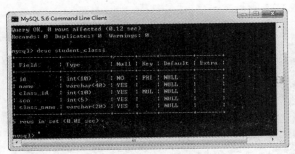

图 13.25 添加无约束条件的字段

从图 13.25 中可以看出，class_name 添加成功。

 如无特殊说明，以下例子的执行步骤的前 4 步都是一样的，只是语句不一样，用的数据库都是 test 数据库。

2. 添加约束条件的字段

【示例 13-16】在学生班级 student_class 表中添加一个唯一且不能为空的 varchar(13)类型字段 stu_no(学生编号)。

执行步骤与示例 13-15 一样,只是第 4 步中的执行添加语句如下:

```
ALTER TABLE student_class ADD stu_no varchar(13) nut null unique;
```

添加后的结果如图 13.26 所示。

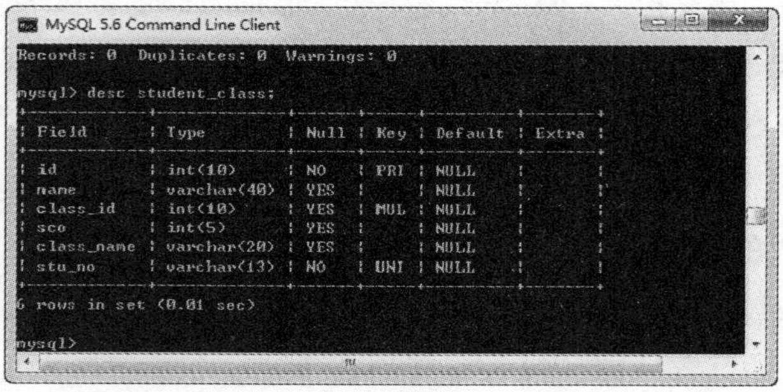

图 13.26　添加约束条件的字段

从图 13.26 中,可以发现字段 stu_no 添加成功。

3. 添加字段且位于表中第一列

【示例 13-17】在学生班级 student_class 表中添加一个 varchar(13)类型字段 column1,且位于第一列。

执行步骤与示例 13-15 一样,只是第 4 步中的执行添加语句如下:

```
ALTER TABLE student_class ADD column1 varchar(13) first;
```

添加后的结果如图 13.27 所示。

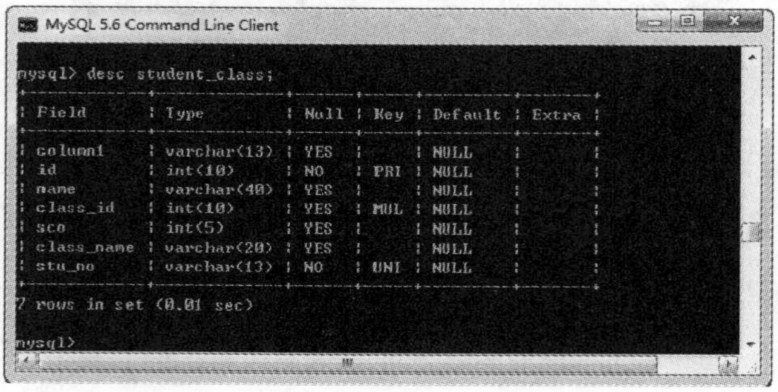

图 13.27　添加字段位于第一列

从图中可以看出,列 column1 添加成功且位于第一列。

4. 添加字段且位于指定列之后

【示例 13-18】在学生班级 student_class 表中添加一个 varchar(13)类型字段 column2，且位于列 stu_no。

执行步骤与示例 13-15 一样，只是第 4 步中的执行添加语句如下：

```
ALTER TABLE student_class ADD column2 varchar(13) after stu_no;
```

添加后的结果如图 13.28 所示。

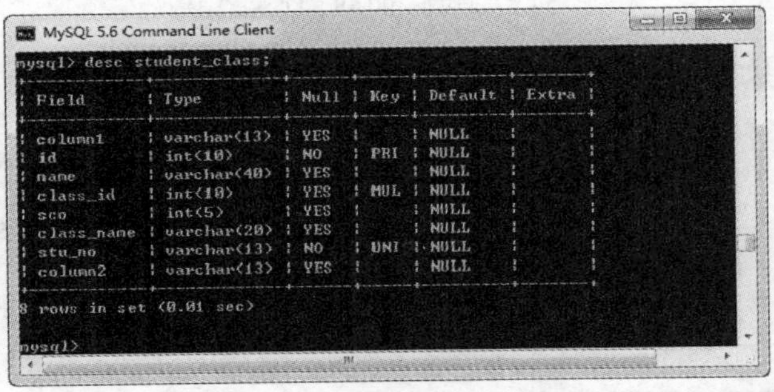

图 13.28 添加字段位于列 stu_no 之后

从图中可以看出，列 column2 添加成功且位于列 stu_no 之后。

13.3.5 删除字段

前面小节都是介绍如何修改、添加字段，当创建表时发现多了些字段，就要删除。MySQL 数据库提供如下方法删除字段：

```
alter table <表名> drop <字段名>
```

或者

```
ALTER TABLE <表名> DROP <字段名>
```

从上述语句中，可以看出"alter table…drop"或者"ALTER TABLE…DROP"为删除字段的关键字，语法当中"表名"表示需要删除字段的表名称，"字段名"表示要删除的字段。下面以介绍删除 student_class 表中 column2 字段为例。

【示例 13-19】删除学生班级 student_class 表中 column2 字段。

执行步骤如下：

（1）登录 MySQL 命令行，已登录可以省略。
（2）使用语句"use test"，选择数据库，已选择可以省略。
（3）用语句"desc student_class"，查看原先表结构，结果如图 13.29 所示。

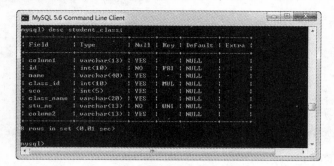

图 13.29　查看 student_class 表结构

（4）执行删除语句如下：

```
alter table student_class drop column2;
```

（5）语句执行之后，检查字段是否删除成功，同样使用"desc student_class"查看表 student_class 的表结构，如图 13.30 所示。

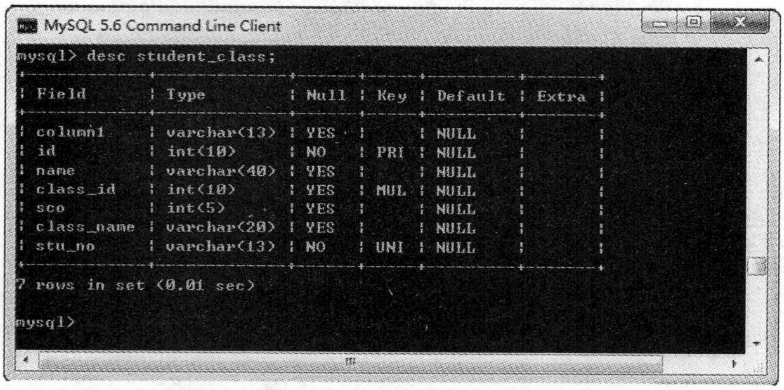

图 13.30　删除字段后的表结构

与图 13.29 对比，能发现少了字段 column2，表示删除成功。

13.3.6　修改字段的排列位置

当创建完表之后，会发现有些字段的排列顺序并不是想要的，那么就可以通过更改字段的位置达到想要的效果。MySQL 数据库提供如下方法修改字段的排列位置：

```
alter table <表名> modify <字段1> <数据类型> first|after<字段2>
或者
ALTER TABLE <表名> MODIFY <字段1> <数据类型> FIRST|AFTER<字段2>
```

从上述语句中，可以看出与修改字段类型是一样，那么重点在于 FIRST|AFTER 的使用。"表名"表示需要修改字段的表名称，"字段 1"表示修改位置的字段名，"数据类型"表示"字段 1"的数据类型，"first|after"表示修改字段存放的位置位于"字段 2"之前还是之后，

下面分别介绍 first 和 after 的使用例子。

1. 修改字段为表的第一个字段

【示例 13-20】修改学生班级 student_class 表中字段 id 为第一个字段。

执行步骤如下：

（1）登录 MySQL 命令行，已登录可以省略。
（2）使用语句"use test"，选择数据库，已选择可以省略。
（3）用语句"desc student_class"，查看原先表结构，结果如图 13.30 所示。
（4）执行修改语句如下：

```
ALTER TABLE student_class modify id int(10) first;
```

（5）语句执行之后，检查字段是否修改成功，同样使用"desc student_class"查看表 student_class 的表结构，如图 13.31 所示。

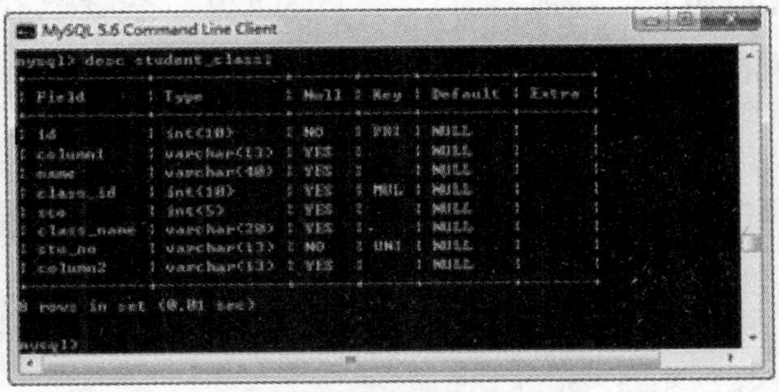

图 13.31 修该字段位于第一列

从图中可以看出，列 id 添加成功且位于第一列。

2. 修改字段位置位于指定列之后

【示例 13-21】修改学生班级 student_class 表中字段 class_id 位于列 stu_no 之后。
执行步骤如下：

（1）登录 MySQL 命令行，已登录可以省略。
（2）使用语句"use test"，选择数据库，已选择可以省略。
（3）用语句"desc student_class"，查看原先表结构，结果如图 13.31 所示。
（4）执行修改语句如下：

```
ALTER TABLE student_class modify class_id int(10) after stu_no ;
```

（5）语句执行之后，检查字段是否修改成功，同样使用"desc student_class"查看表 student_class 的表结构，如图 13.32 所示。

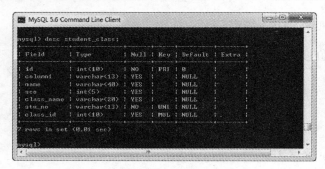

图 13.32　修改字段位于列 stu_no 之后

从图中可以看出，列 class_id 修改成功且位于列 stu_no 之后。

13.3.7　更改表的存储引擎

第 12 章介绍过存储引擎的基本概念以及主要存储引擎的区别，那么假定默认的存储引擎不满足应用的要求，修改存储引擎就成为必需的了。在 MySQL 中，提供修改存储引擎的方法如下：

```
alter table <表名> ENGINE=<需要的引擎名>
```

或者

```
ALTER TABLE <表名> ENGINE=<需要的引擎名>
```

从上述语句中，可以看出"alter table…ENGINE"或者"ALTER TABLE…ENGINE"为更改存储引擎的关键字，在这其中"ENGINE"必须大写。假设上述例子中的表 t_class1 的引擎为 InnoDB，要修改为 MyISAM 引擎，举例说明如下。

【示例 13-22】将表 t_class1 的存储引擎修改为 MyISAM。

执行步骤如下：

（1）登录 MySQL 命令行，已登录可以省略。
（2）使用语句"use test"，选择数据库，已选择可以省略。
（3）用语句"show create table t_class1\G"，查看当前的存储引擎，结果如图 13.33 所示。

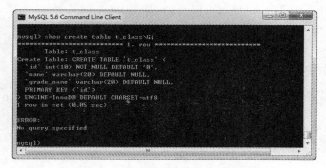

图 13.33　查看表 t_class1 的存储引擎

从图中可以得知表 t_class1 的存储引擎为 InnoDB。

（4）执行修改语句如下：

```
Alter table t_class1 ENGINE=MyISAM;
```

 ENGINE 标志要大写，小写会报错，引擎的名称也要输入正确。

（5）语句执行之后，检查是否修改成功，同样使用"show create table t_class1\G"查看表 table t_class1 的表结构，修改后的结果如图 13.34 所示。

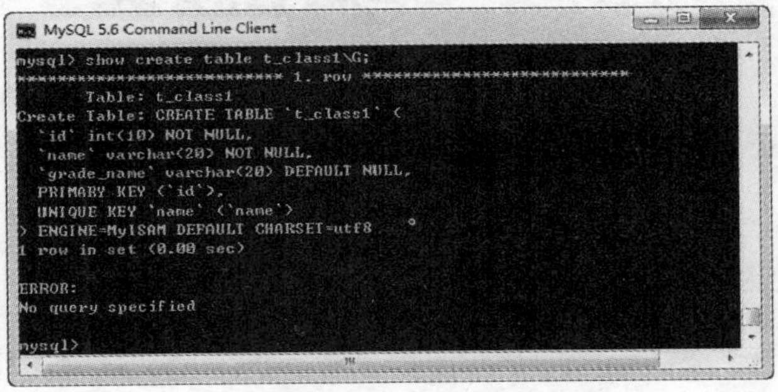

图 13.34　修改 t_class1 表引擎结果图

从图 13.34 得知，表 t_class1 的存储引擎已经修改为 MyISAM 存储引擎。

13.3.8 删除表的外键关联

在章节 13.1.3 中，介绍了如何添加外键关联，当不需要外键关联时，如何去除？MySQL 提供了如下方法：

```
alter table <表名> drop foreign key <外键约束名称>;
```

或者

```
ALTER TABLE <表名> DROP FOREIGN KEY <外键约束名称>;
```

从上述语句中，可以看出"alter table…drop foreign key"或者"ALTER TABLE…DROP FOREIGN KEY"为删除表外键关联的关键字。下面在表 student_class 中建立了外键关联，那么以删除表 student_class 的外键关联为例讲述删除表的外键关联。

【示例 13-23】删除表 student_class 的外键关联。

执行步骤如下：

（1）登录 MySQL 命令行，已登录可以省略。
（2）使用语句"use test"，选择数据库，已选择可以省略。
（3）用语句"show create table student_class\G"，查看表的外键关联情况，结果如图 13.35 所示。

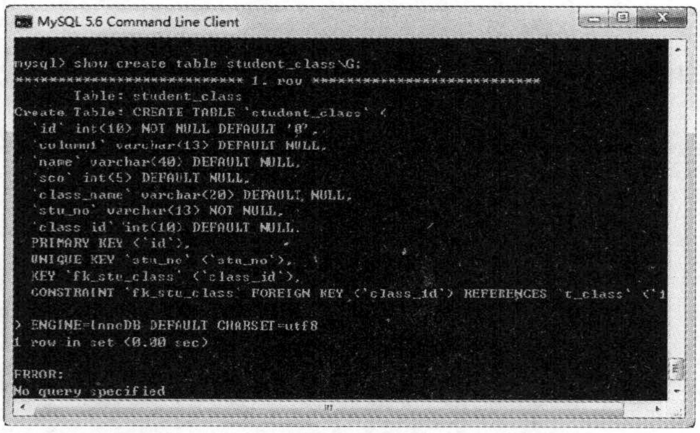

图 13.35　查看表 student_class 的外键约束

从图 13.35 可以看出，表 student_class 有名为"fk_stu_class"的外键关联，它关联到表 t_class 的 id 字段。

（4）执行删除外键约束语句如下：

```
ALTER TABLE student_class drop foreign key fk_stu_class;
```

（5）执行后，使用语句"show create table student_class\G"，查看其表外键关联，结果如图 13.36 所示。

图 13.36　删除表 student_class 外键约束

从图 13.36 得知表 student_class 中已经不存在名称为"fk_stu_class"的外键关联，表示删除成功。

13.4　删除数据库表

删除数据库表，这是一个"危险"的操作。删除数据库表是删除数据库中存在的表，万一删除错误，就会给生产环境和系统应用造成不必要的麻烦和损失，所以在删除之前都应该备份数据或者备份整个数据库，这样利于数据库恢复。

删除数据库表，会有两种情形，一种是删除简单表，一种是删除关联的表。下面分别进行讲述。

13.4.1 删除简单的表

删除简单表，即删除没有表关联关系的表，这种情况删除比较简单，MySQL 提供了如下方法：

```
DROP TABLE [IF EXISTS] 表1, 表2, ……;
```

或者

```
drop table [if exists] 表1, 表2,……;
```

从上述语句中，可以看出"drop table"或者"DROP TABLE"为删除表的关键字。要删除多张表，只需依次写好表名且用逗号隔开。语法中参数"IF EXISTS"是可选项。如果添加了此参数，即使表不存在，执行删除命令也不会报错。下面以例子说明。

【示例 13-24】删除不存在的表 aaa。

执行步骤如下：

（1）登录 MySQL 命令行，已登录可以省略。
（2）使用语句"use test"，选择数据库，已选择可以省略。
（3）执行删除命令：

```
drop table aaa;
```

执行结果如图 13.37 所示。

图 13.37　删除不存在的表

从图中可以看到，提示"Unknown table'test.aaa'"错误。

（4）执行删除命令：

```
drop table if exists aaa;
```

执行结果如图 13.38 所示。

201

图 13.38　添加删除参数 if exists

从图 13.38 中可以看出，没有提示错误，而是提示"Query OK ,0 rows affected"，说明语句执行了，但是没有删除成功。

【示例 13-25】删除多张表 t_class1、student1。

执行步骤如下：

（1）登录 MySQL 命令行，已登录可以省略。
（2）使用语句"use test"，选择数据库，已选择可以省略。
（3）用命令"show tables"查看现有的表，如图 13.39 所示。

图 13.39　删除表前查看表的结果

（4）执行删除命令：

```
drop table t_class1,student;
```

（5）语句执行后，再用命令"show tables"查看库中的表，如图 13.40 所示。

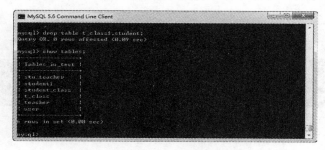

图 13.40　删除表后查看表的结果

与图 13.39 的比较得知，数据表列表中已经不存在 t_class1 表和 student 表，表示删除成功。

13.4.2　删除关联表

删除关联表，通常是指删除关联表中的主表。因为只有删除主表的情况下，执行删除命令才会报错,删除从表是不会有错误提示。下面以例子进行说明。

【示例 13-26】删除被表 student_class 关联的表 t_class。

执行步骤如下:

(1)登录 MySQL 命令行,已登录可以省略。
(2)使用语句"use test",选择数据库,已选择可以省略。
(3)用命令"show tables"查看现有的表,如图 13.40 所示。
(4)先删除主表试试,会有什么结果。
(5)执行删除命令

```
drop table t_class
```

执行后,命令窗口显示结果如图 13.41 所示。

图 13.41 删除关联表错误

从图中可知,直接删除主表失败,因为它的主键被关联了。接着操作,先删除从表中的关联关系。

(6)用命令"show create table student_class"查看外键名称,如图 13.35 所示。
(7)删除子表 student_class 的外键约束,语句如下:

```
ALTER TABLE student_class drop foreign key fk_stu_class;
```

执行语句后,将取消表 student_class 和表 t_class 之间的关联关系。

(8)再执行语句:

```
drop table t_class;
```

(9)执行成功后,用语句"show tables"查看数据表列表如图 13.42 所示。

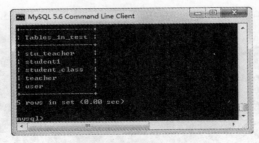

图 13.42 删除表后的数据表列表

从图中执行结果可以看到,数据库表中已经不存在 t_class,说明删除成功。

13.5 实战——数据库和数据表的基本操作

前面的章节对数据表的基本操作做了详细的介绍，包括如何创建表、增加表中字段的属性及其约束、如何修改表中的字段和字段类型、如何删除表，相信读者对数据表的操作也有所了解，那么本节用一个组织部门关系对这些操作进一步说明，加深对数据表操作的印象。

首先，创建数据库 org，按表 13.4 和表 13.5 的表结构在 org 库中创建 2 个数据表 dept（部门表）和 emp（员工表）。

表 13.4　dept表结构

字段名	数据类型	主键	外键	非空	唯一	自增
dept_id	int(10)	是	否	是	是	否
dept_name	varchar(20)	否	否	否	否	否
address	varchar(100)	否	否	否	否	否
zipcode	int(6)	否	否	否	否	否
telephone	int(11)	否	否	否	否	否

表 13.5　emp表结构

字段名	数据类型	主键	外键	非空	唯一	自增
emp_id	int(10)	是	否	是	是	是
emp_name	varchar(20)	否	否	是	否	否
sex	int(1)	否	否	否	否	否
mobile	int(11)	否	否	是	是	否
phone	int(11)	否	否	是	是	否
birth	datetime	否	否	否	否	否
dept_id	int(10)	否	是	是	否	否
address	varchar(100)	否	否	否	否	否
station	varchar(20)	否	否	是	否	否
remark	varchar(50)	否	否	否	否	否

（1）登录 MySQL 数据库

打开 MySQL5.6 Command Line Client，输入数据库密码，如图 13.43 所示。

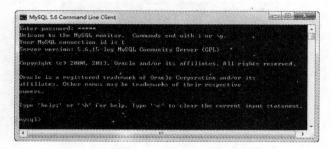

图 13.43　在 MySQL5.6 Command Line Client 中输入数据库密码

（2）创建数据库 org

创建数据库 org，其语句如图 13.44 所示。创建成功后，输入语句"use org"，就可以在 org 数据库中创建表，如图 13.45 所示。

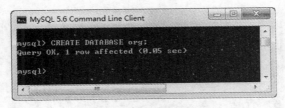

图 13.44　创建数据库 org

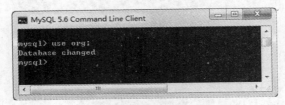

图 13.45　使用数据库 org

（3）创建表 dept

创建表 dept，其语句如图 13.46 所示。创建成功后，使用命令"show create table dept\G"，查看创建结果，如图 13.47 所示。

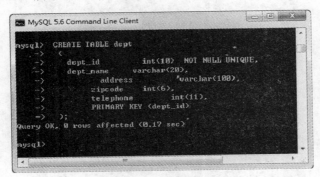

图 13.46　创建表 dept

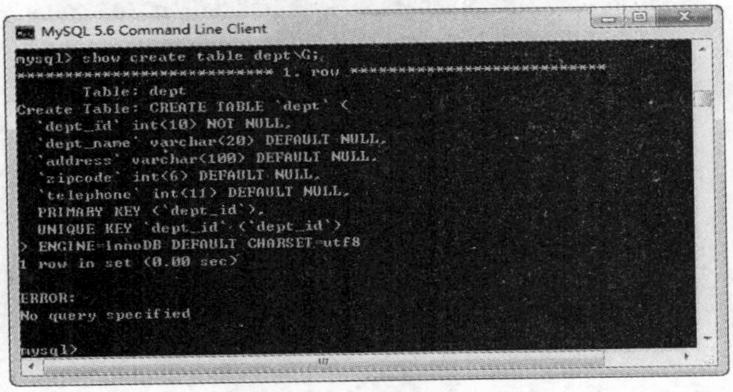

图 13.47　查看创建结果

（4）创建表 emp

创建表 emp，其语句如图 13.48 所示。创建成功后，使用命令"show tables"查看数据库中的表，如图 13.49 所示。

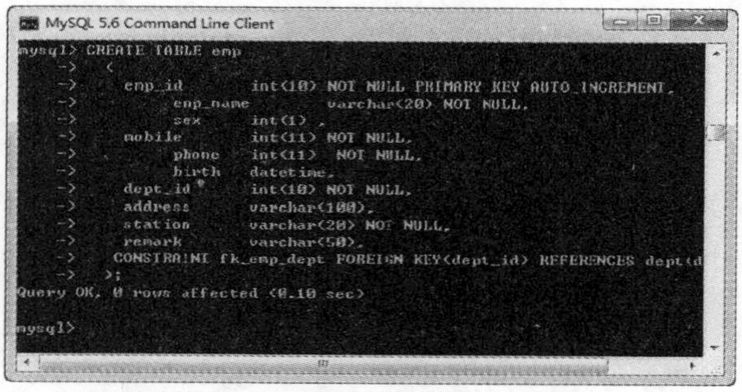

图 13.48　创建表 emp

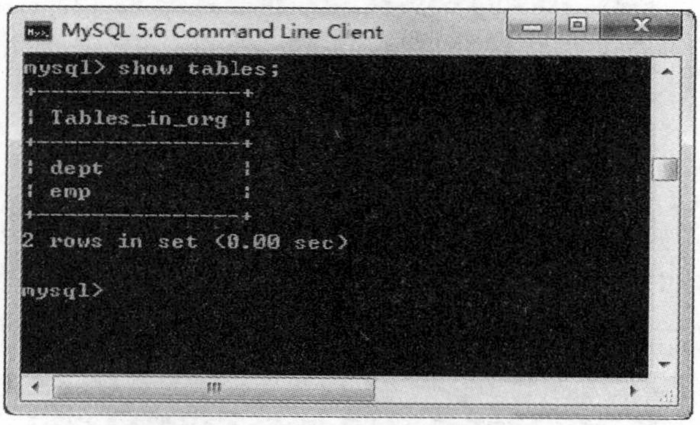

图 13.49　查看数据库中的表

从图 13.49 可以看出，数据库中已经创建好了 dept 和 emp 两个数据表。要检查表的结构是否正确，可以使用命令"desc 表名"来查看，如图 13.50 所示。

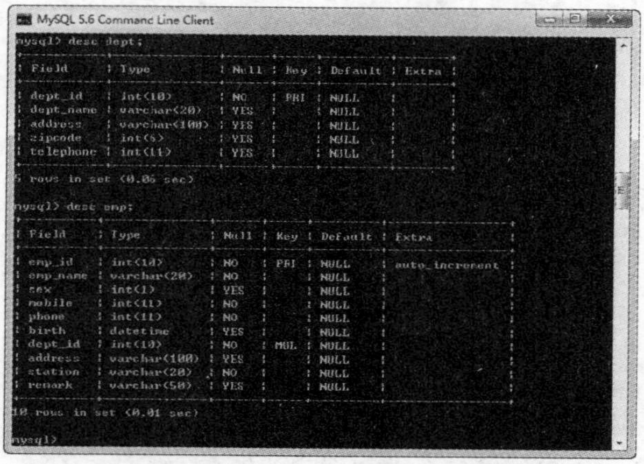

图 13.50　查看表 dept 和 emp 的表结构

从图 13.50 可以看出，创建的结构符合表 13.4 和表 13.5 的要求。

（5）将表 emp 的 mobile 字段修改到 address 后面。

修改字段位置，其语句如下：

```
ALTER TABLE emp MODIFY mobile int(11) AFTER address;
```

使用命令“desc emp”查看修改后的表结构，如图 13.51 所示。

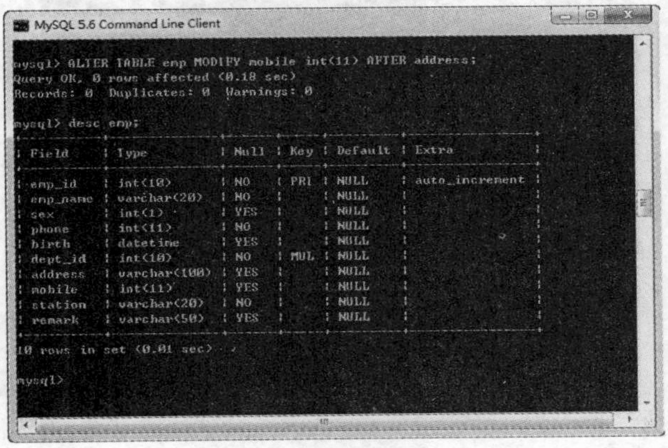
MySQL 5.6 Command Line Client

mysql> ALTER TABLE emp MODIFY mobile int(11) AFTER address;
Query OK, 0 rows affected (0.18 sec)
Records: 0 Duplicates: 0 Warnings: 0

mysql> desc emp;

Field	Type	Null	Key	Default	Extra
emp_id	int(10)	NO	PRI	NULL	auto_increment
emp_name	varchar(20)	NO		NULL	
sex	int(1)	YES		NULL	
phone	int(11)	NO		NULL	
birth	datetime	YES		NULL	
dept_id	int(10)	NO	MUL	NULL	
address	varchar(100)	YES		NULL	
mobile	int(11)	YES		NULL	
station	varchar(20)	NO		NULL	
remark	varchar(50)	YES		NULL	

10 rows in set (0.01 sec)

mysql>

图 13.51　命令查看表 emp

从图 13.51 可以看出，mobile 字段已经修改在 address 后面。

（6）将表 emp 的 address 字段更名为 emp_address。

修改字段名，其语句如下：

```
ALTER TABLE emp  CHANGE address emp_address varchar(100);
```

使用命令“desc emp”查看修改后的表结构，如图 13.52 所示。

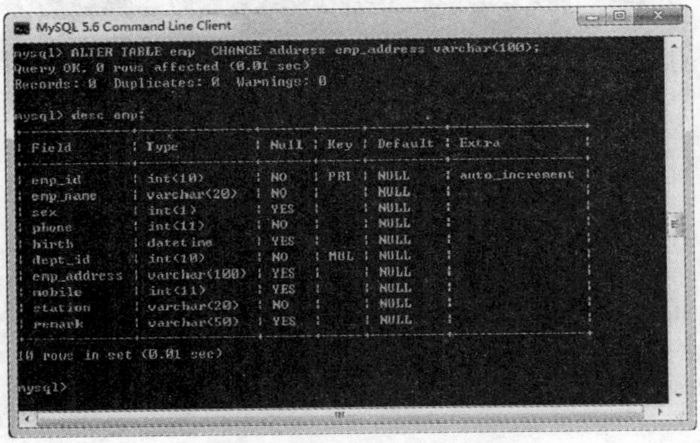
MySQL 5.6 Command Line Client

mysql> ALTER TABLE emp CHANGE address emp_address varchar(100);
Query OK, 0 rows affected (0.01 sec)
Records: 0 Duplicates: 0 Warnings: 0

mysql> desc emp;

Field	Type	Null	Key	Default	Extra
emp_id	int(10)	NO	PRI	NULL	auto_increment
emp_name	varchar(20)	NO		NULL	
sex	int(1)	YES		NULL	
phone	int(11)	NO		NULL	
birth	datetime	YES		NULL	
dept_id	int(10)	NO	MUL	NULL	
emp_address	varchar(100)	YES		NULL	
mobile	int(11)	YES		NULL	
station	varchar(20)	NO		NULL	
remark	varchar(50)	YES		NULL	

10 rows in set (0.01 sec)

mysql>

图 13.52　更名后的表结构

从图 13.52 可以看出，address 字段已经更名为 emp_address。

（7）修改 sex 字段，数据类型为 varchar(1)且不能为空。

修改字段类型，其语句如下：

```
ALTER TABLE emp MODIFY sex varchar(1)  NOT NULL;
```

使用命令"desc emp"查看修改后的表结构，如图 13.53 所示。

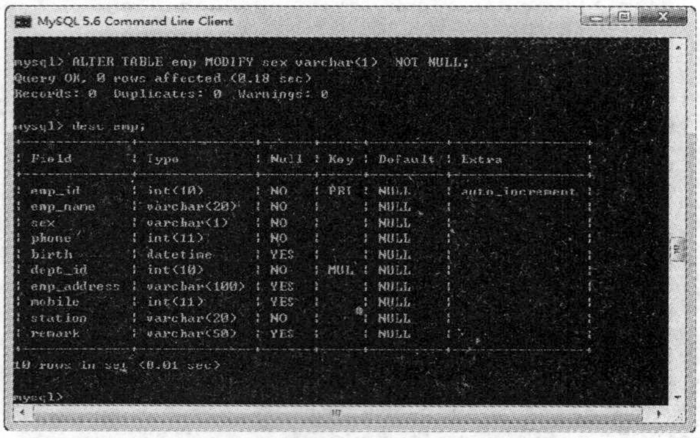

图 13.53　修改类型后的表结构

从图 13.53 可以看出，sex 字段类型已经修改为 varchar(1)，且 null 列显示为 NO，表示该列不能有空值。

（8）删除字段 phone。

删除字段，其语句如下：

```
ALTER TABLE emp  DROP  phone;
```

使用命令"desc emp"查看删除后的表结构，如图 13.54 所示。

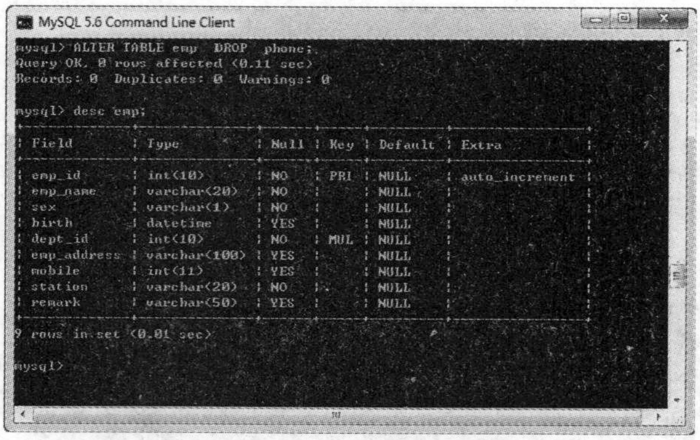

图 13.54　删除字段后的表结构

从图 13.54 可以看出，phone 字段已经不在表结构中，删除字段成功。

（9）增加字段 favoriate，数据类型为 VARCHAR(50)。

增加字段，其语句如下：

```
ALTER TABLE emp ADD favoriate  VARCHAR(50);
```

使用命令"desc emp"查看增加后的表结构，如图 13.55 所示。从图中可以看出，favoriate 字段已经在表结构中且数据类型为 VARCHAR(50)，增加字段成功。

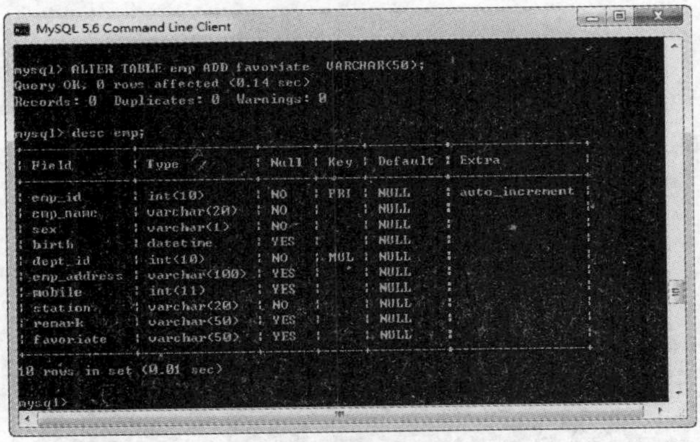

图 13.55 增加字段后的表结构

（10）删除表 dept

创建表 emp 时，设置了表的外键，该表关联了 dept 表的主键。在删除表 dept 表时，要先删除子表 emp 的外键约束，才能删除主表。

- 删除 emp 表的外键约束，其语句如下：

```
ALTER TABLE emp  DROP FOREIGN KEY  fk_emp_dept;
```

删除外键约束成功，如果没有其他外键关联，就可以删除 dept 主键。

- 删除表 dept，其语句如下：

```
DROP TABLE dept;
```

使用命令"show tables"，查看数据库中的表，结果如图 13.56 所示。

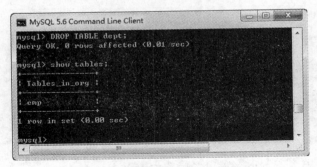

图 13.56 删除表后的数据库列表

从图 13.56 中，可以看出数据库已经不存在表 dept。

（11）修改表 emp 存储引擎为 MyISAM

修改表存储引擎，其语句如下：

```
ALTER TABLE emp  ENGINE=MyISAM;
```

ENGINE 一定要大写。

使用命令"show create table emp\G"查看修改引擎后的表结构，如图 13.57 所示。

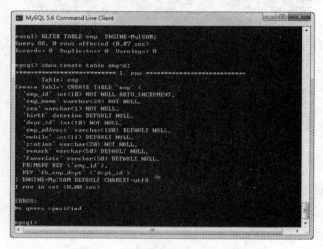

图 13.57　查看修改引擎后的表结构

从图 13.57 可以看出，表 emp 的存储引擎已经修改为 MyISAM。

（12）将表 emp 名称修改为 emp_info

修改表名称，其语句如下：

```
ALTER TABLE emp  RENAME  emp_info;
```

使用命令"show tables"查看数据库表列表，如图 13.58 所示。

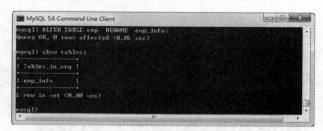

图 13.58　更名表 emp

从图 13.58 可以看出，表 emp 名称已经修改为 emp_info。

第 14 章
数据的基本操作

前一章介绍了数据库中的基本操作：创建表、查看表结构、修改表结构、删除表结构，使读者对于数据库表操作有基本的了解。在数据库中重中之重还是对数据的操作，包括数据的增加、删除、修改、查询，本章将逐一介绍 MySQL 数据库中关于数据的操作。

本章将详细介绍数据的基本操作，包括：插入数据、修改数据、删除数据、查询数据。通过本章的介绍可以掌握数据的基本操作，在 MySQL 命令行下对数据进行操作，包括单列或者多列的数据查询，使用聚合函数查询、连接查询、子查询。如果读者熟悉 MySQL 命令行下的数据操作，那么对于 MySQL 图形界面的操作也会触类旁通。

14.1 添加数据

添加数据就是为数据库中的表添加新数据，数据表中有了数据，才能进行各种操作，MySQL 数据库插入数据大致可以分为 3 种情形：对所有字段插入数据、指定表字段插入数据、插入多条数据。下面我们一一介绍。

14.1.1 为所有字段添加数据

为表的所有字段添加数据，MySQL 数据库提供的方法如下：

```
INSERT INTO table_name(column1[,colum2,…..])  VALUES(val1,[val2,….]);
```

或者

```
INSERT INTO table_name  VALUES(val1,[val2,….]);
```

或

```
insert into table_name(column1[,column2,…..])  values(val1,[val2,….]);
```

或者

```
insert into table_name  values(val1,[val2,….]);
```

从上述语句中，可以看出"insert into ..values"或者"INSERT INTO …VALUES"为添加数据的关键字。其中，table_name 是插入目标表名，column,column2..表示插入目标表的字段，

val1,val2…表示对应的字段值。

本章使用的数据库是上节提到的 org 库，用的样例表是 dept 表，具体的创建过程参加 13.5 节描述。

【示例 14-1】在 dept 表中，插入一条新数据，dept_id 值为 1，dept name 值为"银行总行"，address 值为"北京金融街 XXX 号"，zipcode 值为"100000"，telephone 值为"01022334455"。

执行步骤如下：

（1）登录 MySQL 命令行，已登录可以省略。
（2）使用语句 "use org"，选择数据库，已选择可以省略。
（3）在执行语句前，可以先用语句 "select * from dept;" 查询表中的数据，作为对比。其语句如下：

```
SELECT * FROM dept;
```

运行结果如图 14.1 所示。

图 14.1 插入前的结果

（4）执行插入的 SQL 语句如下：

```
INSERT INTO dept(dept_id,dept_name,address ,zipcode,telephone)
  VALUES (1,'银行总行','北京金融街XXX号',100000,1022334455);
```

（5）命令执行结束后，用语句 "select * from dept;" 查询表中的数据。如图 14.2 所示。

图 14.2 插入后的结果

从图 14.2 可以看出，在插入表 dept 时，指定了表中的所有字段，为每个字段插入值。从 2 张表对比可以看出，插入成功。

 插入的字段顺序可以不是创建表的字段顺序，只要保证值的顺序跟列字段的顺序一样就行，否则可能出现值类型跟定义的类型不一致导致无法插入值。

在使用 INSERT 插入数据时，若插入指定表的列表项为空，则插入的值必须和数据表中字段定义时的顺序一样，否则会报列数不够的错误。下面以例子说明。

【示例 14-2】在 dept 表中，插入一条新数据，dept_id 值为 2，dept name 值为"北京分行"，address 值为"北京国贸 XXX 号"，zipcode 值为"110000"，telephone 值为"01022334466"。

执行步骤如下：

（1）登录 MySQL 命令行，已登录可以省略。
（2）使用语句 "use org"，选择数据库，已选择可以省略。
（3）执行的 SQL 语句如下：

```
INSERT INTO dept  VALUES (2,'北京分行',110000,01022334466, '北京国贸 XXX 号');
```

或者

```
INSERT INTO dept  VALUES (2,'北京分行',110000,01022334466);
```

可以看出，语句中故意将地址放置最后列或者少了列值，执行语句，其结果如图 14.3 所示。

图 14.3　少字段插入结果

从图 14.3 中可以看出，两种语句都插入错误，一个提示 "Incorrect integer value"，一个提示 "Column count doesn`t match value count at row" 列数不匹配。

（4）执行的正确 SQL 语句如下：

```
INSERT INTO dept  VALUES (2,'北京分行','北京国贸 XXX 号',110000,01022334466);
```

（5）执行完语句，用 "select * from dept" 查询结果，如图 14.4 所示。

图 14.4　不指定列的插入结果

从图 14.4 可以看出。数据库中增加了一条 dept_id 为 2 的数据，表明插入语句成功。从第 3 步和第 4 步的语句可以看出，在没有指定列且只有列值的顺序时，值列表要为每一个字段指定值，并且这些值的顺序必须与建表时定义的字段顺序一致且类型也要一致，否则就会报错。

14.1.2 指定表字段添加数据

对表指定字段添加数据时，指定的字段值必须符合字段数据类型；没有指定的字段，其值要么是默认值要么是字段值允许空值。下面还是以表 dept 为例进行说明。

【示例 14-3】在 dept 表中，插入一条新数据，指定 dept_id 值为 3，dept name 值为"北京十里河支行"，address 值为"北京十里河 XXX 号"。

执行步骤如下：

（1）同示例 14-1。
（2）同示例 14-1。
（3）执行 SQL 语句如下：

```
INSERT INTO dept (dept id,dept_name,address)
 VALUES (3,'北京十里河支行','北京十里河 XXX 号');
```

执行完语句，用语句"select * from dept;"查询表中的数据，其结果如图 14.5 所示。

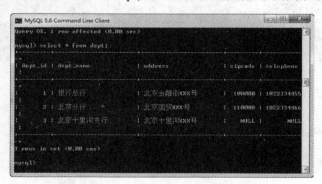

图 14.5 对指定字段插入值

从图 14.5 中可以看出，插入记录成功，dept_id、dept name、address 分别插入了指定值，没有指定默认值的字段，MySQL 数据库会定义成 NULL，但这前提是创建表时定义的字段允许为空，否则插入时会报错。如果定义了默认值，则插入时数据库会自动设置默认值。以表 dept 为例，为表 dept 增加一个备注 remark 字段，数据类型为 varchar(20)，默认值是"xxx 银行"。

【示例 14-4】在 dept 表中，插入一条新数据，dept_id 值为 4，dept name 值为"北京 xxx 银行分钟寺支行"，address 值为"北京分钟寺 XXX 号"。

执行步骤如下：

（1）同示例 14-1。

(2) 同示例 14-1。
(3) 先执行增加字段,其语句如下:

```
ALTER TABLE dept ADD remark varchar(20) default 'xxx 银行';
```

(4) 执行插入的 SQL 语句如下:

```
INSERT INTO dept (dept_id,dept_name,address)
 VALUES (4,'北京 xxx 银行分钟寺支行','北京分钟寺 XXX 号');
```

(5) 执行完语句,用语句 "select * from dept;" 查询表中的数据,其结果如图 14.6 所示。

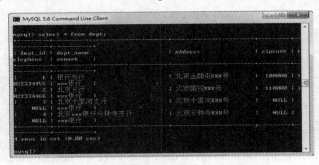

图 14.6 对指定字段插入值并指定默认值

从图 14.6 中可以看出,插入记录成功并且 id、name、address 插入了指定值,为 remark 字段定义了默认值 "xxx 银行",数据库自动设置。

14.1.3 添加多条记录

前 2 个小节描述了为表插入单条数据,而在实际的应用中,经常会同时添加多条数据,MySQL 提供如下方式:

```
INSERT INTO table_name(column1,column2,….) VALUES (value1,value2,…),
(value1,value2,…)
```

或者

```
INSERT INTO table_name VALUES (value1,value2,…), (value1,value2,…)
```

或

```
Insert into table_name(column1,column2,….) values (value1,value2,…),
(value1,value2,…)
```

或者

```
inset into table_name values (value1,value2,…), (value1,value2,…)
```

 不指定添加列表时,添加的列值一定要与创建表的字段对应。

从上述语句中，添加的关键字跟单条是一样的，区别在于插入多条时，字段值列表（value1,value2,...）用逗号分开。插入时允许指定字段列表也可以不指定字段列表，这跟单条插入是一样的，同样不指定字段列表时的限制跟单条一样。下面以 dept 表为例，描述插入多条数据时，指定列与不指定列的例子。

【示例 14-5】在 dept 表中，在 dept_id、name、address 指定列且指定插入值，同时插入 4 条记录。

执行步骤如下：

（1）同示例 14-1。
（2）同示例 14-1。
（3）执行 SQL 语句如下：

```
INSERT INTO dept (dept_id,dept_name,address)
  VALUES (5,'北京xxx银行潘家园支行','北京十里河XXX号'),
   (6,'北京xxx银行国贸天阶支行','北京国贸天阶XXX号'),
   (7,'北京xxx银行东三环支行','北京东三环XXX号'),
   (8,'北京xxx银行望京南支行','北京望京南XXX号');
```

（4）执行完语句，用语句"select * from dept;"查询表中的数据，其结果如图 14.7 所示。

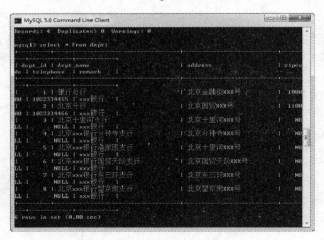

图 14.7　对指定字段插入多条数据

从图 14.7 中可以看出，dept 表增加了插入语句中的 4 条记录，而没有指定 remark 值是因为它有默认值。

假如，在插入多条数据时，不指定列表，但是插入的类型又不对应，在插入时会报如图 14.8 所示的错误。因为 name 类型指定的是 varchar 类型，而在插入时没有用单引号引起来，所以在插入时就会报类型不对应。

第 14 章 数据的基本操作

图 14.8 插入错误类型

下面介绍不指定列，但为每个字段指定值的方式插入。

【示例 14-6】在 dept 表中，不指定列，同时插入 2 条记录。

执行步骤如下：

（1）同示例 14-1。

（2）同示例 14-1。

（3）执行 SQL 语句如下：

```
INSERT INTO dept
   VALUES (9,'北京 xxx 银行木樨园支行','北京木樨园 XXX 号',110000,01022334488,'木樨园'),
   (10,'北京xxx银行方庄支行','北京方庄XXX号',110000,01022334477,'方庄');
```

（4）执行完语句，用语句"select * from dept;"查询表中的数据，其结果如图 14.9 所示。

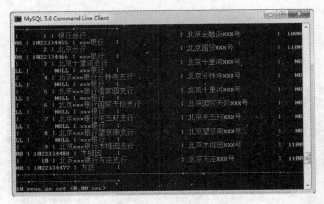

图 14.9 不指定字段插入多条数据

从图 14.9 与图 14.7 对比，可以看出 dept 表中增加了 2 条记录。从插入语句中可以看出，插入的字段值类型与字段是一一对应的，这在插入时一定要注意，否则就会出错。

14.2 更新数据

在上一节中，介绍了数据的添加操作，相信读者对如何添加数据有所了解，添加完数据后发现值不正确，又想只更新某些字段的值，在 MySQL 中提供了如下更新方式：

```
update table name set column1=value1,column2=value2...columnn=valuen [where condition];
```

或者

```
UPDATE table name SET column1=value1,column2=value2...columnn=valuen [WHERE condition];
```

从上述语句中，可以看出 "update ..set" 或者 "UPDATE ...SET" 为更新数据的关键字。column1、column2、column 是要更新的表字段名，value1、value2、valuen 是对应的指定字段更新 r 具体值，condition 是更新数据的条件，可选项。更新的时候，通常是一批数据或者某条数据，以更新 dept 表中的数据为例，如何更新一条数据记录或者多条数据记录。

【示例 14-7】在 dept 表中，更新 dept_id 值为 8 的记录，将 dept_name 字段值改为 "北京 xxx 银行宋家庄支行"，address 字段值改为 "北京宋家庄 XXX 号"。

执行步骤如下：

（1）登录 MySQL 命令行，已登录可以省略。
（2）使用语句 "use org"，选择数据库，已选择可以省略。
（3）执行修改的 SQL 语句如下：

```
update dept set dept_name='北京 xxx 银行宋家庄支行',address='北京宋家庄 XXX 号' where dept_id=8;
```

（4）执行完语句，可以用语句 "select * from dept where dept_id=8;" 查询表中的数据，其结果如图 14.10 所示。

图 14.10　执行修改后的结果

从图 14.10 中可以看出，dept_id 等于 8 的数据中的 dept_name 和 address 字段的值已经成功被修改为指定值。

如上是指定主键值的情况，那么数据只更新一条。更新指定的一批数据，该如何呢？以 dept 表中更新 zipcode 为 null 的数据，将其值都更改为 10001 为例讲解更新指定的一批数据。

【示例 14-8】在 dept 表中，更新 zipcode 为 null 的数据，将其都更改为 10001。

执行步骤如下:

(1)登录 MySQL 命令行,已登录可以省略。
(2)使用语句"use org",选择数据库,已选择可以省略。
(3)在执行 SQL 语句前,使用查询语句查看当前的数据,如图 14.11 所示。

```
select * from dept where zipcode is null ;
```

图 14.11　执行修改前的结果

(4)执行修改的 SQL 语句如下:

```
update dept set zipcode=10001 where zipcode is null ;
```

(5)执行完语句,用语句"select * from dept where zipcode=10001;"查询表中的数据,其结果如图 14.12 所示。

图 14.12　执行修改后的结果

将图 14.11 与图 14.12 对比可以看出,原先 zipcode 值为空的列全部都变为 10001 值,说明更新列表成功。

综上所述,更新数据时如果只更新某条数据,需增加条件来限定这一数据;如果不加条件,则语句更新的就是一批数据量;如果想更新指定的一批数据,则条件中需指定这一批数据。所以更新的时候,请注意条件的使用,以免更新出错。

14.3 删除数据

上两节分别介绍了添加数据和更新数据,当有冗余数据或者错误数据要进行删除时,MySQL 数据库提供了如下方法删除数据。

```
DELETE FROM TABLE_NAME [WHERE condition]
```

或者

```
delete from table_name [where condition];
```

或

```
truncate table table_name
```

或者

```
TRUNCATE TABLE TABLE_NAME;
```

从上述语句中,可以看出"delete from …"或者"DELETE FROM …"或者"truncate table …"或者"TRUNCATE TABLE …"为更新数据的关键字。TABLE_NAME 或 table_name 表示要删除数据的表名,condition 表示要删除的条件,是可选项,如果不加 WHERE condition,则表示删除表中的所有数据。TRUNCATE 与 delete 的区别在于是否可以回滚,delete 删除可以回滚,truncate 删除不能回滚,那么在执行 truncate 时效率就会高些。仍以 dept 表中的数据为例进行说明如何删除数据。

【示例 14-9】在 dept 表中,删除 dept_id 为 8 的记录。

执行步骤如下:

(1) 登录 MySQL 命令行,已登录可以省略。
(2) 使用语句 "use org",选择数据库,已选择可以省略。
(3) 在执行 SQL 语句前,可以使用查询语句查看当前的数据,如图 14.13 所示。

```
select * from dept where dept_id=8 ;
```

图 14.13 执行删除前的结果

(4) 执行删除的 SQL 语句如下：

```
delete from dept where dept_id=8 ;
```

(5) 执行完删除语句，用语句"select * from dept where dept_id=8"查询表中的数据，其结果如图 14.14 所示。

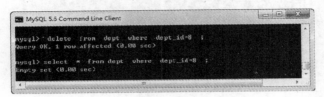

图 14.14　执行删除后的结果

从图 14.14 与图 14.13 比较可以看出，dept_id 值为 8 的数据不存在了，说明删除数据成功。下面描述删除整张表的数据。

【示例 14-10】删除表 dept 中所有的记录。

执行步骤如下：

(1) 登录 MySQL 命令行，已登录可以省略。
(2) 使用语句"use org"，选择数据库，已选择可以省略。
(3) 在执行 SQL 语句前，可以使用查询语句查看当前的数据，如图 14.15 所示。

```
select * from dept ;
```

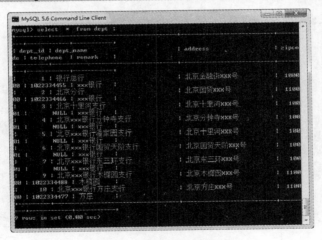

图 14.15　执行删除前的结果

(4) 执行删除的 SQL 语句如下：

```
delete from dept ;
```

或者

```
truncate table dept;
```

（5）执行完删除语句，用语句"select * from dept"查看，其结果如图 14.16 所示。

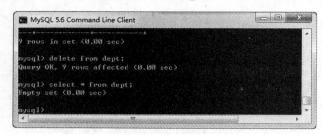

图 14.16　执行删除后的结果

从图 14.16 与图 14.15 对比可以看出，表 dept 的数据都为空，说明删除数据成功。

14.4　查询数据

前面 3 个章节讲述了如何添加数据、更新数据以及删除数据，这为如何查询数据提供了基础。查询数据是使用数据库跟应用之间一项重要的工具，它是沟通数据库与应用的桥梁。本节将详细讲述如何进行数据查询，包括简单查询、复杂查询、关联查询、多条件查询，使用聚合函数查询，使用子查询等。

14.4.1　基本查询语句

基本的查询语句，这是查询中的基本，MySQL 提供的方式如下：

```
SELECT 字段列表　FROM <表1>,<表2>,….
       [WHERE <表达式> ]
       [GROUP BY <definition>]
       [HAVING <expression> [{<expression>}]]
       [ORDER BY <definition>]
       [LIMIT [<offset>,] <row count>]
```

从上述语句中，可以看出"select ..from "或者"SELECT …FROM"为查询数据的基本形式，WHERE、GROUP BY、HAVING、ORDER BY、LIMIT 关键字都是可选项，其含义如下：

- WHERE <表达式> 表示要过滤掉哪些数据，哪些是需要的数据。
- GROUP BY <definition> 表示 MySQL 查询数据将按照指定的字段分组显示。
- ORDERBY <definition> 表示 MySQL 查询数据将按照指定的字段排列顺序显示，多个字段之间用逗号隔开，排序有升序（asc）和降序（desc）之分。
- HAVING <expression> [{<expression>}] 也表示要过滤掉哪些数据，哪些是需要的数据，它与 where 的区别在于 having 可以与聚合函数使用，而 where 条件不可以。

- LIMIT [<offset>,] <row count> 表示查询出的数据数量以及从什么位置开始查询，offset 表示从什么位置开始，row count 表示显示的数量。

查询的语句中，关键字虽比较繁多，但含义都浅显易懂，可要熟练运用它们，还有待后续章节的讲解，这里读者们先有个大致的印象即可。

14.4.2 查询所有字段

查询所有字段就是将表中所有的字段都在结果列表中显示，MySQL 数据提供了 2 种方法，一种是使用 "*" 通配符，另外一种是列出表中所有的字段。下面分别介绍这 2 种方法。

1. 使用 "*" 通配符查询所有字段

利用 "*" 通配符查询表的数据是查询语句最简单的方法，其基本形式如下：

```
select * from table_name;
```

下面在表 books 中插入多条数据，以 books 中的数据作为查询例子。

【示例 14-11】从 books 表中查询所有字段的数据。

执行步骤如下：

（1）登录 MySQL 命令行，已登录可以省略。
（2）使用语句 "use org"，选择数据库，已选择可以省略。
（3）执行查询语句如下：

```
Select * from books;
```

执行 SQL 语句后，如图 14.17 所示。

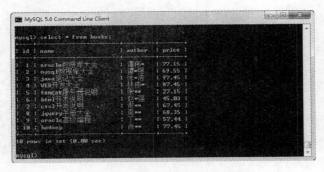

图 14.17 通配符 "*" 查询数据

从图 14.17 中可以看出，使用 "*" 通配符，将返回所有的列，十分清晰。

2. 列出所有的字段查询

另外一种查询所有字段的方法是，在 select 后列出表中所有的字段，并用逗号分隔。这种方式在与应用结合的时候使用的较多，因为可以减少检索时间，通配符在不知道列名的情况下使用。改造例子 14-11，SQL 语句如下：

```
select id,name,author,price  from books;
```

执行的结果跟示例 14-11 的结果是一样的。当然也可以更改查询出的顺序，例如语句是：

```
Select name,id,price,author from books;
```

执行的结果就跟图 14.17 不一样了，如图 14.18 所示。

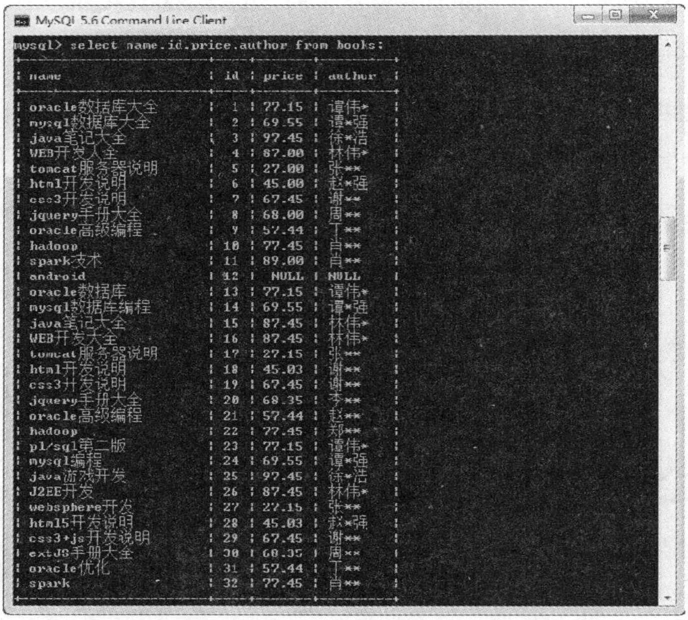

name	id	price	author
oracle数据库大全	1	77.15	谭伟*
mysql数据库大全	2	69.55	谭*强
java笔记大全	3	97.45	徐*浩
WEB开发大全	4	87.00	林伟*
tomcat服务器说明	5	27.00	张**
html开发说明	6	45.00	赵*强
css3开发说明	7	67.45	谢**
jquery手册大全	8	68.00	周**
oracle高级编程	9	57.44	丁**
hadoop	10	77.45	肖**
spark技术	11	89.00	肖**
android	12	NULL	NULL
oracle数据库	13	77.15	谭伟*
mysql数据库编程	14	69.55	谭*强
java笔记大全	15	87.45	林伟*
WEB开发大全	16	87.45	林伟*
tomcat服务器说明	17	27.15	张**
html开发说明	18	45.03	谢**
css3开发说明	19	67.45	谢**
jquery手册大全	20	68.35	李**
oracle高级编程	21	57.44	赵**
hadoop	22	77.45	郑**
pl/sql第二版	23	77.15	谭伟*
mysql编程	24	69.55	谭*强
java游戏开发	25	97.45	徐*浩
J2EE开发	26	87.45	林伟*
websphere开发	27	27.15	张**
html5开发说明	28	45.03	赵*强
css3+js开发说明	29	67.45	谢**
extJS手册大全	30	68.35	周**
oracle优化	31	57.44	丁**
spark	32	77.45	肖**

图 14.18　更改查询顺序

从图 14.18 中可以看出，查询的结果是按照指定的顺序显示，而图 14.16 是按照表创建时的顺序显示。

14.4.3　查询指定字段

查询指定字段，是指查询指定的某些字段，通常是在列数比较多，而只是想查看某几列的数据时使用。查询多个字段，跟查询所有字段中第二种方式一样，只需要 SELECT 后面将多个字段用逗号分隔开即可，其格式如下：

```
select column1,column2,…column from table_name;
```

【示例 14-12】从 books 表中查询字段 name、price，即所有的书名称和价格，SQL 语句如下：

```
select  name,price  from  books;
```

执行 SQL 语句后，如图 14.19 所示。

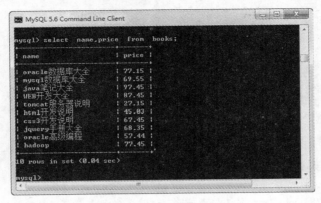

图 14.19　查询单一字段

从图 14.18 可以看出，输出结果只显示了 books 表中 name、price 字段下的所有数据，而没有显示 id，author 的数据。

14.4.4　查询指定记录

查询指定记录是指查询数据库中指定的某些数据，它主要是用于数据库中包含有大量的数据时，因为数据量太大，查询出的数据不足以反映出系统的要求，所以需要指定记录过滤掉不需要的数据。这里先介绍用 where 进行条件过滤。形式如下：

```
SELECT column1,column2,...column FROM table_name
WHERE condition
```

或者

```
select column1,column2,...column FROM table_name
where condition
```

仍以 books 中的数据为例，查询价格为 89 的书籍。

【示例 14-13】查询价格为 89 的书籍。

执行步骤如下：

（1）同示例 14-1。
（2）同示例 14-1。
（3）查询语句如下：

```
select name,price from books where price=89;
```

执行 SQL 语句后，其如图 14.20 所示。

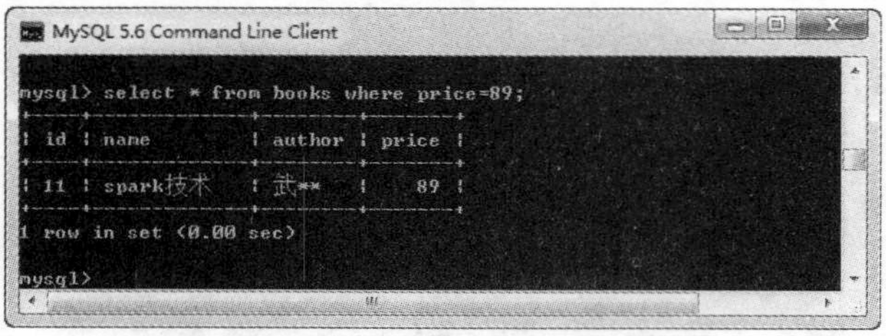

图 14.20　查询价格为 89 的数据

从图 14.20 可以看出，输出结果显示了 books 表满足价格为 89 的数据。

> **提示**　因为在创建表 books 时，定义字段 price 为 float 类型，没有指定其精度类型，所以在查询语句时，SQL 是按照等值查询，当 SQL 语句是 select name,price from books where price=77.15 查询出的数据就是空的，那么要更改精度类型或者更改字段类型为 double，这样查询出的数据就是正确的。

【示例 14-14】查询名称为"hadoop"的书籍，SQL 语句如下：

```
select name,price from books where name='hadoop';
```

执行 SQL 语句后，如图 14.21 所示。

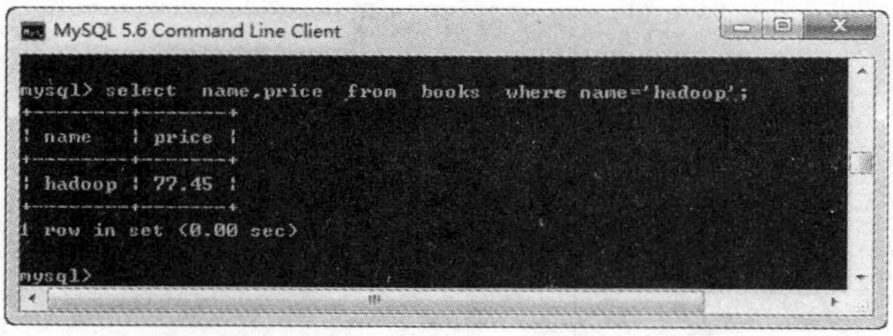

图 14.21　查询名称为 hadoop 的数据

从图 14.21 可以看出，输出结果只显示 books 表中满足名称为"hadoop"的数据。

【示例 14-15】查询价格范围为 45 至 70 之间的书籍，SQL 语句如下：

```
select name,price from books where price >=45 and price <=70;
```

执行 SQL 语句后，如图 14.22 所示。

图 14.22　查询价格为 45 至 70 之间的书籍

从图 14.22 可以看出，输出的价格均是在 45 与 70 之间的书籍。

综上所述，where 条件的判断符可以归纳为表 14.1 所示。

表 14.1 where 条件判断符

操作符	描述
=	相等，如果字段类型是数值，则不加引号；如果是字符串类型，需要加入引号
<>,!=	不相等，如果字段类型是数值，则不加引号；如果是字符串类型，需要加入引号
<,<=	小于，小于等于，一般可用于数值或者时间上的判断
>,>=	大于，大于等于，一般可用于数值或者时间上的判断
between	介于两个值之间，一般可用于数值或者时间上的判断
in	指定范围内的条件，一般可用于数值或者时间上的判断

14.4.5 带 IN 关键字的查询

从表 14.1 中可得知，MySQL 提供了指定范围内的条件查询，其形式如下：

```
select    column1,column2,…column    from    table_name    where    column
in(condition1,codition2);
```

或者

```
SELECT    column1,column2,…column    from    table_name    WHERE    column
in(condition1,codition2);
```

如上描述中，column1,column2,…column 是要查询的字段，table_name 是查询的表名，condition1,condition2 分别是 2 个条件用逗号分开，当满足条件范围内的一个值即为匹配。那么它们与"大于等于，小于等于"有什么区别，先来看下面的例子。

【示例 14-16】查询价格为 45 和 68 的书籍，SQL 语句如下：

```
select name,price from books where price in (45,68);
```

执行 SQL 语句后，其结果列表如图 14.23 所示。

图 14.23 查询价格为 45 和 68 的书籍

从图 14.23 可以看出，所输出的书籍为指定条件的书籍。包括两个端点的值。

若加个关键字 NOT，则表示查询不是在范围内的数据。

【示例 14-17】查询价格不为 45 和 68 的书籍，SQL 语句如下：

```
select name,price from books where price not in (45,68);
```

执行 SQL 语句后，如图 14.24 所示。

图 14.24　查询价格不为 45 和 68 的书籍

从图 14.24 可以看出，所输出的书籍为指定条件的书籍，不在 45 和 68 价格范围内。
从上面的例子可以看出，in 关键字查询是等值查询。

 在 in 范围查询时，由于字段是 float 类型，精度会被省略，所以上述语句中若查询范围为 (45.50,68.54)等同于(45,68)。所以一般而言都把类型更改成 decimal 标准数据类型。所以下面的例子将字段 price 类型更改为 decimal(5,2)

14.4.6　带 BETWEEN AND 的范围查询

BETWEEN AND 也是用来查询范围内的数据，它用来查询 2 个范围内的数据，如果字段值满足查询条件，则返回满足条件的数据。它与 IN 关键字的区别在于 BETWEEN AND 是范围内查询，IN 是等值查询。下面以例子说明。

【示例 14-18】查询价格为 45 和 68 的书籍，SQL 语句如下：

```
select name,price from books where price between 45 and 68;
```

执行 SQL 语句后，如图 14.25 所示。

图 14.25　查询价格为 45 到 68 之间的书籍

从图 14.25 可以看出，返回结果包含了价格从 45 到 68 之间的数据，并且 45 和 68 也在返回的结果列表中，很明显 between 是匹配范围内的所有值，包括 2 端点值。与图 14.23 相比多了数据，可以明显得知 IN 是等值查询而 BETWEEN AND 是范围内查询但是保留 2 个端点值。

类似的，若加个关键字 NOT，则表示查询不在范围内的数据。

【示例 14-19】查询价格不为 45 和 68 之间的书籍，SQL 语句如下：

```
select name,price from books where price not between 45 and 68;
```

执行 SQL 语句后，如图 14.26 所示。

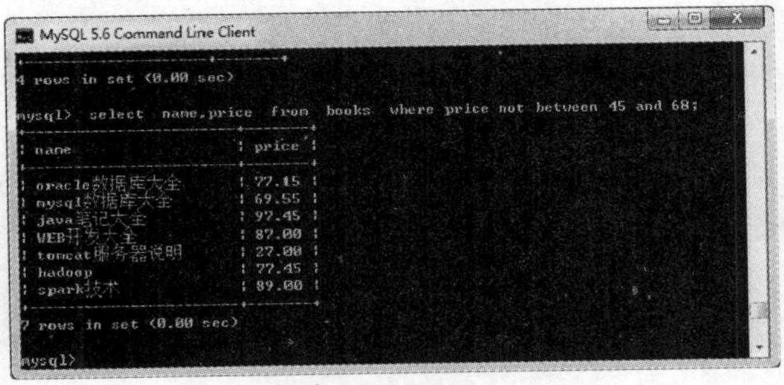

图 14.26　查询价格不为 45 和 68 的书籍

从图 14.26 可以看出，返回的记录是小于 45 或大于 68 的书籍。其结果与语句：

```
select name,price from books where price < 45 or price > 68;
```

执行结果一样。

14.4.7　带 LIKE 的字符匹配查询

带 like 的字符匹配查询，从字面上理解 like，就是"类似"的含义。在 SQL 语句中，它的含义就是包含的意思，通常使用 like 查找匹配的数据要跟通配符"%"或者"_"一起使用。"%"表示任意多个字符，"_"表示任意一个字符，下面分别介绍这 2 种的使用方法。

1. 使用"%"通配符

【示例 14-20】查询字段 name 中所有以'h'字母开头的书籍。

执行步骤如下：

（1）登录 MySQL 命令行，已登录可以省略。
（2）使用语句"use org"，选择数据库，已选择可以省略。
（3）执行查询语句如下：

```
select name,price from books where name like 'h%';
```

执行 SQL 语句后，如图 14.27 所示。

图14.27 查询以'h'字母开头的书籍

从图14.27可以看出，返回的记录是以'h'开头的数据，不管'h'后面有多少字符，只要符合'h'字符开头就可以。

【示例14-21】查询字段name中包含'a'字母的书籍。

执行步骤如下：

（1）登录MySQL命令行，已登录可以省略。
（2）使用语句"use org"，选择数据库，已选择可以省略。
（3）执行查询语句如下：

```
select name,price from books where name like '%a%';
```

执行SQL语句后，如图14.28所示。

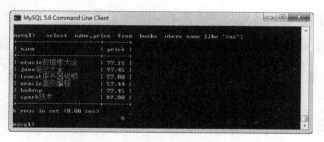

图14.28 查询包含'a'字母的书籍

从图14.28可以看出，返回的记录是包含'a'字母的数据，只要符合包含有字母'a'的数据就可以。

【示例14-22】查询字段name中以'o'开头，'全'字结尾的书籍。

执行步骤如下：
（1）登录MySQL命令行，已登录可以省略。
（2）使用语句"use org"，选择数据库，已选择可以省略。
（3）执行查询语句如下：

```
select name,price from books where name like 'o%全';
```

执行SQL语句后，如图14.29所示。

图 14.29　查询以'o'开头，'全'字结尾的书籍

从图 14.29 可以看出，返回的记录是以'o'开头，'全'字结尾的数据。

综上所述，"%"是匹配任意长度的字符，即指定位置任意数目字符，包括零字符。

下面介绍"_"通配符使用情况，看下跟"%"通配符的区别。

2. 使用下划线"_"通配符

下划线通配符与百分号通配符使用方法一样。先看例子 14-24 。

【示例 14-23】查询字段 name 中以'h'开头，且'h'后面只有 5 个字母的书籍。

执行步骤如下：

（1）登录 MySQL 命令行，已登录可以省略。
（2）使用语句"use org"，选择数据库，已选择可以省略。
（3）执行查询语句如下：

```
select name,price from books where name like 'h_____';
```

执行 SQL 语句后，如图 14.30 所示。

图 14.30　查询以'h'开头，且'h'后面只有 5 个字母的书籍

从图 14.30 可以看出，返回的记录是以'h'开头，且'h'后面只有 5 个字母的书籍，如果其他记录中有以'h'开头，但是匹配字符长度不为 5 的，也不在返回的结果中。从例子中能看出"_"通配符与"%"通配符区别在于下划线只能匹配任意一个字符，而百分号是任意多个字符。下划线要匹配多个字符，则需要使用数量相等的"_"通配符。

14.4.8　查询空值

查询空值是要查询数据库中某字段值为空的数据。MySQL 数据库提供查询空值的方法如下：

```
select column1,column2,… from table where column is null;
```

关键字是 is null，从方法上看空值并不是为 0 或者空的字符串，而是未知的数据。如果是非空，则使用 is not null。下面以例子进行说明。

【示例 14-24】查询字段 price 为空的书籍。

执行步骤如下：

（1）登录 MySQL 命令行，已登录可以省略。
（2）使用语句"use org"，选择数据库，已选择可以省略。
（3）执行查询语句如下：

```
select id, name,price from books where price is null;
```

执行 SQL 语句后，如图 14.31 所示。

图 14.31　查询 price 为空的书籍

从图 14.31 可以看出，返回的记录是 price 为 null 的书籍，满足查询的条件。如果查询的是 price 不为 null，则使用 is not null 字句来查询，如例子 14-26 所示。

【示例 14-25】查询字段 price 不为空的书籍。

执行步骤如下：
（1）登录 MySQL 命令行，已登录可以省略。
（2）使用语句"use org"，选择数据库，已选择可以省略。
（3）执行查询语句如下：

```
select id, name,price from books where price is not null;
```

执行 SQL 语句后，如图 14.32 所示。

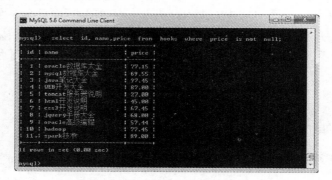

图 14.32　查询 price 不为空的书籍

从图 14.32 可以看出，返回的记录是 price 不为 null 的书籍。

14.4.9 带 AND 的条件查询

带 AND 的查询条件，这个在查询时经常用到，而且通常是多条件限制的查询，这样查询的结果更加符合要求并且准确。数据库中使用 AND 操作符来连接多个并列查询条件，只有满足所有查询条件的数据才会被返回，其作用就是"与"的关系。以表 books 为例，查询作者是"肖**"并且书的价格大于 40 的书籍。

【示例 14-26】查询字段 author 为"肖**"的作者，并且书的价格大于 40 的书籍。

执行步骤如下：

（1）登录 MySQL 命令行，已登录可以省略。
（2）使用语句"use org"，选择数据库，已选择可以省略。
（3）执行查询语句如下：

```
select id, name,price,author from books where author='肖**' and price>40;
```

执行 SQL 语句后，其结果如图 14.33 所示。

图 14.33　查询肖**作者且书价大于 40 的书籍

从图 14.33 可以看出，返回的记录是字段 author 为"肖**"作者，并且书的价格大于 40 的书籍。从 SQL 语句中可以看出 where 子句分为两个部分，前一段指定作者是"肖**"，后半段指定价格为大于 40，要同时满足这 2 个条件才能被显示出来。还可以再过加个字段书名为"hadoop"来限制查询条件，例如 14-28 例子。

【示例 14-27】查询字段 author 为"肖**"作者，并且书的价格大于 40，书名为"hadoop"的书籍，SQL 语句如下：

```
select id, name,price,author from books where author='肖**' and price>40 and name='hadoop';
```

执行 SQL 语句后，如图 14.34 所示。

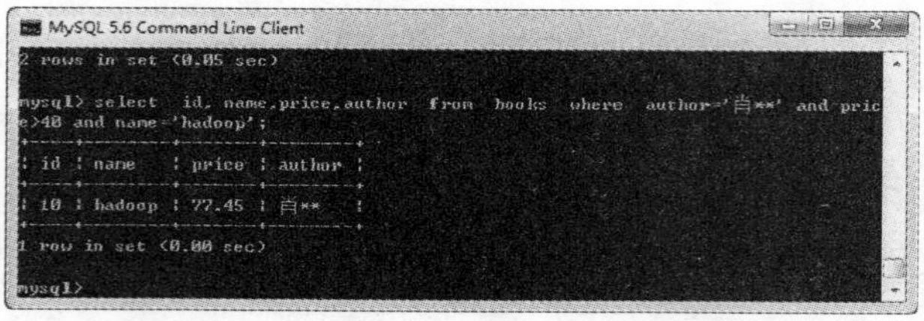

图 14.34 查询肖**作者且书价大于 40 和书名为 hadoop 的书籍

图 14.34 与图 14.32 对比可以看出数据列表少了一条，只显示书名为 hadoop 的数据。

14.4.10 带 OR 的条件查询

在查询记录时，有"与"的关系就会有"或"的关系，数据库中使用 OR 操作符来连接"或"关系的查询条件，只要满足其中任意一个查询条件的数据就会被返回。

对例子 14-27 进行改造，这样便于说明 OR 跟 AND 的差别。

【示例 14-28】查询字段 author 为"肖**"作者或者书的价格大于 40 的书籍，SQL 语句如下：

```
    select   id, name,price,author   from   books   where   author='肖**'   or  price>40;
```

执行 SQL 语句后，如图 14.35 所示。

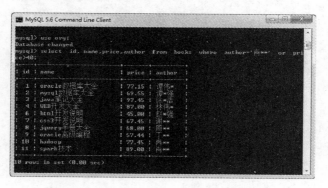

图 14.35 查询肖**作者或书价大于 40 的书籍

从图 14.35 可以看出，返回的记录是字段 author 为"肖**"作者，或者书的价格大于 40 的书籍。从 SQL 语句中可以看出 where 子句分为两个部分，前一段指定作者是"肖**"，后半段指定价格为大于 40，满足其中任何 1 个条件就能被显示出来。

14.4.11 查询结果不重复

在查询数据列表时，可能存在很多重复的字段数据，但是当统计数据的时候并不需要这么多重复的数据。MySQL 数据库提供了 DISTINCT 关键字进行过滤查询。语法的基本形式为：

```
select distinct column1 from table_name;
```

或者

```
SELECT DISTINCT column1 FROM table_name;
```

从上述语句中，可以看出"distinct"或者"DISTINCT"为排除不重复的关键字。仍以表 books 为例，查询不同作者的书籍，这里先不统计数量，如例子 14-29。

【示例 14-29】查询字段 author 且作者不重复的书籍。

执行步骤如下：

（1）登录 MySQL 命令行，已登录可以省略。
（2）使用语句"use org"，选择数据库，已选择可以省略。
（3）执行查询语句如下：

```
select DISTINCT author ,id, name,price from books ;
```

执行 SQL 语句后，如图 14.36 所示。

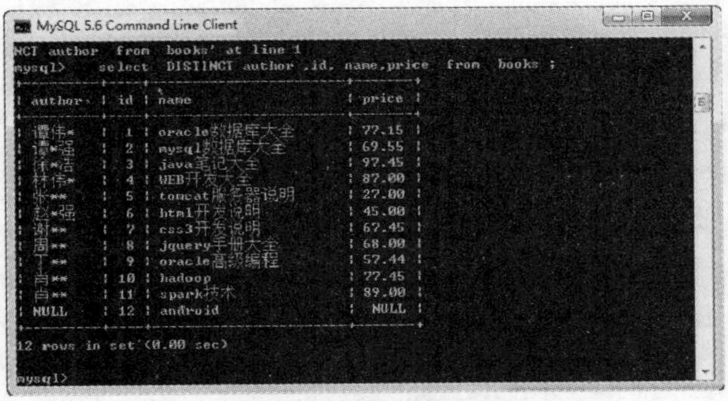

图 14.36　查询字段 author 且作者不重复的书籍

从图 14.36 可以看出，返回的记录是字段 author 不重复的书籍，每行都不一样，SQL 语句把 null 值也当作是不同值输出。

DISTINCT 放的位置必须是第一列，否则会 SQL 会报错 ERROR 1064 (42000): You have an error in your SQL syntax; check the manual thatcorresponds to your MySQL server version foor the right syntax to use near 'DISTINCT id, name,price from books' at line 1。

14.4.12　对查询结果排序

在 SQL 语句中，有时需要对查询结果进行排序，例如查询员工工资从大到小或者从小到大排序，更新日期按升序或者降序排列。在 MySQL 中使用关键字 Order by 进行排序，可以按字段的升序（asc）或者降序（desc）排列，并且多字段同时使用，多字段用逗号分隔开。其基本

形式如下:

```
select     column1,column2,…     from     table_name     order     by column1,column2,…column;
```

或:

```
SELECT     column1,column2,…     FROM     table_name     ORDER     BY column1,column2,…column;
```

或者指定排序顺序:

```
select     column1,column2,…     from     table_name     order     by column1 desc|asc,column2 desc|asc ,…column desc|asc;
SELECT     column1,column2,…     FROM     table_name     ORDER     BY column1 DESC|ASC,column2 DESC|ASC ,…column DESC|ASC;
```

从上述语句中,可以看出"order by …desc|asc"或者"ORDER BY .. DESC|ASC"为排序的关键字。我们以查询书籍并按照价格的降序为例进行说明如下。

【示例 14-30】查询书籍并按照价格的降序显示。

执行步骤如下:

(1)登录 MySQL 命令行,已登录可以省略。
(2)使用语句"use org",选择数据库,已选择可以省略。
(3)执行查询语句如下:

```
select author ,id, name,price from books order by price desc ;
```

执行 SQL 语句后,如图 14.37 所示。

图 14.37　查询书籍并按照价格的降序显示

从图 14.37 可以看出,返回的记录是按照指定的降序价格进行排序。同样,可以对多字段指定排序,例如,指定 id 字段是升序排序,价格是降序,那么 SQL 语句是按照从左到右的顺序进行排序显示,先是 id 字段是升序,而后再按照价格降序排序,例如图 14.38 所示。但这样 SQL 语句就进行了二次排序,会影响查询速率,因此在应用当中,尽量减少多字段排序,以提高查询速率。

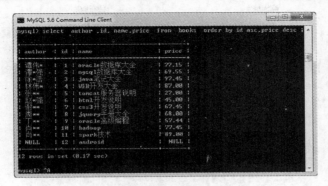

图 14.38　查询书籍按照指定的多顺序显示

默认的情况下查询数据按照字母升序进行排序，数字是按照数值的大小升序排序。

14.4.13　分组查询

何为分组？即将数据结构按照某一字段或多个字段进行归类分组。通常在统计查询语句中经常使用，例如统计不同作者的作品数量，统计不同部门中的总员工数量。在 MySQL 中，其基本形式如下：

```
SELECT column ……,聚合函数 FROM table_name GROUP BY column …… [HAVING <条件表达式>]
```

或者

```
select column ……,聚合函数 from table_name group by column …… [having <条件表达式>]
```

从上述语句中，可以看出"group by"或者"GROUP BY"为分组查询的关键字。GROUP BY 后面的字段名必须与 SELECT 中的字段名一致，HAVING<条件表达式>是分组中的查询条件，只有满足表达式条件结果才能被显示，HAVING 只能是分组之后才出现的条件查询，这就有别于 where 关键字。下面分别说明分组查询的 3 种情况，简单分组、使用 HAVING 分组、对分组排序。

1. 简单分组

简单分组实质是最简单的统计功能，一般而言都是跟聚合函数一起使用，例如：MAX()、MIN()、COUNT()、SUM()、AVG()等聚合函数。

【示例 14-31】显示每个作者的作品总数。

执行步骤如下：

（1）登录 MySQL 命令行，已登录可以省略。

(2）使用语句"use org"，选择数据库，已选择可以省略。
(3）执行查询语句如下：

```
select author ,count(*) from books group by author;
```

执行 SQL 语句后，如图 14.39 所示。

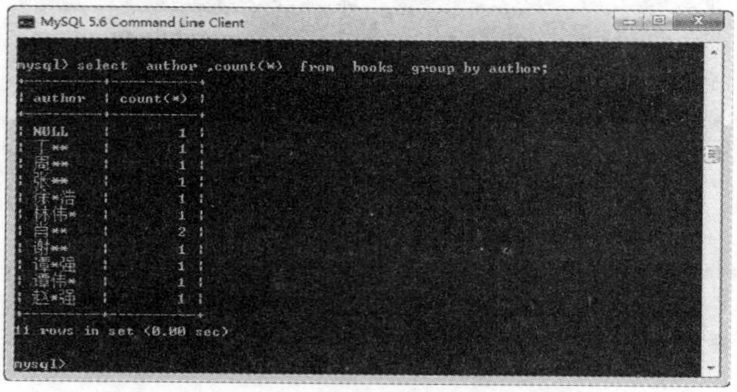

图 14.39　每个作者的作品总数

查询结果显示，author 表示作者，count(*) 表示作者的作品数，group by 字句对数据分组。这是最简单的分组，按某个列进行分类统计。下面对这个例子进行改造，统计作品数大于 1 的作者，这就要用到 HAVING 过滤条件。

2. 使用 HAVING 分组

【示例 14-32】查询作品数大于 1 的作者，SQL 语句如下：

```
select author ,count(name) from books group by author HAVING count(name)>1;
```

执行上述语句后，如图 14.40 所示。

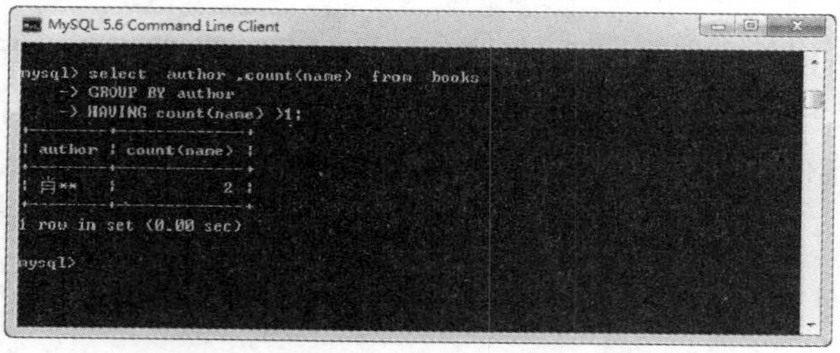

图 14.40　查询作品数大于 1 的作者

查询结果显示，作者"肖**"的作品数大于 1，满足 HAVING 条件，所以显示在结果中。再来看个例子，查询书价格小于 60 元，作品数大于 1 的作者。

【示例 14-33】查询书价格小于 60 元，作品数大于 1 的作者，SQL 语句如下：

```
select author ,count(name) from books where price <60 group by author HAVING count(name)>1;
```

执行上述语句后,结果列表如图 14.41 所示。

图 14.41 书价小于 60 元,作品数大于 1 的作者

从结果可以看出,没有符合的数据显示。

从上述 2 个例子中,我们可以得出如下结论:

- 使用 HAVING 时,必须是分组。
- where 与 HAVING 同时出现时,WHERE 的优先级高于 HAVING。

有时需要对结果进行排序,那么就需要用到 order by 这个关键字,例如对作品数按降序排列查询。下面介绍下 ORDER BY 的使用方法。

3. 与 ORDER BY 一起使用

【示例 14-34】查询作者的书籍总价大于 100 的作者,并按降序排序。

执行步骤如下:

(1)登录 MySQL 命令行,已登录可以省略。
(2)使用语句 "use org",选择数据库,已选择可以省略。
(3)先执行不使用 order by 的查询语句如下:

```
select author ,sum(price) from books group by author HAVING sum(price)>100;
```

执行上述语句后,其结果如图 14.42 所示。图中并没有 asc 关键字,但默认也是 price 的升序排列。

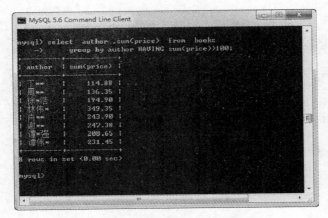

图 14.42 书籍总价大于 100 的作者

可以看出图中列出书籍总价大于 100 的作者，但在返回的结果中 sum(price) 列是没有按照一定的顺序显示。

（4）添加 order by 关键字的查询语句，改造 SQL 语句如下：

```
select  author ,sum(price) from books group by author HAVING sum(price)>100 order by sum(price) asc;
```

执行上述语句后，其结果如图 14.43 所示。

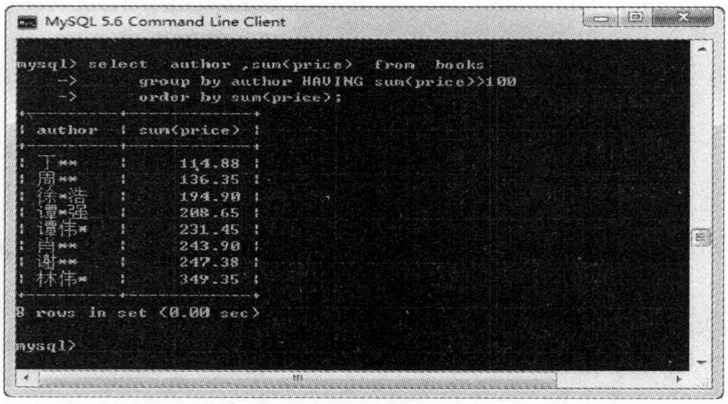

图 14.43　书籍总价大于 100 的作者

可以看出图中列出书籍总价大于 100 的作者，并且按照指定的升序排列总价。综上所述，可以看出 GROUP BY 按照作者进行分组，SUM()函数返回总的书价格，HAVING 对分组数据进行过滤，最后使用 ORDER BY 进行排序。

14.4.14　LIMIT 限制查询

当数据量是千万级别时，那么查询出所有的结果是费时而且也不现实，那么这个时候就要用到分页查询或者叫限制查询。在 MySQL 中，用关键字 limit 来限制查询。其基本形式如下：

```
limit [位置,] row_num
```

或者

```
LIMIT[位置], ROW_NUM
```

从上述语句中，可以看出"limit…row_num"或者"LIMIT…ROW_NUM"为添加数据的关键字。第一个"位置"表示 MySQL 从哪一行开始查询，是可选项，不指定则默认是从第一条开始查询，"row_num"表示显示记录数量。以 books 表中查询从第 4 条开始，查询 5 条数据为例。

【示例 14-35】在表 books 中，使用 LIMIT，返回从第 4 个记录开始，查询 5 条记录，SQL 语句如下：

```
select  author ,price from books LIMIT 3,5;
```

执行上述语句后，如图 14.44 所示。

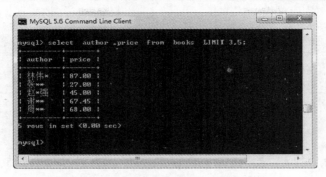

图 14.44　返回第 4 个记录开始，记录长度为 5

从图中可以看出，语句返回从第 4 条记录开始之后的 5 条记录。语句中第一个数字'3'表示从第 4 行开始，第二个数字 5 表示返回的行数。在 MySQL 中，位置标记是从 0 开始，第一条的位置是 0，第二条的位置是 1，依次类推。这就跟 JAVA 中的数组下标一样。

14.5　实战演练 1——记录的添加、更新和删除

本章重点讲解了数据库中数据的添加、更新、删除以及查询这 4 个大模块。这 4 大模块构成了学习数据库的入门基础，也是与应用之间形成关系的桥梁，学好这 4 大模块是数据库工程师的基础。所以我们仍以实例为基础，从数据表创建开始一步步带着读者回顾下所有的知识点，由于内容较多，分成 2 个实例，本小节先介绍数据的增加、删除、修改。

创建表 products，其表结构及表中的数据，见表 14.2 和表 14.3 所示。

表 14.2　products 表结构

字段名	字段说明	数据类型	是否主键	是否外键	是否非空	是否唯一	自增
p_id	产品编码	int(11)	是	否	是	是	是
p_name	产品名称	varchar(30)	否	否	是	否	否
productor	产商	varchar(30)	否	否	是	否	否
price	产品价格	decimal(5,2)	否	否	是	否	否
prod_date	生产日期	date	否	否	是	否	否
remark	备注	varchar(100)	否	否	否	否	否
kc_num	库存	int(11)	否	否	是	否	否
prod_address	生产地址	varchar(100)	否	否	是	否	否

表 14.3　products 表数据

Pid	p_name	productor	price	prod_date	remark	kc_num	prod_address
1	达利元	福建达利	23.78	2016-11-10	福建达利食品	200	福建达利
2	山楂片	胖胖山楂	54.67	2016-10-10	沈阳胖胖	235	沈阳胖胖
3	酒鬼花生	四川酒鬼	4.56	2016-11-01	四川酒鬼	158	四川酒鬼
4	香瓜瓜子	洽洽食品	7.56	2016-08-15	福建洽洽	230	福建洽洽

（续表）

Pid	p_name	productor	price	prod_date	remark	kc_num	prod_address
5	葵花子	洽洽食品	3.56	2016-11-13	福建洽洽	300	福建洽洽
6	花生油	鲁花花生	78.68	2016-10-09	山东鲁花厂	40	山东鲁花厂
7	酱香肠	老干香肠	18.36	2016-11-11	哈尔滨老干	55	哈尔滨老干

操作过程如下：

（1）按照表 14.2 中的表结构创建数据表 products。创建语句如图 14.45 所示。

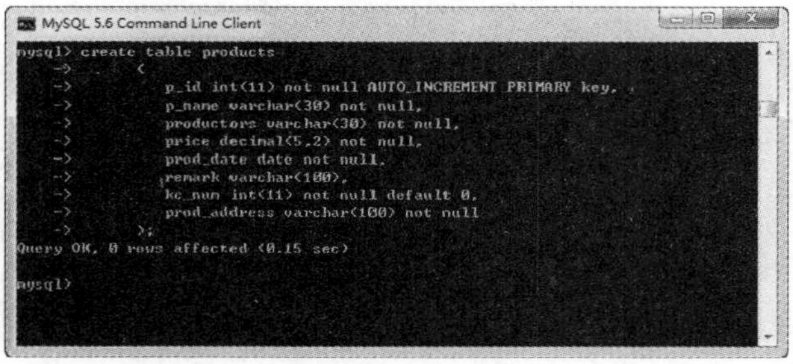

图 14.45　创建表 products

从图中最后一个语句可以看出，创建表 products 成功。

（2）将表 14.3 中的数据插入到表 products 表中，可以使用不同的方法插入数据，在插入之前可以先查询表中的数据，如图 14.46 所示。

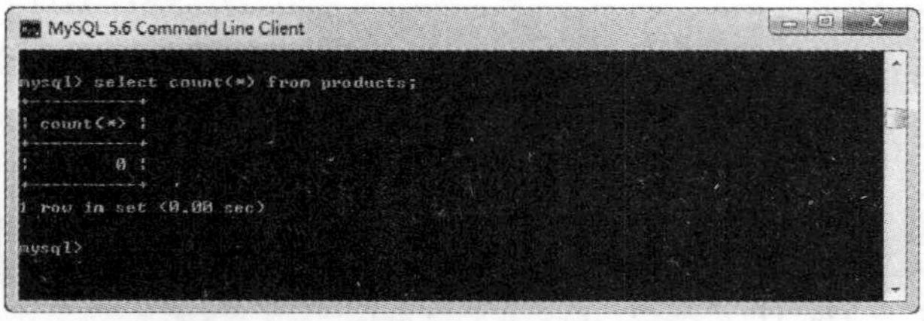

图 14.46　查询 products 表中的数据量

从图中结果可以看出数据为 0。下面分 3 种方法插入数据：指定所有字段名、不指定字段名、插入多条语句。

● 指定所有字段名，插入语句如下：

```
INSERT into products(p_id,p_name,productors,price,prod_date,remark,kc_num,prod_address)
    VALUES (1,'达利元','福建达利',23.78,'2016-11-10','福建达利食品',200,'福建达利');
```

执行完，运行结果如图 14.47 所示。

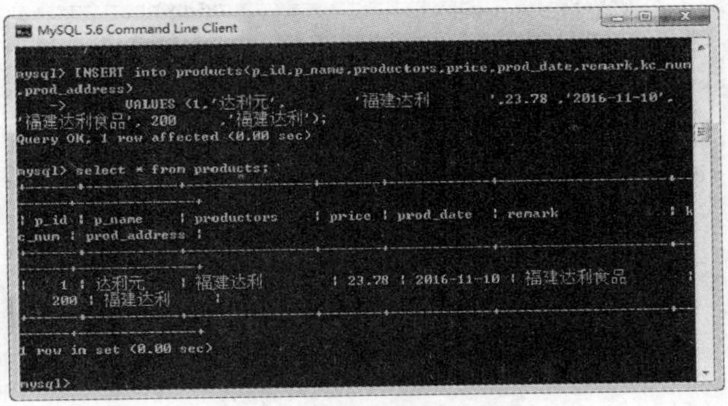

图 14.47 全字段插入

- 不指定字段名，插入语句如下：

```
INSERT into products
    VALUES(2,'山楂片',  '胖胖山楂',54.67 ,  '2016-10-10','沈阳胖胖',
235,'沈阳胖胖')
```

执行完，运行结果如图 14.48 所示。

图 14.48 不指定字段插入

 不指定字段名时，自动增加的列除非有默认值，否则也需要指定值。

- 同时插入多条数据，插入语句如下：

```
INSERT INTO products
    VALUES
    (3,'酒鬼花生', '四川酒鬼',4.56 ,'2016-11-01','四川酒鬼', 158,'四川酒鬼'),
    (4,'香瓜瓜子', '洽洽食品',7.56 ,'2016-08-15','福建洽洽', 230,'福建洽洽'),
    (5,'葵花子',   '洽洽食品', 3.56   ,'2016-11-13','福建洽洽', 300,'福建洽洽'),
    (6,'花生油',  '鲁花花生', 78.68  ,'2016-10-09','山东鲁花厂',  40,'山东鲁花厂'),
    (7,'酱香肠',  '老干香肠', 18.36  ,'2016-11-11','哈尔滨老干', 55,'哈尔滨老干');
```

执行完，运行结果如图 14.49 所示。

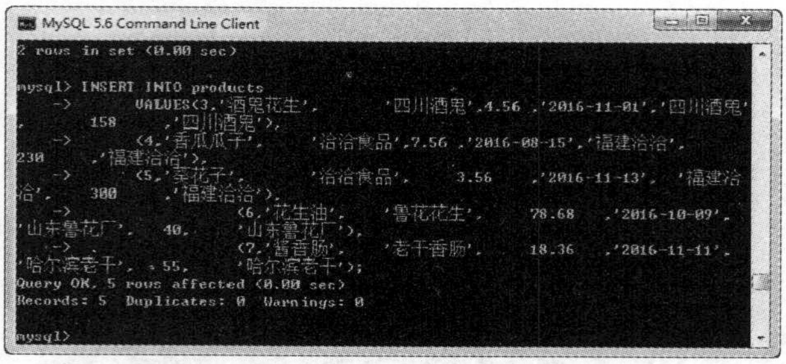

图 14.49 不指定字段多条插入

从图 14.49 最后显示的记录中可以看出，5 条数据全部增加成功。可以用语句：

```
Select * from products
```

查询表中的全部数据，执行结果如图 14.50 所示。

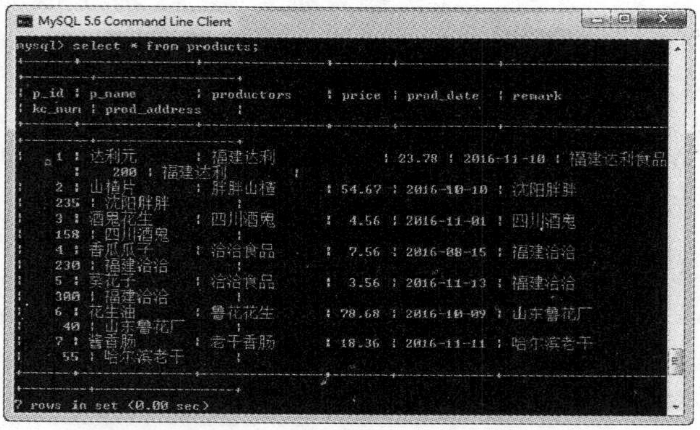

图 14.50 查询 products 表数据

从图 14.50 中可以看出，数据全部被新增成功。

（3）修改"洽洽食品"厂商生产的食品，将其价格降价 2 元。执行的语句如下：

```
update products set price=price-2 where productors='洽洽食品';
```

执行的结果如图 14.51 所示。

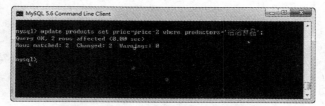

图 14.51 更新价格

从图 14.51 中可以看出，成功更新 2 条语句。用语句：

```
Select * from products
```

查询表中的全部数据，执行结果如图 14.52 所示。

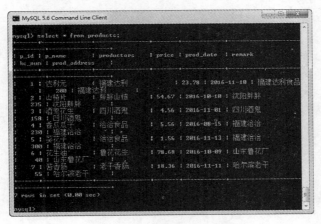

图 14.52　查询 products 表数据

将图 14.52 与图 14.50 相比可以看出，洽洽食品的价格降了 2 元，说明语句更新成功。

（4）修改名为"达利元"的食品，将其价格更改为 27.58，并且将生产地址修改为"福建泉州达利元"。执行的语句如下：

```
update products set price=27.58, prod_address='福建泉州达利元' where p_name='达利元';
```

在执行前，先查询下当前的记录，如图 14.53 所示。

图 14.53　修改前的结果

执行修改语句后，运行结果如图 14.54 所示。

图 14.54　更新操作

从图 14.54 中可以看出，成功更新 1 条语句。再用语句：

```
select * from products where  p_name='达利元';
```

查看结果,如图 14.55 所示。

图 14.55　更新后的查询列表

从图 14.55 可以看出,价格跟生产地址都已经修改成功。

(5)删除名为"酱香肠"的食品,执行的语句如下:

```
delete from products where p_name='酱香肠';
```

在执行前,用语句:

```
select * from products where  p_name='酱香肠';
```

查询下当前的记录,如图 14.56 所示。

图 14.56　修改前的结果

执行删除语句后,运行结果如图 14.57 所示。

图 14.57　删除操作

从图 14.57 中可以看出,成功删除 1 条语句。再用语句:

```
select * from products where  p_name='酱香肠';
```

查看结果如图 14.58 所示。

图 14.58　删除后的查询列表

从图 14.58 可以看出，表中已经没有名"酱香肠"的食品数据，数据量为 0。

14.6　实战演练 2——数据表综合查询案例

上节介绍了，记录表的增加、删除、修改等操作。本节回顾数据表的另外一个重要的知识内容——数据查询。本节带读者从创建表开始回顾所有的查询知识点。

这里以表 14.4 和表 14.5 的表结构在 org 库中创建 2 个数据表 dept（部门表）和 emp（员工表），按照表 14.6 和 14.7 所示增加数据。

表 14.4　dept 表结构

字段名	数据类型	主键	外键	非空	唯一	自增
dept_id	int(10)	是	否	是	是	否
dept_name	varchar(20)	否	否	是	否	否
address	varchar(100)	否	否	否	否	否
zipcode	int(6)	否	否	否	否	否
telephone	int(11)	否	否	否	否	否

表 14.5　emp 表结构

字段名	数据类型	主键	外键	非空	唯一	自增
emp_id	int(10)	是	否	是	是	是
emp_name	varchar(20)	否	否	是	否	否
sex	varchar(1)	否	否	否	否	否
mobile	varchar(11)	否	否	否	否	否
salary	decimal(8,2)	否	否	否	否	否
birth	datetime	否	否	是	否	否
dept_id	int(10)	否	是	否	否	否
address	varchar(100)	否	否	否	否	否
station	varchar(20)	否	否	是	否	否
remark	varchar(50)	否	否	否	否	否

表 14.6　dept 表数据

dept_id	dept_name	address	zipcode	telephone
1	销售部	万达大厦 1 楼	100000	01088674562
2	调研部	万达大厦 2 楼	100000	01088674563
3	会计部	万达大厦 3 楼	100000	01088674564
4	系统集成部	万达大厦 4 楼	100000	01088674565
5	研发部	万达大厦 5 楼	100000	01088674566

表 14.7 emp 表数据

emp_id	emp_name	sex	mobile	salary	birth	dept_id	address	station	remark
1001	Mark	m	18902216671	8900	1984-09-01	1	成寿寺1号	销售经理	销售经理
1002	Trump	m	18902216671	4567	1989-08-01	1	成寿寺30号	业务员	业务员
1003	Jone	f	18902216671	34562	1967-09-21	2	成寿寺170号	副总经理	副总经理
1004	Branks	m	18902216671	11000	1989-01-01	3	成寿寺103号	财务总监	财务总监
1005	Charles	f	18902216671	8876	1990-10-11	4	成寿寺106号	主管	主管
1006	James	m	18902216671	7899	1991-07-05	5	成寿寺109号	高级工程师	高级工程师
1007	Rose	f	18902216671	3790	1983-06-06	5	成寿寺10号	工程师	工程师

操作过程如下：

（1）创建表 dept 和表 emp，创建语句分别如下：

```
CREATE TABLE dept
  (
    dept_id    int(10)  NOT NULL UNIQUE PRIMARY key ,
    dept_name    varchar(20)NOT NULL,
     address   varchar(100),
zipcode    int(6),
telephone    int(11) NOT NULL,
  );
CREATE TABLE emp
  ( emp_id int(10) NOT NULL PRIMARY KEY AUTO_INCREMENT,
emp_name    varchar(20) NOT NULL,
sex varchar(1) ,
    mobile   varchar(11),
    salary  decimal(8,2),
birth   datetime NOT NULL,
    dept_id int(10) NOT NULL,
    address varchar(100),
    station varchar(20) NOT NULL,
    remark   varchar(50),
  CONSTRAINT  fk_emp_dept FOREIGN KEY(dept_id)  REFERENCES dept(dept_id)
  );
```

（2）分别插入数据到表 dept 和表 emp 中，插入语句分别如下：

插入表 dept：

```
INSERT into dept(dept_id,dept_name,address,zipcode,telephone)
```

```
    VALUES(1,    '销售部',     '万达大厦1楼',   100000,01088674562),
       (2 ,'调研部'   ,'万达大厦2楼',100000, 01088674563),
           (3, '会计部',     '万达大厦3楼',    100000,01088674564),
           (4, '系统集成部',     '万达大厦4楼',    100000,01088674565),
           (5, '研发部',      '万达大厦5楼'      ,100000,01088674566);
```

插入表 emp：

```
INSERT into emp(emp_id,  emp_name,   sex ,mobile,salary,birth ,dept_id
,address,  station,remark)
  VALUES
(1001,'Mark','m','18902216671',8900 ,'1984-09-01',1  ,'成寿寺1号',
'销售经理','销售经理'),
  (1002, 'Trump',   'm','18902216671',4567  ,'1989-08-01',1  ,'成寿寺
30号', '业务员',    '业务员'),
  (1003, 'Jone','f','18902216671',34562 ,'1967-09-21',2  ,'成寿寺170号
', '副总经理','副总经理'),
  (1004, 'Branks',  'm','18902216671',11000, '1989-01-01', 3 ,'成寿寺
103号','财务总监', '财务总监'),
  (1005, 'Charles', 'f','18902216671',8876,  '1990-10-11', 4 ,'成寿寺
106号','主管',  '主管'),
  (1006, 'James',    'm','18902216671',7899   ,'1991-07-05' ,5 ,'成寿寺
109号','高级工程师',    '高级工程师'),
  (1007, 'Rose','f','18902216671',3790, '1983-06-06', 5 ,'成寿寺10号',
'工程师',    '工程师');
```

（3）查询 emp 表中，所有记录的 emp_name、salary、emp_id 字段值。其语句如下：

```
select emp_name,emp_id,salary from  emp;
```

执行结果如图 14.59 所示。

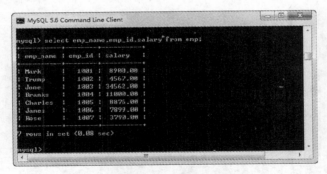

图 14.59　执行查询结果

（4）查询 emp 表中，字段 emp_id 等于 1006 和 1007 的所有记录。其语句如下：

```
select * from  emp where emp_id in(1006,1007);
```

执行结果如图 14.60 所示。

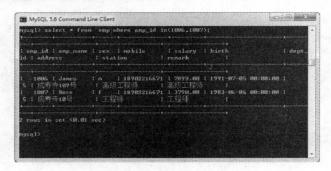

图 14.60 执行查询结果

（5）查询 emp 表中，查询工资范围在 5000~10000 的所有记录。其语句如下：

```
select * from emp where salary between 5000 and 10000;
```

执行结果如图 14.61 所示。

图 14.61 执行查询结果

（6）查询 emp 表中，查询部门为研发部所有员工信息。其语句如下：

```
select * from emp where dept_id=5;
```

执行结果如图 14.62 所示：

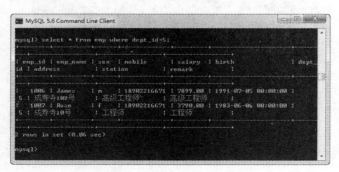

图 14.62 执行查询结果

（7）查询 emp 表中，每个部门工资最高的员工信息。其语句如下：

```
select dept_id,max(salary) from emp group by dept_id;
```

执行结果如图 14.63 所示。

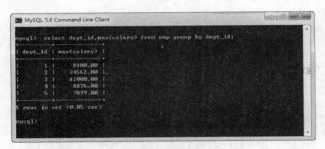

图 14.63　执行查询结果

（8）查询 emp 表中员工 Mark 的基本信息。其语句如下：

```
select * from emp where emp_name='Mark';
```

执行结果如图 14.64 所示。

图 14.64　执行查询结果

（9）使用连接查询，查询所有员工的部门信息。其语句如下：

```
select emp_id,emp_name,e.dept_id,dept_name from emp as e ,dept as d where e.dept_id =d.dept_id
```

 上面语句中用 as 给表起了别名。

执行结果如图 14.65 所示。

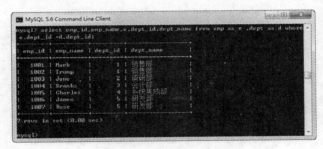

图 14.65　执行查询结果

（10）使用连接查询，查询每个部门的员工数。其语句如下：

```
select d.dept_name,count(*) from emp as e ,dept as d where e.dept_id =d.dept_id group by d.dept_name
```

执行结果如图 14.66 所示。

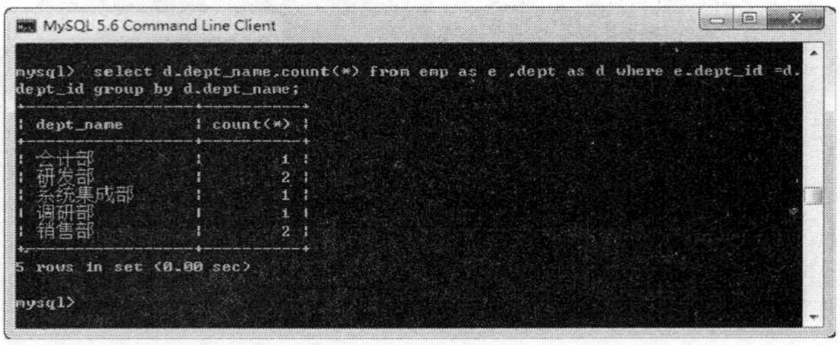

图 14.66　执行查询结果

（11）使用连接查询，查询每个部门的总工资数。其语句如下：

```
select d.dept_name,sum(salary) from emp as e ,dept as d where e.dept_id =d.dept_id group by d.dept_name
```

执行结果如图 14.67 所示。

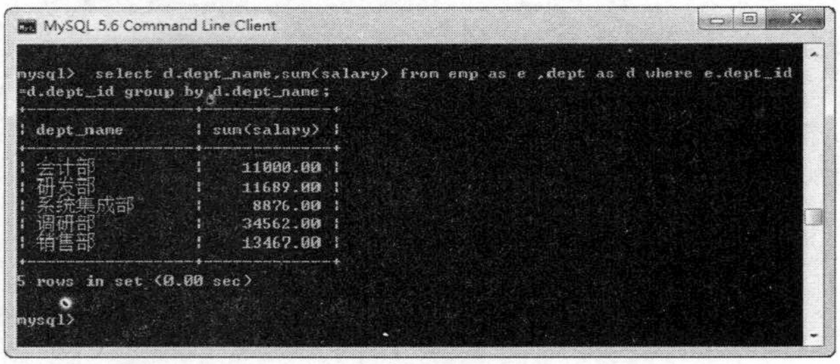

图 14.67　执行查询结果

（12）使用连接查询，查询每个部门的平均工资。其语句如下：

```
select d.dept_name,avg(salary) from emp as e ,dept as d where e.dept_id =d.dept_id group by d.dept_name
```

执行结果如图 14.68 所示。

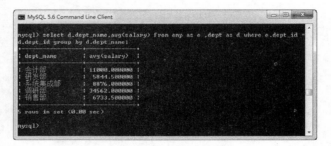

图 14.68　执行查询结果

（13）查询工资低于 5000 的员工信息。其语句如下：

```
select * from emp where salary < 5000;
```

执行结果如图 14.69 所示。

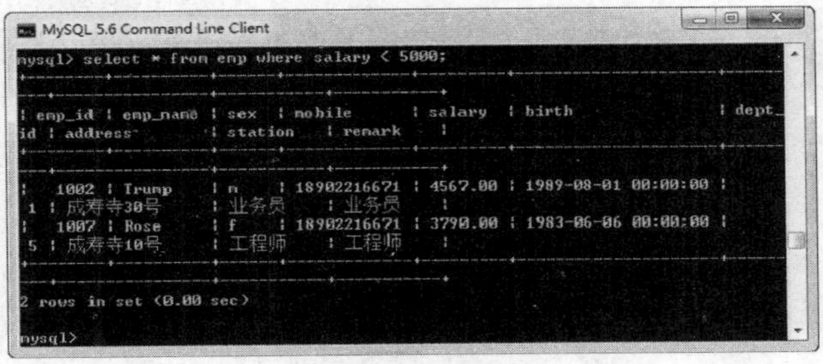

图 14.69　执行查询结果

（14）查询 emp 表，将查询记录先按部门编号由低到高排列，再按工资由高到低排列。其语句如下：

```
select emp_name,dept_id,salary from emp order by dept_id asc,salary desc;
```

执行结果如图 14.70 所示。

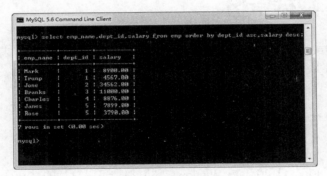

图 14.70　执行查询结果

第 15 章

◀ 数据库的备份和还原 ▶

数据库中的数据是极其重要的,作为数据库工程师会想方设法地保全数据,但是意外总是难免,比如突然间的断电、网络中断、操作人员的失误都会造成数据的丢失。那么,定期备份数据就成了保证数据安全的最重要措施之一。当出现数据缺失时,还原原先备份的数据,这样就降低了损失。各种数据库都提供了多种数据备份与还原的方法,MySQL 也不例外。本章将重点介绍数据备份、数据还原、数据迁移和数据导入导出的内容,真正让读者掌握 MySQL 数据库备份。

15.1 数据备份

当系统意外崩溃或者网络中断后,数据库工程师将会利用备份数据对表进行恢复,降低因数据库的宕机造成的损失。MySQL 提供了以下 2 种方法。

15.1.1 使用命令备份

这里的命令是 mysqldump 命令。使用 mysqldump 对数据库进行备份,这种命令方式具有普遍性,因为它不管在 Linux 环境还是 Windows 环境都是可以执行的。mysqldump 命令执行时,会将数据库中的数据备份成一个文件,其实数据本身就是一个文件。

mysqldump 备份数据库语句的形式如下:

```
mysqldump -u user -h host -p password databasename[表1, [表2]] > xxxx.sql
```

或者

```
MYSQLDUMP -u user -h host -p password databasename[表1, [表2]] > xxxx.sql
```

从上述语句中,可以看出 "mysqldump..." 或者 "MYSQLDUMP..." 为备份的关键字。其中 user 表示 MySQL 用户名;host 表示登录 MySQL 的机器;本机可以用 localhost 代替;password 是登录 MySQL 数据库密码;databasename 是需要备份的数据库名称;xxxx.sql 为备份的文件名称。下面分别讲述 mysqldump 备份的 3 种场景：备份单个数据库中的所有表、备份单个库中的指定表、备份多个数据库。

1. 使用 mysqldump 备份数据库中的所有表

【示例 15-1】使用 mysqldump 命令备份数据库中的所有表。我们以第 13 章中的数据库为例。

执行过程如下：

（1）打开命令窗口，如图 15.1 所示。

图 15.1 打开命令窗口

（2）输入备份命令：

```
mysqldump        -uroot        -hlocalhost        -P3306        -p        org
>d:\backup\orgdb_20161115.sql
```

输入密码之后，MySQL 就会对数据库进行备份，在 d:\backup 文件夹就会新增一个 orgdb_20161115.sql 文件。

 在 MySQL 5.6 之后，直接输入备份命令，可能会报如图 15.2 所示错误，这是由于需要在 MySQL 的安装路径下执行备份命令。

图 15.2 错误提示

读者可以打开 orgdb_20161115.sql 备份文件，并用文本编辑器打开查看其内容：

```
-- MySQL dump 10.13  Distrib 5.6.15, for Win64 (x86_64)
--
-- Host: localhost    Database: org
-- ------------------------------------------------------
-- Server version 5.6.15-log

/*!40101 SET @OLD_CHARACTER_SET_CLIENT=@@CHARACTER_SET_CLIENT */;
/*!40101 SET @OLD_CHARACTER_SET_RESULTS=@@CHARACTER_SET_RESULTS */;
/*!40101 SET @OLD_COLLATION_CONNECTION=@@COLLATION_CONNECTION */;
```

```
/*!40101 SET NAMES utf8 */;
/*!40103 SET @OLD_TIME_ZONE=@@TIME_ZONE */;
/*!40103 SET TIME_ZONE='+00:00' */;
/*!40014 SET @OLD_UNIQUE_CHECKS=@@UNIQUE_CHECKS, UNIQUE_CHECKS=0 */;
/*!40014 SET @OLD_FOREIGN_KEY_CHECKS=@@FOREIGN_KEY_CHECKS, FOREIGN_KEY_CHECKS=0 */;
/*!40101 SET @OLD_SQL_MODE=@@SQL_MODE, SQL_MODE='NO_AUTO_VALUE_ON_ZERO' */;
/*!40111 SET @OLD_SQL_NOTES=@@SQL_NOTES, SQL_NOTES=0 */;

--
-- Table structure for table `books`
--

DROP TABLE IF EXISTS `books`;
/*!40101 SET @saved_cs_client     = @@character_set_client */;
/*!40101 SET character_set_client = utf8 */;
CREATE TABLE `books` (
  `id` int(10) NOT NULL AUTO_INCREMENT,
  `name` varchar(20) DEFAULT NULL,
  `author` varchar(20) DEFAULT NULL,
  `price` decimal(5,2) DEFAULT NULL,
  PRIMARY KEY (`id`),
  UNIQUE KEY `id` (`id`)
) ENGINE=InnoDB AUTO_INCREMENT=33 DEFAULT CHARSET=utf8;
/*!40101 SET character_set_client = @saved_cs_client */;

--
-- Dumping data for table `books`
--

省略......
/*!40101 SET SQL_MODE=@OLD_SQL_MODE */;
/*!40014 SET FOREIGN_KEY_CHECKS=@OLD_FOREIGN_KEY_CHECKS */;
/*!40014 SET UNIQUE_CHECKS=@OLD_UNIQUE_CHECKS */;
/*!40101 SET CHARACTER_SET_CLIENT=@OLD_CHARACTER_SET_CLIENT */;
/*!40101 SET CHARACTER_SET_RESULTS=@OLD_CHARACTER_SET_RESULTS */;
/*!40101 SET COLLATION_CONNECTION=@OLD_COLLATION_CONNECTION */;
/*!40111 SET SQL_NOTES=@OLD_SQL_NOTES */;

-- Dump completed on 2016-11-14 20:49:01
```

从文件中可以看出，备份文件中包含了数据库名、主机信息、MySQL 版本号、创建表的语句、赋值系统变量等内容。备份文件中还有"SET"语句，这些语句的作用是将系统变量赋值给当前用户定义变量，该 SET 语句将当前系统变量的值赋值给当前用户定义变量，例如：

```
/*!40101 SET @OLD_CHARACTER_SET_RESULTS=@@CHARACTER_SET_RESULTS */;
```

备份文件的最后几行是恢复服务器系统变量的值，例如：

```
/*!40101 SET CHARACTER_SET_RESULTS=@OLD_CHARACTER_SET_RESULTS */;
```

从备份文件中可以看出，MySQL 数据库是以 "--" 注释，"/*! xx */;"这种内容是 MySQL 可以执行的注释方式。在其注释内容中有数字，这些数字表示，语句只有在指定的 MySQL 版本或者较高版本的情况下才能被执行。例如 40101，表示只有在 MySQL 版本号为 4.1.1 或者更高的版本下才可以被执行。

2. 使用 mysqldump 备份数据库中的指定表

使用 mysqldump 备份数据库中的指定表，其语法形式跟备份所有表的语法形式基本一致，区别在于备份指定表要在数据库后面加表名。

【示例 15-2】使用 mysqldump 命令备份 org 数据库中的 dept 表。执行语句如下：

```
mysqldump -uroot-hlocalhost -P3306 -p org dept >d:\backup\dept_20161115.sql
```

执行完语句，会在 D:\backup\下创建 dept_20161115.sql 的备份文件与 orgdb_20161115.sql 文件不同的是，文件中还包含 dept 表的插入值语句。dept_20161115.sql 的内容如下：

```
-- MySQL dump 10.13  Distrib 5.6.15, for Win64 (x86_64)
--
-- Host: localhost    Database: org
-- ------------------------------------------------------
-- Server version  5.6.15-log

/*!40101 SET @OLD_CHARACTER_SET_CLIENT=@@CHARACTER_SET_CLIENT */;
/*!40101 SET @OLD_CHARACTER_SET_RESULTS=@@CHARACTER_SET_RESULTS */;
/*!40101 SET @OLD_COLLATION_CONNECTION=@@COLLATION_CONNECTION */;
/*!40101 SET NAMES utf8 */;
/*!40103 SET @OLD_TIME_ZONE=@@TIME_ZONE */;
/*!40103 SET TIME_ZONE='+00:00' */;
/*!40014 SET @OLD_UNIQUE_CHECKS=@@UNIQUE_CHECKS, UNIQUE_CHECKS=0 */;
/*!40014 SET @OLD_FOREIGN_KEY_CHECKS=@@FOREIGN_KEY_CHECKS, FOREIGN_KEY_CHECKS=0 */;
/*!40101 SET @OLD_SQL_MODE=@@SQL_MODE, SQL_MODE='NO_AUTO_VALUE_ON_ZERO' */;
/*!40111 SET @OLD_SQL_NOTES=@@SQL_NOTES, SQL_NOTES=0 */;

--
-- Table structure for table `dept`
--

DROP TABLE IF EXISTS `dept`;
/*!40101 SET @saved_cs_client     = @@character_set_client */;
/*!40101 SET character_set_client = utf8 */;
CREATE TABLE `dept` (
  `dept_id` int(10) NOT NULL AUTO_INCREMENT,
  `dept_name` varchar(20) DEFAULT NULL,
  `address` varchar(100) DEFAULT NULL,
  `zipcode` int(6) DEFAULT NULL,
  `telephone` int(11) DEFAULT NULL,
  PRIMARY KEY (`dept_id`),
  UNIQUE KEY `dept_id` (`dept_id`)
```

```
) ENGINE=InnoDB AUTO_INCREMENT=6 DEFAULT CHARSET=utf8;
/*!40101 SET character_set_client = @saved_cs_client */;

--
-- Dumping data for table `dept`
--

LOCK TABLES `dept` WRITE;
/*!40000 ALTER TABLE `dept` DISABLE KEYS */;
INSERT INTO `dept` VALUES (1,'销售部','万达大厦1楼
',100000,1088674562),(2,'调研部','万达大厦2楼',100000,1088674563),(3,'会计部
','万达大厦3楼',100000,1088674564),(4,'系统集成部','万达大厦4楼
',100000,1088674565),(5,'研发部','万达大厦5楼',100000,1088674566);
/*!40000 ALTER TABLE `dept` ENABLE KEYS */;
UNLOCK TABLES;
/*!40103 SET TIME_ZONE=@OLD_TIME_ZONE */;

/*!40101 SET SQL_MODE=@OLD_SQL_MODE */;
/*!40014 SET FOREIGN_KEY_CHECKS=@OLD_FOREIGN_KEY_CHECKS */;
/*!40014 SET UNIQUE_CHECKS=@OLD_UNIQUE_CHECKS */;
/*!40101 SET CHARACTER_SET_CLIENT=@OLD_CHARACTER_SET_CLIENT */;
/*!40101 SET CHARACTER_SET_RESULTS=@OLD_CHARACTER_SET_RESULTS */;
/*!40101 SET COLLATION_CONNECTION=@OLD_COLLATION_CONNECTION */;
/*!40111 SET SQL_NOTES=@OLD_SQL_NOTES */;

-- Dump completed on 2016-11-15 16:13:54
```

导出单张表时，可能会发生如图 15.3 所示的错误。那么可能造成的原因是：

- 没有给用户权限，那么可以赋予：

```
GRANT ALL PRIVILEGES ON *.* TO 'root'@'%'IDENTIFIED BY 'root' WITH GRANT OPTION
```

权限。

命令行中参数与值之间有空格。

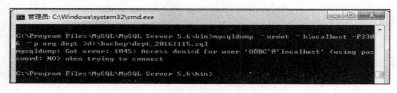

图 15.3　备份错误

3. 使用 mysqldump 备份多个数据库

使用 mysqldump 备份多个数据库，其基本形式如下：

```
mysqldump -uuser -hhost -p -databases db1 [db2...] >db.sql
```

从上述语句中，可以看出增加了参数 databases，多个数据库之间用空格隔开。我们以备份第 14 章中的 org 库跟 test 为例。

【示例 15-3】使用 mysqldump 命令备份 org 数据库和 test 数据库。执行语句如下：

```
mysqldump -uroot -p --databases org test > d:\backup\org_test_20161115.sql
```

执行效果如图 15.4 所示。

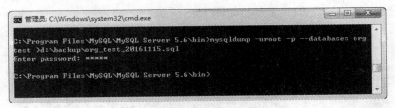

图 15.4 备份多个数据库

执行后会在 d:\backup\目录下面新增一个 org_test_20161115.sql 文件，里面包含了创建 2 个库所需的语句跟数据。这里文件太长，就不列出来。

mysqldump 命令后面的参数其实还有很多，表 15.1 只列出部分内容，更多的应该去官网（http://downloads.mysql.com/）查找。

表 15.1 mysqldump 命令参数

参数	说明
--opt	这个选项代表激活了Mysqldump命令的quick、add-drop-table、add-locks、extended-insert、lock-tables参数，也就是通过－opt参数在使用Mysqldump导出MySQL数据库信息时不需要再附加上述这些参数
--add-drop-database	在每个创建create database语句前添加drop database
--add-drop-tables	在每个创建create table语句前添加drop table
--add-locking	用LOCK TABLES和UNLOCK TABLES语句引用每个表转储，重载转储文件时插入得更快
--all--database, -A	库中所有的表
--comments	参数值有0或1，默认是1，包含程序版本、服务器版本和主机；如果是0，则不包含这些内容
--compact	减少输出内容，减少注释的输出
--compatible	备份成与旧版的MySQL更兼容的输出，其值可以是db2、maxdb、ansi、mysql40、postgresql、oracle等
--complete-insert, -c	使用包含列名的完整INSERT语句
--delete, -D	导入文件前清空表
--debug	写调试日志
--default-character-set	备份使用默认字符集
--flush-logs, -F	备份前刷新数据库日志文件
--force, -f	暴力备份，错误仍继续备份
--lock-all-tables, -x	对所有数据库中的所有表加锁
--lock-tables, -l	备份前锁定所有的表
--no-create-db, -n	没有创建数据库语句
--no-create-info, -t	只是备份表数据，没有创建表
--no-data, -d	只是备份表结构，不备份表数据
--password,-p	MySQL数据库的连接密码
--port, -P	MySQL数据库的端口
--version, -V	显示版本信息并退出
--xml, -X	以XML文件输出

15.1.2 使用第 3 方工具快速备份

现如今 MySQL 数据库的客户端多种多样,例如自身的 MySQL Workbench、navicat 等,它们都能快速、便捷地备份数据库。下面以 MySQL Workbench 工具为例讲述如何备份。

(1)打开 MySQL Workbench 工具,如图 15.5 所示。

图 15.5　MySQL Workbench 工具

(2)连接数据库,如图 15.6 所示。

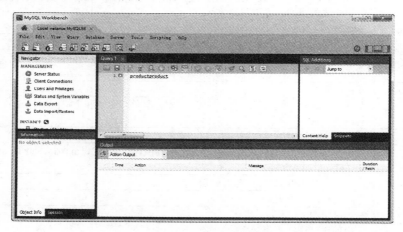

图 15.6　连接数据库

(3)单击左侧边栏的 Data Export 选项,选择需要备份的数据库,单击 Start Export,如图 15.7 所示。

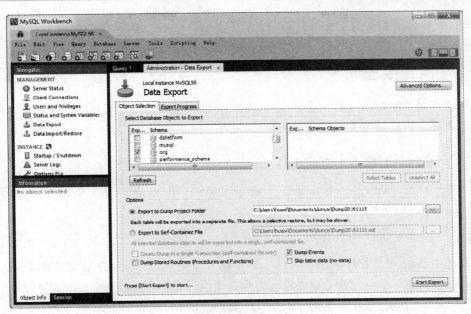

图 15.7　导出数据库

执行成功后，会在指定目录生成文件夹，文件夹中包含了库中所有的表 SQL 文件，如图 15.8 所示。

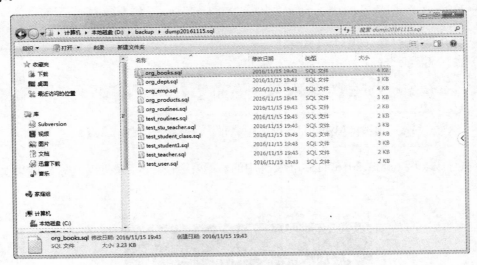

图 15.8　生成后 sql 文件

15.2　数据还原

有数据备份就有数据还原，还原一般是在数据丢失或者数据库宕机时进行的操作。通过对数据的还原可以快速地还原至丢失前的数据库，最大限度减少损失以及最大限度地保持数据完整性。MySQL 数据提供了以下方法。

15.2.1 使用命令还原

这里的命令是 MySQL 或者 source 命令。对于已经备份的 SQL 文件，可以使用 MySQL 命令导入到数据库中，这要与备份的命令区分开。

1. 使用 MySQL 命令还原数据库

从上节可以得知备份中的文件是包含了 create、insert 语句。MySQL 命令可以直接执行文件中的语句。其形式如下：

```
mysql -uuser -p db<dbname.sql
```

上述语法中 user 是数据库的用户名；-p 表示输入数据库的密码；db 是数据库名称，是可选项，如果备份中的文件包含创建数据库语句，那么还原时可不指定数据库名，如果没有，则需要指定数据库名称，否则会报错。下面以例子说明如何使用 MySQL 命令导入。

【示例 15-4】使用 MySQL 命令将例 15.1 中的备份文件 d:\backup\ orgdb_20161115.sql 文件导入到数据库中。

执行过程如下：

（1）打开命令窗口，如图 15.1 所示。
（2）输入还原命令：

```
mysql -uroot -p org < d:\backup\ orgdb_20161115.sql
```

 执行上述语句前确保 MySQL 中存在 org 数据库，否则导入时会出错。

命令执行成功后 orgdb_20161115.sql 文件中的数据就会被导入到数据库中，其结果如图 15.9 所示。

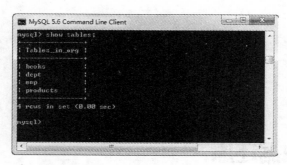

图 15.9　MySQL 导入后的列表

source 命令还原数据库，其形式也很简单，下面介绍下它的使用方法，但是执行它的前提是已经登录到数据库中，且待还原的数据库已经创建完毕。

2. 使用 source 命令还原数据库

用 source 命令导入 SQL 文件,其语法如下:

```
source filename
```

【示例 15-5】使用 source 命令将 d:\backup\ orgdb_20161115.sql 文件导入到数据库中。

执行过程如下:

(1)打开命令窗口,如图 15.1 所示。
(2)使用 root 用户登录服务器,如图 15.10 所示。

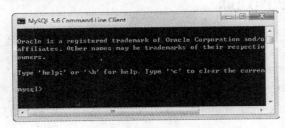

图 15.10 登录 MySQL 服务器

(3)输入语句"use org"。
(4)执行语句:

```
source d:\backup\orgdb_20161115.sql
```

其结果如图 15.11 所示。

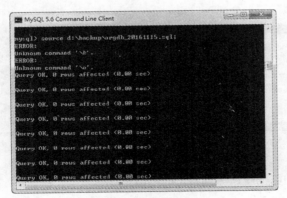

图 15.11 执行导入结果

 执行 source 命令时,要先选择数据库,否则会报如图 15.12 错误。

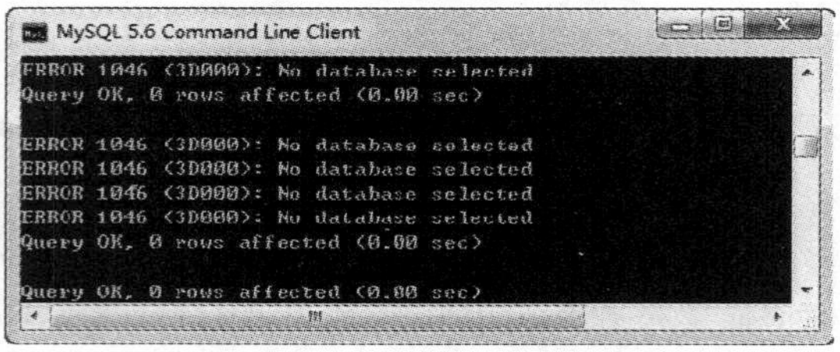

图 15.12　错误截图

15.2.2　使用工具快速还原

使用工具还原数据库，这里同样以 MySQL Workbench 工具为例讲述如何还原。

（1）打开 MySQL Workbench 工具，如图 15.5 所示。
（2）连接数据库，如图 15.6 所示。
（3）单击左侧边栏的 Data Import/Restore 选项，选择已经备份的文件夹或者文件，单击 Start Import，如图 15.13 所示。

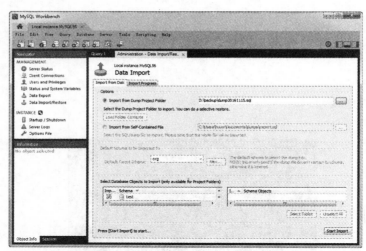

图 15.13　导入数据库

执行完，数据库中的数据就还原到备份时的数据。

15.3　数据库迁移

何为数据库迁移？为什么要数据库迁移？数据库迁移可以理解为数据的备份或者数据库的升级又或者数据库的数据转移。下面介绍 3 种场景的数据库迁移：相同版本的 MySQL 数据库迁移、不同版本的 MySQL 数据库迁移、MySQL 数据库迁移至 Oracle 数据库。

15.3.1 相同版本的 MySQL 数据库迁移

相同版本的 MySQL 数据库的迁移,这种方式迁移比较简单,直接可以理解为将数据库先备份再还原。那么通用的方法就是先用 mysqldump 命令导出数据库或者数据,然后使用 mysql 命令或者 source 命令导入整个库或者数据到目标库中。下面以一个例子来说明。

【示例 15-6】将 172.0.0.X 主机上的 MySQL 数据库全部迁移到 172.0.1.X 主机上。

执行过程如下:
(1)在 172.0.0.X 主机上打开命令窗口,如图 15.1 所示。
(2)在 172.0.0.X 主机上,执行命令:

```
mysqldump -h 172.0.0.X -uroot -ppassword -all-databases
```

(3)在 172.0.1.X 主机上打开命令窗口,如图 15.1 所示。
(4)执行命令:

```
mysql -h 172.0.1.X -uroot -ppassword
```

如此,就完成了相同版本的 MySQL 数据库迁移,十分简单、快捷。

15.3.2 不同版本的 MySQL 数据库之间的迁移

不同版本的 MySQL 数据库之间的迁移,会涉及新旧版本的情况,如果是旧版本升级为新版本,那么更新比较简单,也是可以理解为将数据库先备份再还原,那么迁移过程如同相同版本的迁移。

如果是新版本降级为旧版本,这种情况就要特殊处理 SQL 语句,一般情况低版本不兼容高版本,比如字符集、数据类型等。特别是有中文的数据,需要特别注意,可能出现无法正常显示的情况。

15.3.3 MySQL 数据库迁移至 Oracle 数据库

Oracle 数据库和 MySQL 数据库都是当今十分流行的数据库,有很多厂商选择它们,因为它们之间的转换相对比较便捷,并且它们 SQL 语句遵守的标准都是 SQL92 标准,理解起来也方便。

在数据迁移之前,需要比较两个数据库之间的差异,因为不同的库之间相同类型的关键字可能会不一样。例如,MySQL 中字符串是 varchar,而 oracle 中使用 varchar2;MySQL 中日期字段有 TIME 和 DATE,而 ORACLE 日期字段有 date 和 timestamp。在处理好数据类型之后,就可以直接将导出的 MySQL 语句在 Oracle 中执行,或者将 Oracle 语句在 MySQL 中执行。

15.4 表的 IMPORT 和 EXPORT

前面章节介绍了数据库的备份,相信大家对库的简单备份有了初步了解。那么当只是想备份库中的某张表或者只是恢复某张表的数据,该如何操作?本章将对单张表或者多张表的导入导出做个介绍。本节将详细介绍导出导入的几种方法,其中导出的方法有 SELECT …INTO OUTFILE、mysqldump 命令导出、mysql 命令导出;导入的方法有 mysqlimport 导入、LOAD DATA INFILE 导入。先来介绍下导出的方法。

15.4.1 表的 EXPORT

对于表的导出有多种方法,这里只介绍常用的 3 种方法。

1. 用 SELECT...INTO OUTFILE 导出文本文件

使用 select… into outfile 导出文本文件,其语法形式如下:

```
SELECT columnlist  from table where condition INTO OUTFILE 'filename'
[
FIELDS TERMINATED BY 'VALUE'
FIELDS [OPTIONALLY] ENCLOSED BY 'value'
FIELDS ESCAPED BY 'value'
LINES STARTING BY 'value'
LINES TEARMINATED BY 'value']
```

从上述语法中可以看出 SELECT columnlist from table where condition 为查询语句,into outfile 是将查询结果返回到指定文件中。后面的参数是可选项,其参数值参见表 15.2 所示。

表 15.2 select… into outfile参数说明

参数	说明
FIELDS TERMINATED BY 'VALUE'	设置子段之间的分割字符,默认分割字符是 '\t'
FIELDS [OPTIONALLY] ENCLOSED BY 'value'	设置字段的包围字符,只能为单个字符,如果使用了 OPTIONALLY,则只有 CHAR 和 VARCHAR 等字段数据被包括
FIELDS ESCAPED BY 'value'	设置转义字符,只能为单个字符,默认值为 '\'
LINES STARTING BY 'value'	设置每行数据开头的字符,默认情况下不使用任何字符,可以以为单个或多个字符
LINES TEARMINATED BY 'value'	设置每行结尾的字符,默认值为 '\n',可以为单个或多个字符

 FIELDS 和 LINES 都是自选的,但是如果两个都被指定了,FIELDS 必须位于 LINES 前。

【示例 15-7】使用 SELECT…INTO OUTFILE 将 org 数据库中的 dept 表中的记录导出到文件。

执行过程如下:

(1) 打开命令窗口,如图 15.1 所示。
(2) 使用 root 用户登录服务器,如图 15.10 所示。
(3) 执行命令如下:

```
Select * from org.dept INTO OUTFILE "D:/backup/dept.txt"
```

执行完语句后,进入目录"D:/backup/"用 UE 工具查看 dept.txt 文件,其文件内容如下

```
1    销售部     万达大厦1楼     100000   1088674562
2    调研部     万达大厦2楼     100000   1088674563
3    会计部     万达大厦3楼     100000   1088674564
4    系统集成部   万达大厦4楼    100000   1088674565
5    研发部     万达大厦5楼     100000   10886745661
```

如果用记事本打开文件,可能就是一整行的数据,这是因为 Windows 系统下回车换行为"\r\n",所以所有的记录会在同一行显示。

【示例 15-8】使用 SELECT…INTO OUTFILE 将 org 数据库中的 products 表中的产品名称、生产商、生产地址、备注的记录导出到文件,使用 FIELDS 选项和 LINES 选项,要求字段之间使用分号";"分割,所有字段值用单引号括起来,定义转义字符为双引号"\"",执行命令如下:

```
SELECT p_name,productors,prod_address,remark FROM org.products
    INTO OUTFILE "D:/backup/dept2.txt"
    FIELDS TERMINATED BY ';'
    ENCLOSED BY '\''
    ESCAPED BY "\""
    LINES TERMINATED BY '\r\n';
```

该语句把 products 表中 p_name,productors,prod_address,remark 记录导入到 D:/backup/dept2.txt 文本文件中。FIELDS TERMINATED BY ';'表示字段之间用分号分隔;ENCLOSED BY '\''表示每个字段用单引号括起来;ESCAPED BY "\""表示系统默认的转义字符替换为双引号;LINES TERMINATED BY '\r\n'表示每行以回车换行符结尾,保证每条一行记录。命令执行成功后,进入目录"D:/backup/",用 UE 工具查看 dept2.txt 文件,其文件内容如下:

```
'达利元';'福建达利    ';'福建泉州达利元';'福建达利食品'
'山楂片';'胖胖山楂';'沈阳胖胖';'沈阳胖胖'
'酒鬼花生';'四川酒鬼';'四川酒鬼';'四川酒鬼'
'香瓜瓜子';'洽洽食品';'福建洽洽';'福建洽洽'
'葵花子';'洽洽食品';'福建洽洽';'福建洽洽'
'花生油';'鲁花花生';'';"N
```

从上文可以看出,所有的字段值都被单引号包括;空值的表示形式为""N",即使用双引号替换了反斜线转义字符。

【示例15-9】使用 SELECT…INTO OUTFILE 将 org 数据库中的 products 表中的产品名称、生产商、生产地址、备注的记录导出到文件，使用 LINES 选项，要求每行以字符串 ">>" 开始，以 ">>end>>" 字符串结尾，执行的命令如下：

```
SELECT p_name,productors,prod_address,remark FROM org.products
    INTO OUTFILE "D:/backup/dept3.txt"
    LINES STARTING BY '>>' TERMINATED BY '>>end>>';
```

命令执行成功后，进入目录"D:/backup/"用 UE 工具查看 dept3.txt 文件，其文件内容如下：

```
>>达利元 福建达利\        福建泉州达利元    福建达利食品>>end>>>>山楂片 胖胖 山楂
沈阳胖胖 沈阳胖胖>>end>>>>酒鬼花生    四川酒鬼 四川酒鬼 四川酒鬼>>end>>>>香瓜瓜子
洽洽食品 福建洽洽 福建洽洽>>end>>>>葵花子 洽洽食品 福建洽洽 福建洽洽>>end>>>>花生
油    鲁花花生       \N>>end>>
```

从内容上可以看出，所有的字段值都导出到 dept3.txt 中，但是记录没有分行显示，出现这种情况是因为 TERMINATED BY 中没有添加转义的换行符 '\r\n'，修改后的语句如下：

```
SELECT p_name,productors,prod_address,remark FROM org.products
    INTO OUTFILE "D:/backup/dept4.txt"
    LINES STARTING BY '>>' TERMINATED BY '>>end>>\r\n';
```

执行完语句之后，进入目录"D:/backup/"用 UE 工具查看 dept4.txt 文件，其文件内容如下：

```
>>达利元 福建达利\        福建泉州达利元    福建达利食品>>end>>
>>山楂片 胖胖山楂 沈阳胖胖 沈阳胖胖>>end>>
>>酒鬼花生    四川酒鬼 四川酒鬼 四川酒鬼>>end>>
>>香瓜瓜子    洽洽食品 福建洽洽 福建洽洽>>end>>
>>葵花子 洽洽食品 福建洽洽 福建洽洽>>end>>
>>花生油 鲁花花生       \N>>end>>
```

从内容中可以看出，分行显示查询出的记录。

select… into outfile 方法导出文件，需注意导出的文件不能是已有的文件，否则会报文件已经存在的错误，无法读写的错误。

2. 用 mysqldump 命令导出文本文件

mysqldump 命令不仅能将数据库导出，也可以将数据库导出为纯文本文件。Mysqldump 导出文本文件的基本语法格式如下：

```
mysqldump -T path -uroot -p dbname [tables] [
 --fields-terminated-by=value
 --fields-enclosed-by=value
 --fields-optionally-enclosed-by=value
 --fields-escaped-by=value
```

```
    --lines-terminated-by=value
]
```

在上述语法中,-T 代表指定了导出的是纯文本文件;path 表示导出数据的路径;tables 指定要导出的表名称,若省略表示导出数据库中所有的表;后面的参数详见表 15.3 所示。

表 15.3 mysqldump 导出文本文件参数说明

参数	说明
--fields-terminated-by=value、	设置字段之间的分割字符,默认是 "\t"
--fields-enclosed-by=value	设置字段的包围字符
--fields-optionally-enclosed-by=value	设置字段的包围字符,只能为单个字符,只能包括 CHARHEVARCHAR 等
--fields-escaped-by=value	设置转义字符,默认值为反斜线 "\t"
--lines-terminated-by=value	设置每行数据结尾的字符,默认值为 "\n"

【示例 15-10】使用 mysqldump 将 org 数据库中的 products 表中的记录导出到文件,执行的命令如下:

```
SELECT p_name,productors,prod_address,remark FROM org.products
    INTO OUTFILE "D:/backup/dept3.txt"
    LINES STARTING BY '>>' TERMINATED BY '>>end>>';
```

命令执行成功后,进入目录"D:/backup/",用 UE 工具查看 dept3.txt 文件,其文件内容如下:

```
mysqldump -T D:/backup/ org products -uroot -p
```

mysqldump 在 Windows 命令行中执行。

语句执行成功后,在 D:/backup 目录下面会有两个文件,分别为 products.sql 和 products.txt。products.sql 文件中有 products 表的 CREATE 语句,其内容如下:

```
-- MySQL dump 10.13  Distrib 5.6.15, for Win64 (x86_64)
--
-- Host: localhost    Database: org
-- ------------------------------------------------------
-- Server version    5.6.15-log

/*!40101 SET @OLD_CHARACTER_SET_CLIENT=@@CHARACTER_SET_CLIENT */;
/*!40101 SET @OLD_CHARACTER_SET_RESULTS=@@CHARACTER_SET_RESULTS */;
/*!40101 SET @OLD_COLLATION_CONNECTION=@@COLLATION_CONNECTION */;
/*!40101 SET NAMES utf8 */;
/*!40103 SET @OLD_TIME_ZONE=@@TIME_ZONE */;
/*!40103 SET TIME_ZONE='+00:00' */;
/*!40101 SET @OLD_SQL_MODE=@@SQL_MODE, SQL_MODE='' */;
/*!40111 SET @OLD_SQL_NOTES=@@SQL_NOTES, SQL_NOTES=0 */;


--
-- Table structure for table `products`
```

```
--
DROP TABLE IF EXISTS `products`;
/*!40101 SET @saved_cs_client     = @@character_set_client */;
/*!40101 SET character_set_client = utf8 */;
CREATE TABLE `products` (
  `p_id` int(11) NOT NULL AUTO_INCREMENT,
  `p_name` varchar(30) NOT NULL,
  `productors` varchar(30) NOT NULL,
  `price` decimal(5,2) NOT NULL,
  `prod_date` date NOT NULL,
  `remark` varchar(100) DEFAULT NULL,
  `kc_num` int(11) NOT NULL DEFAULT '0',
  `prod_address` varchar(100) NOT NULL,
  PRIMARY KEY (`p_id`)
) ENGINE=InnoDB AUTO_INCREMENT=7 DEFAULT CHARSET=utf8;
/*!40101 SET character_set_client = @saved_cs_client */;

/*!40103 SET TIME_ZONE=@OLD_TIME_ZONE */;

/*!40101 SET SQL_MODE=@OLD_SQL_MODE */;
/*!40101 SET CHARACTER_SET_CLIENT=@OLD_CHARACTER_SET_CLIENT */;
/*!40101 SET CHARACTER_SET_RESULTS=@OLD_CHARACTER_SET_RESULTS */;
/*!40101 SET COLLATION_CONNECTION=@OLD_COLLATION_CONNECTION */;
/*!40111 SET SQL_NOTES=@OLD_SQL_NOTES */;

-- Dump completed on 2016-11-17 20:48:01
```

products.txt 中的内容为：

```
1   达利元   福建达利\27.58   2016-11-10   福建达利食品 200 福建泉州达利元
2   山楂片   胖胖山楂 54.67   2016-10-10   沈阳胖胖 235 沈阳胖胖
3   酒鬼花生 四川酒鬼 4.56    2016-11-01   四川酒鬼 158 四川酒鬼
4   香瓜瓜子 洽洽食品 5.56    2016-08-15   福建洽洽 230 福建洽洽
5   葵花子   洽洽食品 1.56    2016-11-13   福建洽洽 300 福建洽洽
6   花生油   鲁花花生 78.68   2016-10-09   \N  40
```

两个文件内容完全不一样，products.sql 包含创建表跟插入表数据的语句，products.txt 中只是数据的文本文件。

【示例 15-11】 使用 mysqldump 将 org 数据库中的 products 表中的产品名称、生产商、生产地址、备注等的记录导出到文件，使用 FIELDS 选项，要求字段之间使用分号";"间隔，所有字符类型字段值用单引号括起来，定义转义字符为"#"，每行记录以回车换行符"\r\n"结尾，执行的命令如下：

```
mysqldump -T D:/backup/ org products -uroot -p --fields-terminated-by=; --fields-optionally-enclosed-by=\' --fields-escaped-by=# --lines-terminated-by=\r\n
```

语句执行成功后，D:/backup/目录下也会有两个文件，分别为 products.sql 和 products.txt。products.sql 中跟例子示例 15-10 中的 products.sql 一样，products.txt 文件的内容如下：

```
1;'达利元';'福建达利    ';27.58;'2016-11-10';'福建达利食品';200;'福建泉州达利元'
```

```
2;'山楂片';'胖胖山楂';54.67;'2016-10-10';'沈阳胖胖';235;'沈阳胖胖'
3;'酒鬼花生';'四川酒鬼';4.56;'2016-11-01';'四川酒鬼';158;'四川酒鬼'
4;'香瓜瓜子';'洽洽食品';5.56;'2016-08-15';'福建洽洽';230;'福建洽洽'
5;'葵花子';'洽洽食品';1.56;'2016-11-13';'福建洽洽';300;'福建洽洽'
6;'花生油';'鲁花花生';78.68;'2016-10-09';#N;40;''
```

从内容上可以看到，只有字符类型的值被单引号括了起来，数值类型的值没有；NULL 值表示为 "#N"，使用 "#" 替代了系统默认的反斜线转义字符 '\'。

3. 用 MySQL 命令导出文本文件

除了 mysqldump 命令导出外，还可以用 MySQL 命令导出。MySQL 命令也是在命令行模式下执行 SQL 指令，将查询结果导入到文本文件中。使用 MySQL 导出数据文件的基本语法如下：

```
mysql -uroot -p --execute="select 语句" database > filename.txt
```

在上面的语法中，--execute 代表要执行的语句，具体的查询语句用双引号括起来，执行完语句后退出，database 代表要导出的数据库名称，filename.txt 表示导出的文件名。

【示例 15-12】使用 MySQL 语句将 org 数据库中的 products 表中的记录导出到文件，执行语句如图 15.14 所示：

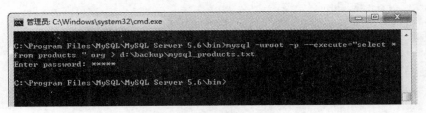

图 15.14 MySQL 导出命令

语句执行成功后，D:/backup/目录下也会有 mysql_products.txt。mysql_products.txt 文件的内容如下：

```
p idp name     productors   price   prod date    remark       kc num  prod address
1   达利元     福建达利\t   27.58   2016-11-10   福建达利食品 200     福建泉州达利元
2   山楂片     胖胖山楂     54.67   2016-10-10   沈阳胖胖     235     沈阳胖胖
3   酒鬼花生   四川酒鬼     4.56    2016-11-01   四川酒鬼     158     四川酒鬼
4   香瓜瓜子   洽洽食品     5.56    2016-08-15   福建洽洽     230     福建洽洽
5   葵花子     洽洽食品     1.56    2016-11-13   福建洽洽     300     福建洽洽
6   花生油     鲁花花生     78.68   2016-10-09   NULL         40
```

从内容上可以看出，第 1 行包含了各个字段的名称，从第 2 行开始分行显示数据，列之间用空格隔开，如果内容中有空格则以 "\t" 转义表示，例如第 2 行福建达利产品。读者能发现 MySQL 导出的文本文件可读性更强。

当数据表的字段太多，可以加参数 "--vertical" 来指定查询结果的显示格式。

【示例 15-13】使用 MySQL 语句将 org 数据库中的 products 表中的记录导出到文件，使用参数 "--vertical" 执行语句如下：

```
mysql -uroot -p --vertical --execute="select * from products " org >
d:\backup\mysql_products2.txt
```

语句执行成功后，D:/backup/目录下也会有 mysql_products2.txt。mysql_products2.txt 文件的内容如下：

```
*************************** 1. row ***************************
        p id: 1
      p name: 达利元
   productors: 福建达利
       price: 27.58
   prod date: 2016-11-10
      remark: 福建达利食品
      kc num: 200
prod address: 福建泉州达利元
*************************** 2. row ***************************
        p id: 2
      p name: 山楂片
   productors: 胖胖山楂
       price: 54.67
   prod date: 2016-10-10
      remark: 沈阳胖胖
      kc num: 235
prod address: 沈阳胖胖
*************************** 3. row ***************************
        p id: 3
      p name: 酒鬼花生
   productors: 四川酒鬼
       price: 4.56
   prod date: 2016-11-01
      remark: 四川酒鬼
      kc num: 158
prod address: 四川酒鬼
*************************** 4. row ***************************
        p id: 4
      p name: 香瓜瓜子
   productors: 洽洽食品
       price: 5.56
   prod date: 2016-08-15
      remark: 福建洽洽
      kc num: 230
prod address: 福建洽洽
*************************** 5. row ***************************
        p id: 5
      p name: 葵花子
   productors: 洽洽食品
       price: 1.56
   prod date: 2016-11-13
      remark: 福建洽洽
      kc num: 300
prod address: 福建洽洽
*************************** 6. row ***************************
        p id: 6
      p name: 花生油
   productors: 鲁花花生
```

```
       price: 78.68
   prod_date: 2016-10-09
      remark: NULL
      kc_num: 40
prod_address:
```

从内容中可以看出，其显示格式发生了变化，当然这种方式仅限于字段太长的情况，因为这样更加便于查看。

 MySQL 导出文本文件只能是在命令行中进行且 MySQL 服务要启动。

15.4.2 表的 IMPORT

表的导入也是有多种方法，可以使用第 3 方工具，也可以使用命令，当然这里主要是讲解命令的导入方式，工具的导入实质就是根据命令做的可视化操作。

1. 用 LOAD DATA INFILE 方式导入文本文件

LOAD DATA INFILE 语句的基本格式如下：

```
LOAD DATA INFILE 'filename.txt' INTO TABLE TABLNAME
    FIELDS TERMINATED BY 'value'
    FIELDS [OPTIONALLY] ENCLOSED BY 'value'
    FIELDS ESCAPED BY 'value'
    LINES STARTING BY 'value'
    LINES TERMINATED BY 'value'
```

从语法中可以看出，filename.txt 为导入数据的源文件，TABLENAME 为导入的表名。后面的参数都是可选项，具体的请参见表 15.4。

表 15.4　LOAD DATA INFILE 参数说明

参数	说明
FIELDS TERMINATED BY 'VALUE'	设置字段之间的分割字符，默认分割字符是 '\t'
FIELDS [OPTIONALLY] ENCLOSED BY 'value'	设置字段的包围字符，只能为单个字符，如果使用了 OPTIONALLY，则只有 CHAR 和 VARCHAR 等字段数据被包括
FIELDS ESCAPED BY 'value'	设置转义字符，只能为单个字符，默认值为 '\'
LINES STARTING BY 'value'	设置每行数据开头的字符，默认情况下不使用任何字符，可以为单个或多个字符
LINES TEARMINATED BY 'value'	设置每行结尾的字符，默认值为 '\n'，可以为单个或多个字符

从表 15.4 中可以看出参数的含义与 SELECT ... INTO OUTFILE 中参数的定义是一样的。下面我们就将 SELECT ... INTO OUTFILE 导出的文件用 LOAD DATA INFILE 导入。

【示例 15-14】使用 LOAD DATA INFILE 命令将 d:\backup\dept.txt 中的数据导入到 org 数据库中的 dept 表中。

执行过程如下：

（1）打开命令窗口，如图 15.1 所示。
（2）使用 root 用户登录服务器，如图 15.10 所示。
（3）分别执行以下命令：

```
use org;
delete from dept;
```

执行完后，表 dept 中的数据就为 0 条数据，如图 15.15 所示。

图 15.15　删除数据的结果

（4）执行导入语句如下：

```
LOAD DATA INFILE 'd:/backup/dept.txt' INTO TABLE org.dept;
```

执行完语句，其结果如图 15.16 所示。

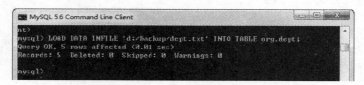

图 15.16　执行还原

（5）语句执行成功后，用命令：

```
Select * from dept;
```

查看表中的数据，如图 15.17 所示。

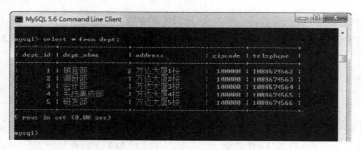

图 15.17　导入 dept 表后的数据列表

从图 15.17 中可以看出，数据已经恢复到 dept 表中。

上一个例子介绍了 LOAD DATA INFILE 命令的基本使用方法，下个例子介绍添加参数时该如何使用。

【示例 15-15】使用 LOAD DATA INFILE 命令将 d:\backup\products.txt 中的数据导入到 org 数据库中的 products 表中，使用 FIELDS 选项和 LINES 参数，要求字段之间使用分号";"间隔，所有字段值用单引号括起来，定义转义字符为"#"。

执行过程如下：

（1）打开命令窗口，如图 15.1 所示。
（2）使用 root 用户登录服务器，如图 15.10 所示。
（3）分别执行以下命令：

```
use org;
delete from dept;
```

执行完后，表 dept 中的数据就为 0 条数据，如图 15.15 所示。

（4）执行导入命令如下：

```
LOAD DATA INFILE 'd:/backup/ products.txt' INTO TABLE org.products
    FIELDS TERMINATED BY ';'
    ENCLOSED BY '\''
    ESCAPED BY "#"
    LINES TERMINATED BY '\r\n';
```

执行成功后，其结果如图 15.18 所示。

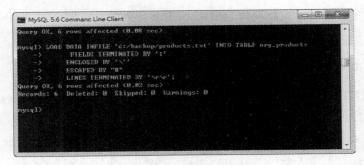

图 15.18　执行导入语句

（5）语句执行成功后，用命令：

```
Select * from products;
```

查看表中的数据，如图 15.19 所示。

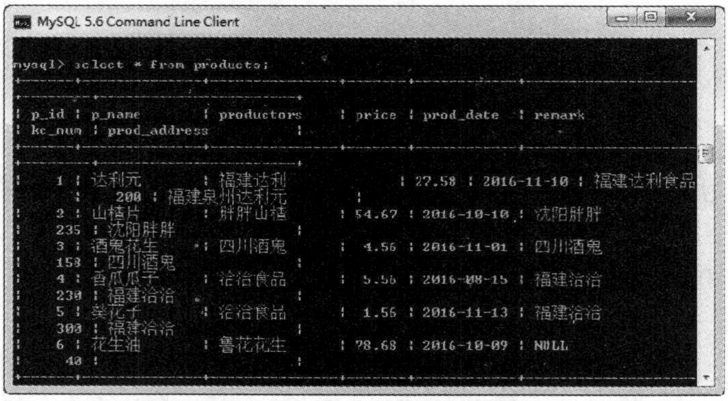

图15.19 导入products表后的数据列表

LOAD DATA INFILE 命令用何种方式或者添加什么参数，取决于导入源数据的txt中的格式是什么样的。例如，例子中dept.txt为简单的导出文件，以"\t"分隔字段，那么用添加参数的导入语句就会导入失败，如图15.20所示。

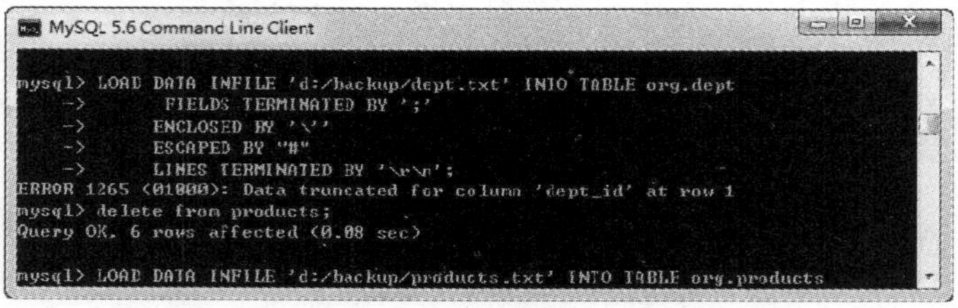

图15.20 导入不对应的数据文件

从上面的例子可以看出表的 LOAD DATA INFILE 导入命令与 SELECT…INTO OUTFILE 导出命令是相对应的，用哪种参数方式导出就用哪种参数导入，否则就会报错。

2. 用 mysqlimport 命令导入文本文件

除了用 LOAD DATA INFILE 方式导入文本文件外，还可以使用 mysqlimport 导入。mysqlimpoort 导入的语法如下：

```
mysqlimport -uroot -p dbname filename.txt[
  --fields-terminated-by=value
  --fields-enclosed-by=value
  --fields-optionally-enclosed-by=value
  --fields-escaped-by=value
  --lines-terminated-by=value
  --ignore-lines=n
]
```

从语法上看，跟 LOAD DATA INFILE 有很多相似的关键字。dbname 为数据库名称。参数说明详见表15.5所示。

表 15.5　mysqlimport 参数说明

参数名	说明
--fields-terminated-by=value	设置字段之间的分割字符，默认是 "\t"
--fields-enclosed-by=value	设置字段的包围字符
--fields-optionally-enclosed-by=value	设置字段的包围字符，只能为单个字符，只能包括 CHARHEVARCHAR 等
--fields-escaped-by=value	设置转义字符，默认值为反斜线 "\t"
--lines-terminated-by=value	设置每行数据结尾的字符，默认值为 "\n"
--ignore-lines=n	忽略数据文件的前 n 行

【示例 15-16】使用 mysqlimport 命令将 d:\backup\products.txt 中的数据导入到 org 数据库中的 products 表中，字段之间使用分号 ";" 间隔，所有字段值用单引号括起来，定义转义字符为 "#"，每行记录以回车换行符 "\r\n" 结束。

执行过程如下：

（1）打开命令窗口，如图 15.1 所示。

（2）执行的命令如下：

```
mysqlimport -uroot -p org d:/backup/products.txt--fields-terminated-by=;  --fields-optionally-enclosed-by=\'  --fields-escaped-by=#  --lines-terminated-by=\r\n
```

执行效果如图 15.21 所示。

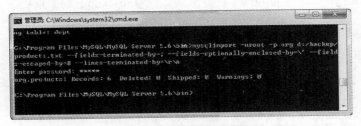

图 15.21　mysqlimport 导入效果

从图 15.21 可以得出，mysqlimport 执行时需要几个注意事项：

- mysqlimport 命令没有指明表名，表名是由导入的文件名决定，如果表名不存在，则导入失败。
- mysqlimport 导入命令在 Windows 命令窗口中执行。
- 命令中添加参数，那么导入的文件中需要有规定的字符，否则会导入失败，要对应起来。

（3）语句执行成功后，用命令：

```
Select * from products;
```

查看表中的数据，如图 15.22 所示。

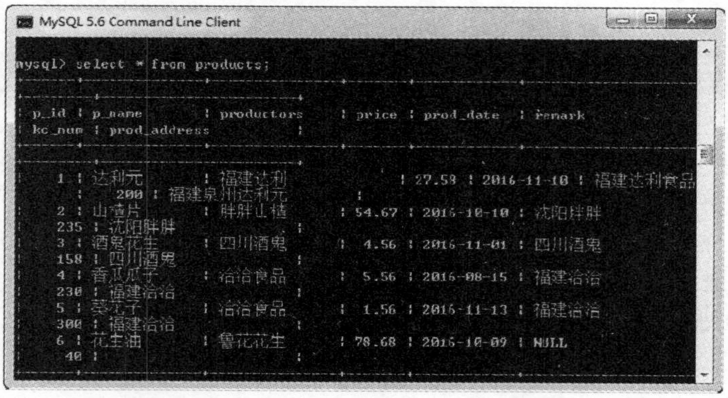

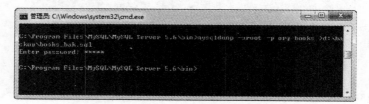

图 15.22　mysqlimport 导入 products 表后的数据列表

15.5　实战演练——数据库的备份与恢复

在实际项目中，数据库的备份是极其重要的，作为数据库工程师，应该定期地备份数据库，养成良好的习惯。这样即使因系统出现故障、数据丢失也能将损失减到最少。本节的综合案例将介绍数据库的备份与还原。

操作过程如下：

（1）使用 mysqldump 命令将 books 表备份到文件 D:\backup\books_bak.sql。

打开命令窗口，输入命令如下：

```
mysqldump -uroot -p org books >d:\backup\books_bak.sql
```

执行过程如图 15.23 所示。

图 15.23　mysqldump 备份 books 表

语句执行成功后，在 D:/backup 目录下面会有个 books_bak.sql 文件，用 UE 工具打开其内容如下：

```
-- MySQL dump 10.13  Distrib 5.6.15, for Win64 (x86_64)
--
-- Host: localhost    Database: org
-- ------------------------------------------------------
-- Server version 5.6.15-log
```

```
/*!40101 SET @OLD_CHARACTER_SET_CLIENT=@@CHARACTER_SET_CLIENT */;
/*!40101 SET @OLD_CHARACTER_SET_RESULTS=@@CHARACTER_SET_RESULTS */;
/*!40101 SET @OLD_COLLATION_CONNECTION=@@COLLATION_CONNECTION */;
/*!40101 SET NAMES utf8 */;
/*!40103 SET @OLD_TIME_ZONE=@@TIME_ZONE */;
/…..
省略…
--
-- Table structure for table `books`
--

DROP TABLE IF EXISTS `books`;
/*!40101 SET @saved_cs_client     = @@character_set_client */;
/*!40101 SET character_set_client = utf8 */;
CREATE TABLE `books` (
  `id` int(10) NOT NULL AUTO_INCREMENT,
  `name` varchar(20) DEFAULT NULL,
  `author` varchar(20) DEFAULT NULL,
  `price` decimal(5,2) DEFAULT NULL,
  PRIMARY KEY (`id`),
  UNIQUE KEY `id` (`id`)
) ENGINE=InnoDB AUTO_INCREMENT=33 DEFAULT CHARSET=utf8;
/*!40101 SET character_set_client = @saved_cs_client */;


--
-- Dumping data for table `books`
--

LOCK TABLES `books` WRITE;
/*!40000 ALTER TABLE `books` DISABLE KEYS */;
INSERT INTO `books` VALUES (1,'oracle 数据库大全',' 谭伟*',77.15),(2,'mysql 数据库大全','谭*强',69.55),(3,'java 笔记大全','徐*浩',97.45),(4,'WEB 开发大全',' 林伟*',87.00),(5,'tomcat 服务器说明','张**',27.00),(6,'html 开发说明',' 赵*强',45.00),(7,'css3 开发说明',' 谢**',67.45),(8,'jquery 手册大全',' 周**',68.00),(9,'oracle 高级编程',' 丁**',57.44),(10,'hadoop',' 肖  **',77.45),(11,'spark 技术',' 肖**',89.00),(12,'android',NULL,NULL),(13,'oracle 数据库',' 谭伟*',77.15),(14,'mysql 数据库编程','谭*强',69.55),(15,'java 笔记大全',' 林伟*',87.45),(16,'WEB 开发大全',' 林伟*',87.45),(17,'tomcat 服务器说明','张**',27.15),(18,'html 开发说明',' 谢**',45.03),(19,'css3 开发说明',' 谢**',67.45),(20,'jquery 手册大全',' 李**',68.35),(21,'oracle 高级编程',' 赵**',57.44),(22,'hadoop',' 郑  **',77.45),(23,'pl/sql 第二版',' 谭伟*',77.15),(24,'mysql 编程',' 谭*强',69.55),(25,'java 游戏开发','徐*浩',97.45),(26,'J2EE 开发',' 林伟*',87.45),(27,'websphere 开发',' 张**',27.15),(28,'html5开发说明',' 赵*强',45.03),(29,'css3+js 开发说明',' 谢**',67.45),(30,'extJS 手册大全',' 周**',68.35),(31,'oracle 优化',' 丁**',57.44),(32,'spark','肖**',77.45);
省略…
/*!40101 SET CHARACTER_SET_CLIENT=@OLD_CHARACTER_SET_CLIENT */;
/*!40101 SET CHARACTER_SET_RESULTS=@OLD_CHARACTER_SET_RESULTS */;
/*!40101 SET COLLATION_CONNECTION=@OLD_COLLATION_CONNECTION */;
```

```
/*!40111 SET SQL_NOTES=@OLD_SQL_NOTES */;

-- Dump completed on 2016-11-19 19:50:39
```

(2)使用 MySQL 命令还原 books 表到 org 数据库中。

在用命令还原 books 表数据前，先清空 books 中所有的记录，输入 SQL 语句如图 15.24 所示。

图 15.24　执行删除命令

在 MySQL 命令行输入还原语句如下：

```
source d:\backup\books_bak.sql
```

语句执行成功后，使用 SQL 语句：

```
select * from books;
```

查看表 books 中的数据，如图 15.25 所示。

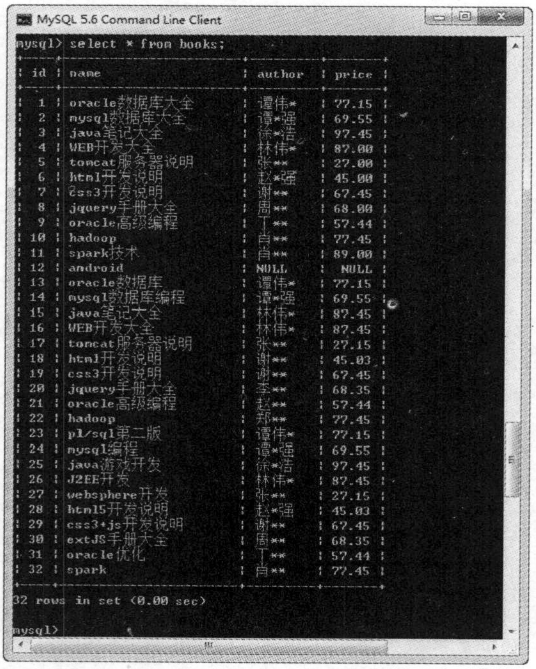

图 15.25　mysql 命令导入表 books 列表

从图中可以看出，还原表 books 成功。

（3）使用 SELECT … INTO OUTFILE 语句导出 books 表中的记录，导出文件位于目录 D:\backup 下，名称为 books.txt。

语句执行命令如图 15.26 所示。

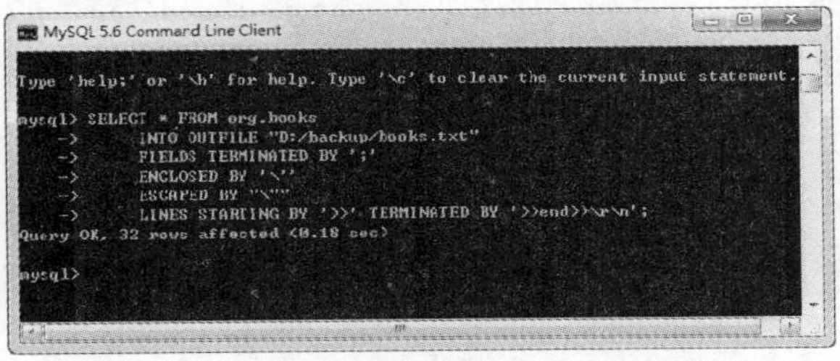

图 15.26 SELECT … INTO OUTFILE 导出命令

语句执行成功后，在 D:/backup 目录下面会有个 books.txt 文件，用 UE 工具打开其内容如下：

```
>>'1';'oracle 数据库大全';'谭伟*';'77.15'>>end>>
>>'2';'mysql 数据库大全';'谭*强';'69.55'>>end>>
>>'3';'java 笔记大全';'徐*浩';'97.45'>>end>>
>>'4';'WEB 开发大全';'林伟*';'87.00'>>end>>
>>'5';'tomcat 服务器说明';'张**';'27.00'>>end>>
>>'6';'html 开发说明';'赵*强';'45.00'>>end>>
>>'7';'css3开发说明';'谢**';'67.45'>>end>>
>>'8';'jquery 手册大全';'周**';'68.00'>>end>>
>>'9';'oracle 高级编程';'丁**';'57.44'>>end>>
省略……
>>'29';'css3+js 开发说明';'谢**';'67.45'>>end>>
>>'30';'extJS 手册大全';'周**';'68.35'>>end>>
>>'31';'oracle 优化';'丁**';'57.44'>>end>>
>>'32';'spark';'肖**';'77.45'>>end>>
```

从内容上得知，命令是不同字段之间使用分号隔开；字段值使用单引号包含；每行记录以 ">>" 开始；每行记录以 ">>end>>" 和回车换行符结束。

（4）使用 LOAD DATA INFILE 语句导入 books.txt 数据到 books 表中。

同样，在导入数据前，先登录数据库将表 books 中的数据全部删除，如图 15.27 所示。

图 15.27 执行删除命令

输入导入语句如下：

```
LOAD DATA INFILE 'D:/backup/books.txt' INTO TABLE org.books
    FIELDS TERMINATED BY ';'
    ENCLOSED BY '\''
    ESCAPED BY "\""
    LINES STARTING BY '>>' TERMINATED BY '>>end>>\r\n';
```

语句执行之后，books.txt 中的数据就导入到 books 表中。记得导入时命令要加上 books.txt 中的特殊字符，这样才可以导入成功且确保数据的正确性。

使用 SQL 语句：

```
select * from books;
```

查看表 books 中的数据，如图 15.28 所示。

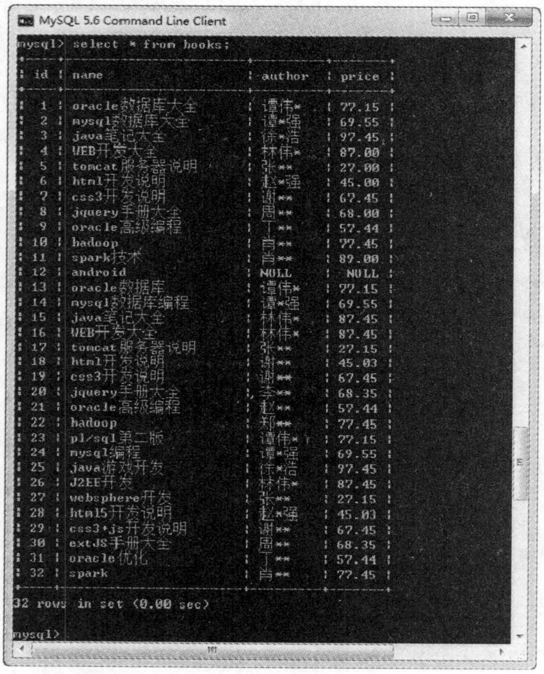

图 15.28　mysql 命令导入表 books 列表

从图中可以看出，还原表 books 成功。

（5）使用 MySQL 命令将 books 表中的记录导出到文件 D:\backup\books.xml。

导出表数据到 xml 文件，使用 MySQL 命令时需要指定--xml 参数选项。在 Windows 命令窗口输入命令如下：

```
    mysql -uroot -p --xml --execute="select * from books " org >
d:\backup\books.xml
```

语句执行成功后，在 D:/backup 目录下面会有个 books.xml 文件，用 UE 工具打开其内容如下：

```
<?xml version="1.0"?>
```

```xml
<resultset statement="select * from books
">
  <row>
<field name="id">1</field>
<field name="name">oracle 数据库大全</field>
<field name="author">谭伟*</field>
<field name="price">77.15</field>
  </row>

  <row>
<field name="id">2</field>
<field name="name">mysql 数据库大全</field>
<field name="author">谭*强</field>
<field name="price">69.55</field>
  </row>

  <row>
<field name="id">3</field>
<field name="name">java 笔记大全</field>
<field name="author">徐*浩</field>
<field name="price">97.45</field>
  </row>
…….

</resultset>
```

以上只列出部分 books.xml 内容。可能有中文的会显示乱码，那么需要导出的时候加上默认编码字符参数"--default-character-set=name"，编码值为表中的字符编码，如此就能正确显示。

第 16 章
◀PHP操作MySQL▶

前面我们已经知道了 MySQL 的基本操作，那如何建立起 PHP 与 MySQL 的连接呢？要在 PHP 中使用 MySQL，我们需要了解 PHP 都提供了哪些与之相关的函数，以及这些函数怎么用。本章的目的就是让读者学会如何在 PHP 中操作 MySQL 数据库。

16.1 启动 XAMPP 中自带的 MySQL 数据库

通过查看 XAMPP 的控制面板，我们会看到"MySQL"这一项，如图 16.1 所示。根据这个面板，我们来说说 MySQL 的图形化操作。

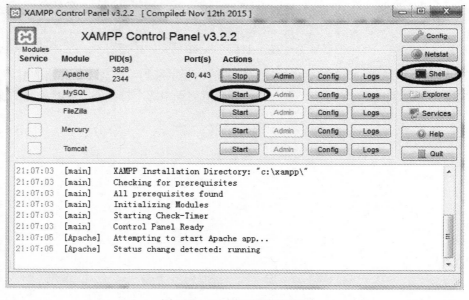

图 16.1　XAMPP 的控制面板

16.1.1　启动 MySQL

在 XAMPP 中启动 MySQL 服务非常简单，单击其后的 Start 按钮即可。要操作这个数据库，我们可以单击图 16.1 右侧的 Shell 按钮，进入 DOS 界面，如图 16.2 所示。

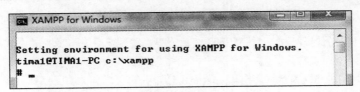

图 16.2　DOS 界面

进入 DOS 界面后，我们需要使用命令进入数据库，XAMPP 初始化的 root 密码是空，所以可以不用输入密码直接进入。

输入：

```
mysql -uroot
```

正确打开 MySQL 的界面如图 16.3 所示。

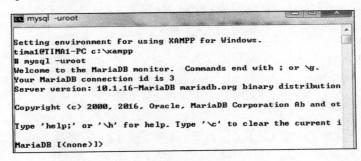

图 16.3　启动 MySQL

16.1.2　使用 phpMyAdmin 图形化操作 MySQL

上面是用命令行的方式启动 MySQL，我们没有进行任何操作，这里我们通过图形化的方式来操作 MySQL。

（1）在浏览器中输入 http://127.0.0.1，进入 XAMPP 的界面，如图 16.4 所示。

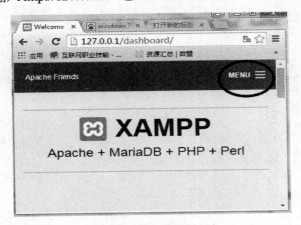

图 16.4　XAMPP 的界面

图 16.4 放大的时候没有这个 MENU 菜单，会直接显示图 16.5 的这几个菜单项。

（2）单击右上角的 MENU，会出现如图 16.5 所示的菜单。

图 16.5　MENU 菜单

（3）选择 phpMyAdmin 会打开它的主界面。如果这 3 步已经熟悉了，可直接在浏览器中输入 http://127.0.0.1/phpmyadmin/ 进入如图 16.6 所示的 phpMyAdmin 主界面。

图 16.6　phpMyAdmin 主界面

（4）此时，我们可以通过左侧的"新建"菜单来创建 MySQL 数据库。具体如何创建数据库，我们在学习 MySQL 的时候已经都了解过了，这里只简单说明这个打开 phpMyAdmin 的步骤。

16.2 PHP 连接和关闭数据库

在用户和 Web 应用系统的交互过程中，PHP 对数据库的操作是连接整个系统前后端的纽带。本节将介绍 PHP 如何连接 MySQL 数据库，以及如何关闭连接。

16.2.1 连接数据库

PHP 通过 MySQL 提供的 API 与 MySQL 连接。MySQL 提供了两种用于连接数据库服务器的方法：

- mysqli：MySQL 增强版扩展。
- PDO_MYSQL：提供了一个 Abstraction Layer（抽象层）来操作数据库，这样，无论使用什么数据库，都可以通过一致的函数执行查询和获取数据。

PDO 在使用时需要先通过 php.ini 开启，而 mysqli 的使用对入门者来说稍微简单，本章我们就主讲 mysqli。mysqli 的结构如下：

```
mysqli:: construct ([ string $host = ini_get("mysqli.default_host")
[, string $username = ini_get("mysqli.default_user") [, string $passwd =
ini_get("mysqli.default_pw") [, string $dbname = "" [, int $port =
ini_get("mysqli.default_port")]]]]] )
```

其中各参数的意义如下：

- host：服务器名，一般为 localhost。
- username：登录用户名。
- passwd：登录密码。
- dbname：数据库名。
- port：端口号。

【示例 16-1】连接数据库。

```php
<? php
//连接到数据库服务器
$mysqli = new mysqli ('localhost', 'root', '', 'book');
if ($mysqli->connect_error) {
    die('Connect Error (' . $mysqli->connect_error . ') '
        . $mysqli->connect_error);
}
echo '连接成功... ' . "\n";
$mysqli->close();
?>
```

从代码中可以看出，mysqli 是面向对象型的写法，这里读者要注意。

16.2.2 关闭数据库

前面的示例中我们已经使用了 $mysqli->close()，这是 mysqli 关闭数据库连接的写法，其语法如下：

```
bool mysqli::close ( void )
```

它的作用就是关闭之前打开的连接。成功时返回 true，或者在失败时返回 false。

16.3 PHP 操作数据库

上一节介绍了如何连接与关闭数据库，这一节来介绍连接到 MySQL 服务后，如何对数据库进行显示可用数据库、创建新的数据库、选择数据库以及删除数据库等常见的数据库操作。

16.3.1 显示可用数据库

在对数据库进行操作之前，先查看 MySQL 服务器上的数据库信息是很有必要的，其中就需要获取可用数据库的数量。在查看可用数据库信息时，需要使用到以下几个方法：

```
mix mysqli::query ( string $query [, int $resultmode = MYSQLI_STORE_RESULT ] )
```

该方法对指定的连接对象执行一次查询，其中各参数的意义如下：

- $query 为指定的 SQL 语句。
- $resultmode 为存储模式。
- 执行 query()方法返回一个结果集对象。而要显示数据库信息需要执行的 SQL 语句为：SHOW DATABASES。

 SQL 语句对大小写不敏感，所以 SHOW DATABASES 等同于 show databases。

除此之外还需要用到结果集对象的获取结果集数量的方法：

```
int $mysqli_result->num_rows;
```

该方法不需要任何参数，执行即可获取结果集数。

另外，还需要用到结果集的 fetch_row 方法，该方法以键值对数组形式返回每条结果的内容：

```
mixed mysqli_result::fetch_row ( void )
```

同样该方法也不需要参数，用户可以通过遍历调用该方法以获取结果集对象的所有内容。

【示例16-2】显示可用数据库。

```php
<?php
$mysqli = new mysqli('localhost', 'root', '');     //创建连接对象
$result=$mysqli->query("SHOW DATABASES");          //执行SQL查询
echo "该服务器上共有";
echo $result->num_rows;                            //获取结果集数
echo "个数据库，分别是：<br>";
while($row=$result->fetch_row())                   //遍历结果
{
echo $row[0]."<br>";                               //输出内容
}
$mysqli->close();                                  //关闭连接
?>
```

执行以上代码，其结果如图16.7所示。

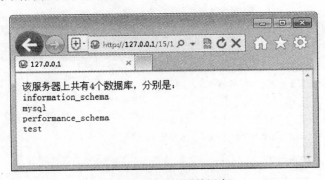

图16.7　显示可用数据库

根据用户服务器中数据库内容的不同，所显示的内容也会有所差别，但都可以显示出数据库的信息。

16.3.2　创建数据库

有时需要在服务器上创建一个新的数据库供程序使用，其方法也为使用 mysqli 对象的 query()方法执行创建数据库语句：CREATE DATABASE，在该语句后面跟上需要创建的数据库名称即可。

【示例16-3】创建新的数据库。

```php
<?php
$mysqli = new mysqli('localhost', 'root', '');     //创建连接对象
$result=$mysqli->query("SHOW DATABASES");          //执行SQL查询
echo "该服务器上共有";
echo $result->num_rows;                            //获取结果集数
echo "个数据库，分别是：<br>";
while($row=$result->fetch_row())                   //遍历结果
```

```
{
    echo $row[0]."<br>";                              //输出内容
}
$mysqli->query("CREATE DATABASE my_db");              //创建新的数据库
$result=$mysqli->query("SHOW DATABASES");
echo "该服务器上共有";
echo $result->num_rows;
echo "个数据库，分别是：<br>";
while($row=$result->fetch_row())
{
    echo $row[0]."<br>";
}
$mysqli->close();
?>
```

以上代码先执行获取所有数据库的查询，然后创建新库，最后再执行获取所有数据库的查询，以比较创建新库前后的不同。执行以上代码，其结果如图 16.8 所示。

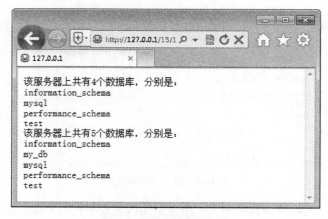

图 16.8　创建新的数据库

16.3.3　选择数据库

如果在初始化 mysqli 对象时没有指定需要操作的数据库，可以使用 mysqli 对象的 select_db() 方法来选择数据库，该方法如下：

```
bool mysqli::select_db ( string $dbname )
```

其中参数$dbname 即为需要选择的数据库的名称。

 本方法应该只被用在改变本次链接的数据库，用户也可以在 mysqli_connect()时指定第四个参数确认默认数据库。

16.3.4 删除数据库

与创建数据库相对应的就是删除数据库，如果一个数据库已经不再需要，出于安全与节省服务器空间的考虑可以将其删除，使用 mysqli 对象的 query()方法执行删除数据库语句：DROP DATABASE，在该语句后面跟上需要删除的数据库名称即可。

【示例 16-4】删除数据库。

```php
<?php
$mysqli = new mysqli('localhost', 'root', '');    //创建连接对象
$result=$mysqli->query("SHOW DATABASES");          //执行 SQL 查询
echo "该服务器上共有";
echo $result->num_rows;                             //获取结果集数
echo "个数据库，分别是：<br>";
while($row=$result->fetch_row())                    //遍历结果
{
echo $row[0]."<br>";                                //输出内容
}
$mysqli->query("DROP DATABASE my_db");              //删除数据库 my_db
$result=$mysqli->query("SHOW DATABASES");
echo "该服务器上共有";
echo $result->num_rows;
echo "个数据库，分别是：<br>";
while($row=$result->fetch_row())
{
echo $row[0]."<br>";
}
$mysqli->close();
?>
```

以上代码先执行获取所有数据库的查询，然后删除数据库 my_db，最后再执行获取所有数据库的查询，以比较删除前后的不同。执行以上代码，其结果如图 16.9 所示。

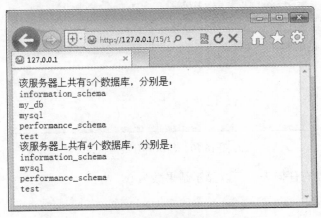

图 16.9　删除数据库

16.4 PHP 操作数据表

相对于数据库，数据表的使用就更为广泛，常见的操作包括：新建一个表，并为表指定各字段内容、属性；编辑已经存在的表的各项设定以及删除已经存在的表等。本节来介绍这些内容。

16.4.1 查看所有数据表

连接上服务器，并选择指定的数据库之后，可以通过 mysqli 对象的 query()方法执行 SQL 语句：SHOW TABLES 来查看当前库中所有的数据表。

【示例 16-5】显示所有数据表。

```
<?php
$mysqli = new mysqli('localhost', 'root', '','test');//创建连接对象并连接到test库
$result=$mysqli->query("SHOW TABLES");                //执行SQL查询
echo "数据库test中共有";
echo $result->num_rows;                               //获取结果集数
echo "个数据表，分别是：<br>";
while($row=$result->fetch_row())                      //遍历结果
{
echo $row[0]."<br>";                                  //输出内容
}
$mysqli->close();                                     //关闭连接
?>
```

执行以上代码，其结果如图 16.10 所示。

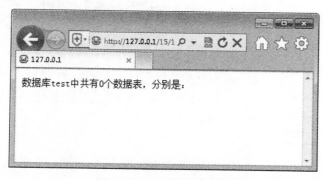

图 16.10　显示所有数据表

由于当前库中并没有任何表，所以显示结果数为 0。

16.4.2 新增数据表

在指定的数据库中新增数据表，也是使用 mysqli 对象的 query()方法执行建表的 SQL 语句：CREATE TABLE 来实现，其语法格式如下：

```
create table <表名> (<字段名1> <类型1> [,..<字段名 n> <类型n>]);
```

其中除了指定表的名称之外，还需要指定每个字段的名称及类型。下面的例子说明了如何创建一个新的数据表。

【示例 16-6】新增数据表。

```php
<?php
$mysqli = new mysqli('localhost', 'root', '','test');//创建连接对象并连接到test库
$sql="CREATE TABLE MyClass(
    id int(4) not null primary key auto_increment,
    name char(20) not null,
    sex int(4) not null default '0',
    degree int(4) not null)";              //定义建表SQL语句
$re=$mysqli->query($sql);                  //执行SQL查询
if($re)
{
echo "成功创建表：MyClass<p>";
}
$result=$mysqli->query("SHOW TABLES");     //执行SQL查询
echo "数据库test中共有";
echo $result->num_rows;                    //获取结果集数
echo "个数据表，分别是：<br>";
while($row=$result->fetch_row())           //遍历结果
{
echo $row[0]."<br>";                       //输出内容
}
$mysqli->close();                          //关闭连接
?>
```

执行以上代码，其结果如图 16.11 所示。

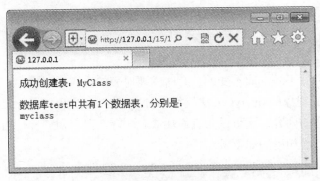

图 16.11 创建数据表

16.4.3 查看数据表字段

在为数据表添加内容之前，需要事先知道数据表每个字段的情况，这时可以通过 mysqli 对象的 query()方法执行 SQL 语句：DESC table_name，进行查看，其中的 table_name 为需要查看的表的名称。

【示例 16-7】查看数据表结构。

```php
<?php
$mysqli = new mysqli('localhost', 'root', '','test');          //创建连接对象并连接到 test 库
$result=$mysqli->query("DESC MyClass");         //执行 SQL 查询
echo "数据表 myclass 中共有";
echo $result->num_rows;                         //获取结果集数
echo "个字段，分别是：<p>";
while($row=$result->fetch_array())              //遍历结果
{
echo "字段名称：".$row[0]."     ";
echo "字段类型：".$row[1]."<br>";
}
$mysqli->close();                               //关闭连接
?>
```

执行以上代码，其结果如图 16.12 所示。

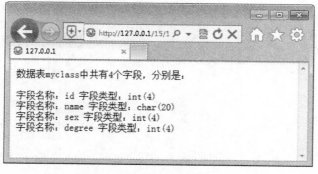

图 16.12 查看数据表所有字段

16.4.4 编辑数据表

数据表在创建之后并不是一成不变的，有时需要对表的内容比如表中字段的名称或者属性等进行修改。通过 mysqli 对象的 query()方法执行 SQL 语句：ALTER TABLE 进行修改，该语句不但可以修改表中已经有的内容，还可以为表增加或者删除字段。根据其使用方法不同，关键字也不同，其中添加字段的语句语法如下所示。

```
ALTER TABLE table_name ADD column_name datatype
```

其中 table_name 为需要执行添加字段的表的名称，column_name 为添加的字段名称，而 datatype 为字段类型。

删除表中指定的列，使用以下语句：

```
ALTER TABLE table_name DROP COLUMN column_name
```

以添加类似，table_name 为需要执行删除字段的表的名称，column_name 为删除的字段名称。

修改某一个已经存在的列，使用以下语句：

```
ALTER TABLE table_name CHANGE COLUMN column_name column_name datatype
```

其中 table_name 为需要执行修改字段的表的名称，column_name 为修改的字段名称，而 datatype 为字段类型。

在实际使用时，一定要注意每种不同操作所对应 SQL 语句的关键字。

下面的示例演示了将 myclass 表中的 degree 字段删除，添加名为：birthday 的字段，还将 sex 字段的类型改为字符型。

【示例 16-8】编辑数据表。

```php
<?php
$mysqli = new mysqli('localhost', 'root', '','test');          //创建连接对象并连接到test库
$mysqli->query("ALTER TABLE MyClass DROP COLUMN degree"); //执行SQL查询
$mysqli->query("ALTER TABLE MyClass ADD COLUMN birthday int(4) not null");//执行SQL查询
$mysqli->query("ALTER TABLE MyClass CHANGE COLUMN sex sex char(4) not null");//执行SQL查询
$result=$mysqli->query("DESC MyClass");      //执行SQL查询
echo "数据表myclass中共有";
echo $result->num_rows;                       //获取结果集数
echo "个字段，分别是: <p>";
while($row=$result->fetch_array())            //遍历结果
{
echo "字段名称: ".$row[0]."   ";
echo "字段类型: ".$row[1]."<br>";
}
$mysqli->close();                             //关闭连接
?>
```

执行以上代码其结果如图 16.13 所示。

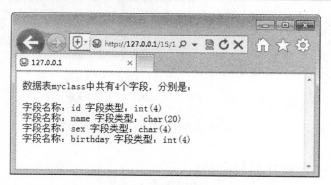

图 16.13　编辑数据表

对比图 16.12 与图 16.13 的结果可以看到原来的字段：degree 被删除，添加了名为：birthday 的字段，而且原有字段 sex 的类型也被成功改变。

16.4.5　删除数据表

如果一个数据表不再需要，可以通过 SQL 语句 DROP TABLE 将其删除，在该语句后面跟上需要删除的数据表名称即可。

【示例 16-9】删除数据表。

```php
<?php
$mysqli = new mysqli('localhost', 'root', '','test');           //创建连接对象并连接到test库
$re=$mysqli->query("DROP TABLE MyClass");   //执行删除数据表操作
if($re)
{
echo "成功删除数据表：myclass";
}
$mysqli->close();                                     //关闭连接
?>
```

16.5　PHP 操作数据

使用数据库归根结底还是要使用表中的数据，可以说数据才是核心。这一节来介绍如何使用 PHP 来操作 MySQL 表中的数据。常见的数据操作有：新增数据、编辑数据、删除数据以及查询数据等。

16.5.1　新增数据

一个数据表被建立之后，里面空空如也，要根据需要向其中添加数据内容。使用 mysqli 对

象的 query()方法，执行 SQL 语句 INSERT INTO，就可以将指定的内容插入数据表中。该语句使用方法如下：

```
INSERT INTO table_name (列1, 列2,...) VALUES (值1, 值2,....)
```

其中的列 1、列 2 为需要添加的字段名称，值 1、值 2 为字段所对应的内容。

下面通过一个示例来演示如何使用 INSERT INTO 语句将指定数据内容添加到数据表中。

【示例 16-10】添加数据。

```php
<?php
$mysqli = new mysqli('localhost', 'root', '','test');            //创建连接对象并连接到test库
$sql=" INSERT INTO myclass(name,sex,birthday) VALUES ('Mike','男','1990')";
$re=$mysqli->query($sql);                                //执行SQL语句
if($re)
{
echo "成功向数据表myclass中插入数据";
}
$mysqli->close();                                        //关闭连接
?>
```

执行以上代码，其结果如图 16.14 所示。

图 16.14　向表中添加数据

在向表中新增数据时，所指定的字段名称必须正确，而且所添加的内容也要与该字段类型一致，否则就会出现错误。

16.5.2　查看数据

如果要查看数据表中的所有数据或者某一条数据，可以通过 mysqli 对象的 query()方法执行 SQL 语句：SELECT 来实现，该语句的语法格式如下所示。

```
SELECT 列名称 FROM 表名称
```

其中的列名称即为想要查看的某列字段名，表名称为需要查看的表的名称。如果想要查看所

有字段可以使用：

```
SELECT * FROM 表名称
```

以上两个语句都将返回表的所有数据，如果想要查看特定数据，可以在 SELECT 中使用 WHERE 子句：

```
SELECT 列名称 FROM 表名称 WHERE 列 运算符 值
```

其中的运算符内容如表 16.1 所示。

表 16.1　WHERE 子句中的运算符类型

操作符	描述
=	等于
<>	不等于
>	大于
<	小于
>=	大于等于
<=	小于等于
BETWEEN	在某个范围内
LIKE	搜索某种模式

其中最常用到就是"="操作符。

下面的示例演示了如何使用 SELECT 语句配合 WHERE 子句查看数据表中的特定数据。

【示例 16-11】查看数据。

```
<?php
$mysqli = new mysqli('localhost', 'root', '','test');        //创建连接对象并连接到test库
$sql="SELECT * FROM myclass WHERE id=1";      //定义SQL语句
$result=$mysqli->query($sql);                 //执行SQL语句
$num=$result->num_rows;                       //获取结果数
echo "共搜索到".$num."条数据<br>";
$row=$result->fetch_array();                  //匹配结果到数组
print_r($row);                                //输出数组内容
$mysqli->close();                             //关闭连接
?>
```

执行以上代码，其结果如图 16.15 所示。

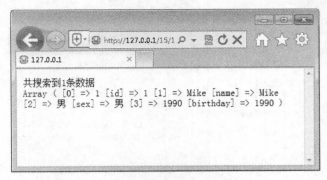

图 16.15　查看数据

16.5.3　编辑数据

编辑数据也是数据操作中最常用的操作之一，在 PHP 中通过 mysqli 对象执行 SQL 语句 UPDATE 就可以对数据进行修改操作，该语句的语法格式如以下代码所示。

```
UPDATE 表名称 SET 列名称 = 新值 WHERE 列名称 = 某值
```

因为编辑操作通常是对某一条记录进行操作，所以通常需要跟随 WHERE 子句来限定需要修改的字段。

下面的例子演示了如何将 id 为 1 的数据的内容进行修改。

【示例 16-12】编辑数据。

```php
<?php
$mysqli = new mysqli('localhost', 'root', '','test');  //创建连接对象并连接到 test 库
$sql="SELECT * FROM myclass WHERE id=1";        //定义 SQL 语句
$result=$mysqli->query($sql);                   //执行 SQL 语句
echo "ID 为 1 的记录修改前内容为：<br>";
$row=$result->fetch_array();                    //匹配结果到数组
print_r($row);                                  //输出数组内容
$sql_update="UPDATE myclass set birthday='2016' WHERE id=1";
$mysqli->query($sql_update);                    //执行修改操作
$result=$mysqli->query($sql);                   //执行 SQL 语句
echo "ID 为 1 的记录修改后内容为：<br>";
$row=$result->fetch_array();                    //匹配结果到数组
print_r($row);                                  //输出数组内容
$mysqli->close();                               //关闭连接
?>
```

执行以上代码，其结果如图 16.16 所示。

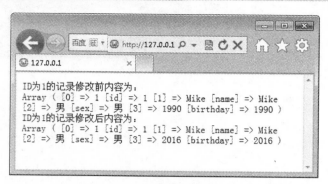

图 16.16　编辑数据

查看图 16.15 记录修改前后的对比结果可以看到，修改之后生日由原来的 1990 变成了 2016。通常修改操作可以配合前台的 Web 表单进行，由用户自行输入需要修改的内容，然后在后台将原有数据修改为用户输入的内容。

16.5.4　删除数据

如果表中的某些数据不再需要，可以执行删除数据操作，执行 SQL 语句 DELETE 即可删除数据，其语法格式如下所示。

```
DELETE FROM 表名称 WHERE 列名称 = 值
```

因为删除数据通常是删除某一个，所以要加上 WHERE 子句以限定删除条件，如果不加该子句，形如下面：

```
DELETE FROM 表名称
```

这样会删除表中的所有数据。

【示例 16-13】删除数据表。

```php
<?php
$mysqli = new mysqli('localhost', 'root', '','test');      //创建连接对象并连接到test库
$sql=" DELETE FROM myclass WHERE id = '1' ";    //定义删除数据SQL语句
$re=$mysqli->query($sql);                       //执行删除数据操作
if($re)
{
echo "成功删除 id 为1的数据";
}
$mysqli->close();                               //关闭连接
?>
```

执行以上代码就会删除 ID 为 1 的数据。

16.5.5 复杂的查询

除了常规的查询之外,这一小节来介绍一些复杂的查询,其中要用到一些 SQL 语句的其他子句,以实现特定的复杂查询的功能。

1. 多条件查询

前面介绍过,使用 WHERE 子句可以实现有条件的查询,如果要实现多条件查询可以使用 AND 和 OR 来实现。其中 AND 是"和",而 OR 是"或",这样就可以实现多条件查询。

```
SELECT * FROM Persons WHERE FirstName='Thomas' AND LastName='Carter'
```

以上代码会从 persons 表中查询所有姓为"Carter"同时名为"Thomas"的人。

```
SELECT * FROM Persons WHERE firstname='Thomas' OR lastname='Carter'
```

以上代码是从 persons 表中查询所有姓为"Carter"或者名为"Thomas"的人。

2. 模糊查询

要实现模糊查询可以在 WHERE 子句中使用 LIKE 操作符,LIKE 操作符的语法模式如以下代码所示。

```
SELECT column_name(s) FROM table_name WHERE column_name LIKE pattern
```

其中 column_nams 为需要查询的列名称,table_name 为表的名称,pattern 为模糊查询模式,其中可以使用通配符"%"来实现模糊搜索。

```
SELECT * FROM Persons WHERE City LIKE 'N%'
```

以上代码会从 Persons 表中搜索所有居住城市以"N"开头的所有记录内容。

3. 对查询结果排序

在很多情况下需要对查询结果进行排序,比如在留言板中按最后留言时间进行排序等,这时可以使用 ORDER BY 子句。ORDER BY 语句默认按照升序对记录进行排序。如果希望按照降序对记录进行排序,可以使用 DESC 关键字。

```
SELECT * FROM Orders ORDER BY Company
```

以上代码是查询所有内容,并且把结果按照公司名称进行排序。

4. 限制结果数量

查询的结果通常是不可控制的,即有多少条结果符合查询条件是事先不知道的,但这会很不方便。因为有的情况下是要限制返回结果数量的,比如留言板显示留言记录每页显示 10 条等。这时可以使用 LIMIT 子句,其语法格式如下所示。

```
SELECT * FROM table LIMIT [offset,] rows | rows OFFSET offset
```

其中可选参数 offset 为偏移量，即从第几条符合的结果开始显示，如果不使用该参数则从第一条开始。参数 rows 为需要显示的条数。

使用 LIMIT 子句可以非常方便地实现分页效果。比如每页显示 10 条记录的话，第 1 页就可以用如下 SQL 语句实现：

```
SELECT * FROM table LIMIT 10
```

以上 SQL 语句意为从第 1 条开始，显示 10 条，即 1~10。而第 2 页可以用下面的 SQL 语句实现：

```
SELECT * FROM table LIMIT 11,10
```

以上 SQL 语句意为从第 11 条开始，显示 10 条，即 11~20。

5. 其他高级查询

除了以上介绍的常规查询之外，MySQL 中还有以下几类较为复杂的查询：

- 连接查询：连接是区别关系与非关系系统的最重要的标志。通过连接运算符可以实现多个表查询。连接查询主要包括内连接、外连接等。
- 子查询：是指一个查询语句嵌套在另一个查询语句内部的查询。在 SELECT 子句中先计算子查询，子查询结果作为外层另一个查询的过滤条件。子查询中常用的操作符有 ANY、SOME、ALL、EXISTS、IN，也可以使用比较运算符。子查询可以添加到 SELECT、UPDATE 和 DELETE 语句中，而且可以进行多层嵌套。
- 合并查询结果：利用 UNION 或 UNION ALL 关键字，可以将多个 SELECT 语句的结果组合成单个结果集。合并时，两个表对应的列数和数据类型必须相同。其中 UNION 关键字合并查询结果时，删除重复的记录，返回的行都是唯一的。而 UNION ALL 关键字合并查询结果时，不删除重复行。

限于篇幅，以上几种较为复杂的查询这里就不做过多讲述，有兴趣的读者可以去查阅相关专业书籍以了解更多这方面的知识。

第 17 章

使用RebBeanPHP更方便地管理数据

RebBeanPHP 是一个极为方便的零配置 ORM（对象关系管理）类库。零配置意味着没有任何配置文件，既没有 XML 文件，也没有 annotations、YAML、INI 等。RedBeanPHP 还可以随着代码的需要修改和生成数据库表，兼容 MySQL、SQLite、PostgreSQL。使用 RedBeanPHP 进行数据库相关的开发可以节约大量的时间。

17.1 下载安装 RedBeanPHP

RedBeanPHP 官方网站为 http://www.redbeanphp.com，下载页面 http://www.redbeanphp.com/download，下载文件解压后其实只有一个 PHP 文件 rb.php，如图 17.1 所示。

图 17.1 下载 RedBeanPHP

【示例 17-1】安装 RedBeanPHP。

安装 RedBeanPHP 极为简单，将 rb.php 复制到 c:\xampp\htdocs，新建一个文件 rbtest.php：

```
<?php
require_once('rb.php');
?>
```

//安装 RedBeanPHP 完成，开始使用

使用 Composer 安装 RedBeanPHP 也十分简单，执行如下命令：

```
composer require gabordemooij/redbean
```

composer 会下载 RedBeanPHP 到 vendor 目录，新建 rbtest.php：

```php
<?php
require('vendor/autoload.php');
use RedBeanPHP\Facade as R;

//安装 RedBeanPHP 完成，开始使用
?>
```

使用 composer 管理 PHP 类库非常方便，关于 composer 的详细使用方法这里就不介绍了。

17.2 快速开始

【示例 17-2】初步测试 RedBeanPHP。

新建 17-2.php：

```php
<?php
require_once('rb.php');

//参考以下代码，体会 RedBeanPHP 的用法

//在 MySQL 数据库中建立一个用户，以管理员身份执行如下 SQL 语句
// grant all on test.* to test@localhost identified by 'test';

//连接 MySQL 数据库，数据库/用户名/密码都是 test
R::setup( 'mysql:host=localhost;dbname=test', 'test', 'test' );

//新建一个对象$user，注意现在我们的数据库里没有 user 表
$user= R::dispense('user');

//设置$user 对象的属性 name, pass
//注意数据库里还是没有 user 表
$user->name='test';
$user->pass='test';

//调用 store 方法存储$user 对象，返回$user id
$user_id = R::store($user);
echo "新建用户: ID= $user_id \n"; //输出: 新建用户: ID= 1
?>
```

执行完以上代码后，RedBeanPHP 自动建立了 user 表，结构如图 17.2 所示。

```
mysql> desc user;
+-------+------------------+------+-----+---------+----------------+
| Field | Type             | Null | Key | Default | Extra          |
+-------+------------------+------+-----+---------+----------------+
| id    | int(11) unsigned | NO   | PRI | NULL    | auto_increment |
| name  | varchar(191)     | YES  |     | NULL    |                |
| pass  | varchar(191)     | YES  |     | NULL    |                |
+-------+------------------+------+-----+---------+----------------+
3 rows in set (0.03 sec)
```

图 17.2　自动建立的表

这个表格是 RedBeanPHP 根据$user 对象的需要自动建立的，让我们看看有什么内容，如图 17.3 所示。

```
mysql> select * from user;
+----+------+------+
| id | name | pass |
+----+------+------+
|  1 | test | test |
+----+------+------+
1 row in set (0.01 sec)
```

图 17.3　表的内容

可见 RedBeanPHP 将$user 的属性都存到 user 表中了。

现在把这个$user 再从数据库中取出来：

```
//接着上边的代码

$user_1 = R::load('user', 1);
echo "用户信息：姓名 = $user_1->name \n";
//输出：用户信息：姓名 = test
```

现在需要给$user 增加一个 email 属性：

```
//接着上边代码
$user_1->email= 'test@test.com';
R::store($user_1);
```

再次查看数据库结构和内容，如图 17.4 所示。

```
mysql> desc user;
+-------+------------------+------+-----+---------+----------------+
| Field | Type             | Null | Key | Default | Extra          |
+-------+------------------+------+-----+---------+----------------+
| id    | int(11) unsigned | NO   | PRI | NULL    | auto_increment |
| name  | varchar(191)     | YES  |     | NULL    |                |
| pass  | varchar(191)     | YES  |     | NULL    |                |
| email | varchar(191)     | YES  |     | NULL    |                |
+-------+------------------+------+-----+---------+----------------+
4 rows in set (0.03 sec)

mysql> select * from user;
+----+------+------+---------------+
| id | name | pass | email         |
+----+------+------+---------------+
|  1 | test | test | test@test.com |
+----+------+------+---------------+
1 row in set (0.00 sec)
```

图 17.4　数据库结构和内容

除了那一行新建 MySQL 用户的语句，我们一行其他的 MySQL 语句都没有写，RedBeanPHP 做了新建表、修改表、插入数据、修改数据的所有工作。

现在我们来做清理工作，删除$user 对象：

```
R::trash($user_1);
//将$user_1删除了
```

执行这段代码后，user 表就空了，如图 17.5 所示。

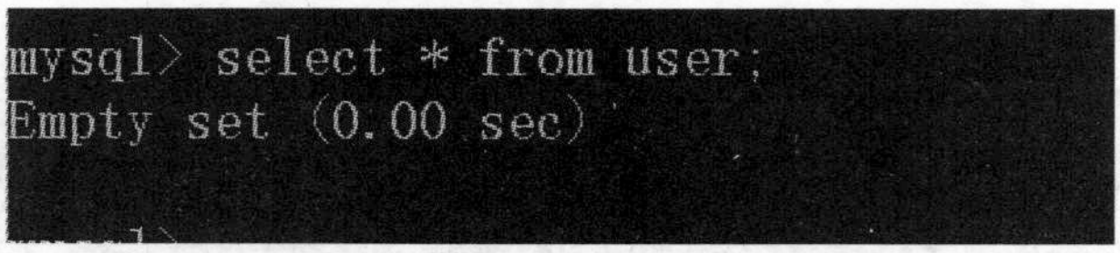

```
mysql> select * from user;
Empty set (0.00 sec)
```

图 17.5　清空表

也可以删掉整个 user 表：

```
R::wipe('user');
//危险操作，请确认安全后再执行
```

以上我们执行了几个重要方法，在这里总结一下：

- Dispense：新建。
- store：存储。
- load：加载。
- trash：删除。

17.3　RedBeanPHP 的 CRUD

上节快速地讲了 RedBeanPHP 的使用方法，本节将详细讲述 CRUD 即 C：create，R：retrieve，U：update，D：delete。

17.3.1　Create（新建）数据对象

使用 dispense 方法新建对象，例如：

```
$book= R::dispense('book');
//新建一个book对象
```

也可以新建多个对象，返回的是数组，例如：

```
$books= R::dispense('book', 10);
//新建了10个book对象，返回数组
```

用 dispenseAll 方法可以同时新建属于不同表的对象，例如：

```
list( $books , $pages)= R::dispenseAll('book*2,page*3');
//新建了2个 book 对象和3个 page 对象
//返回一个多维数组
```

dispense 接受的表名称只能是数字和小写字母的组合，例如：1test、2abc、test、test123 都是合法的参数，而 Atest、a_user 是不合法的。

RedBeanPHP 新建的表会自动建立一个整形字段 id 为表的主键，如图 17.6 所示。

图 17.6　id 为表的主键

这个字段还设置了 auto_increment 属性，即有新的数据插入表中的时候，id 会自动增加 1，保证其值的唯一性。

由 RedBeanPHP 新建的对象可以设置属性，属性的名称为数字和字母的混合，例如：

```
$test1= R::dispense('test1');
$test1->name= 'name';
$test1->field1='field1';
```

由于 PHP 语法的限制，对象的属性名称不能用数字开头，然而数据库字段名称可以用数字开头，我们可以用另一种语法绕过这一限制，例如：

```
$test1['2field']= '2field';
R::store($test1);
```

看看 test1 表的结构，如图 17.7 所示。

图 17.7　test1 表的结构

另外属性名称如果使用 Camel case（即每个单词首字母大写）方式的话会被自动转为 camel case（即每个单词被下划线隔开），并全部转为小写字母（如图 17.8 所示），例如：

```
$test1->isCamelCase = 'camel case'; //字段名：is_camel_case
R::store($test1);
```

```
mysql desc test1;
Field         Type              Null  Key  Default  Extra
id            int(11) unsigned  NO    PRI  NULL     auto_increment
name          varchar(191)      YES        NULL
field1        varchar(191)      YES        NULL
2field        varchar(191)      YES        NULL
is_camel_case varchar(191)      YES        NULL
5 rows in set (0.03 sec)
```

图 17.8 小写字母的表结构

17.3.2 Retrieve（获取）数据

获取数据有两种情况：一种是已知主键值，需要获取数据；另一种情况是设置条件查询数据库。我们先说第一种情况，例如：

```
$book = R::load('book', 1);
//已知主键值为1，获取数据到$book
```

第二种情况在 17.4 节中详细介绍，这里只举个简单的例子：

```
$books= R::find('book', 'id=1');
//用 find 方法查询数据库
```

 find 方法返回的是一个数组

如果没有找到数据，find 方法返回空数组，load 方法返回 false，例如：

```
$book= R::load('book', 1);
if($book){
  echo '找到了';
}
```

17.3.3 Update（更新）数据

Update 数据首先要获取数据，调用 load 或 find 方法获取数据后，直接对需要修改的字段赋值，然后调用 store 方法保存即可，例如：

```
$book= R::load('book', 1);
$book->title='a test book';
R::store($book);
```

17.3.4 Delete（删除）数据

Delete 数据调用 trash 方法，例如：

```
$book= R::load('book', 1);
R::trash($book);
```

也可以一次删除多个数据，例如：

```
$books= R::load('book', 'id <10');
R::trash($books);
```

17.4 查询数据库

使用 find 方法可以查询数据库，find 方法其实是生成并执行一个 select 语句，然后返回查询结果。另外，exec 方法可以执行 SQL 语句，还有一组 get 方法可以执行 SQL 语句并返回数组形式的结果。

17.4.1 查询参数绑定

查询数据库就会有查询条件，其中用到的可变部分就是查询参数。如果查询参数来源是安全的，那么直接写到查询语句中即可，例如：

```
$id=1;
$books= R::find('book', 'id='.$id);
```

如果查询参数的来源是用户输入，那么就必须用参数绑定来执行查询，这样 RedBeanPHP 会自动对绑定的参数进行安全过滤，例如：

```
$id= $_POST['id'];
$books= R::find('book', 'id=?', [$id] );
```

参数绑定有两种方式，一种使用？来代表一个参数，例如：

```
$books=R::find('book', 'id=? or id=? or id=?', [1,2,3]);
```

在这里，find 方法的第三个参数是个数组，按照？的顺序和数量提供参数的值。RedBeanPHP 会自动对参数值进行安全过滤。

另一种则是给参数起个名字，例如：

```
$books= R::find('book', 'id = :id1 or id=:id2 or id=:id3 ',
[':id1'=>1, ':id2'=>2, ':id3'=>3]);
```

在这里，:id1、:id2、:id3 就是参数的名字，find 方法第三个参数是数组，以参数名为键提供参数值，这里无须考虑顺序问题。

以下的所有 find 和 get 函数都可以使用参数绑定。

17.4.2　findOne 方法

find 方法总是返回一个数组，如果没有符合查询条件的结果则返回空数组。findOne 方法类似于 load 方法，仅返回一个数据，如果没有符合条件的结果则返回 null。

 即使有多个结果，findOne 方法也仅仅返回第一个。

例如：

```
$book = R::findOne('book');
//即使有多个book 数据，仍然只返回第一个
```

17.4.3　findAll 方法

findAll 方法其实和 find 方法是一样的，常用于执行类似于 select * from book 这样的语句，例如：

```
$books= R::findAll('book');
//等同于以下代码
$books= R::find('book');
```

17.4.4　findCollection 方法

如果需要返回的数据量较大，应该使用 findCollection 方法。

其他 find 方法都是先将全部的查询结果读取到内存中，转换为 PHP 对象和数组（在 RedBeanPHP 中叫做 Bean），这样做的好处是操作起来比较方便，但是会消耗大量内存，如果查询结果只有几百条的话没问题，如果查询结果有几十万条就会耗尽系统内存，无法正常运行。

findCollection 方法则每次读取一条数据，转换为 PHP 对象返回，然后再读取下一条数据，这样的处理方式即使再多的数据也不会用多少内存，例如：

```
$book collection= R::findCollection('book');
while( $book= $book connection->next()){
    //对当前$book 对象进行处理
}
```

在实际项目中如果需要循环处理大量数据的时候尽可能使用 findCollection 方法，这样节约内存。

17.4.5　findLike 方法

如果查询条件需要对某个字段进行多个比较判断，用 findLike 比其他方法更加方便，例如：

```
$books= R::findLike('book', ['id'=>[1,2,3]]);
$books= R::find('book', 'id=1 or id=2 or id=3');
$books= R::find('book', 'id in (1,2,3)');
//以上几行代码的效果完全相同
```

使用 findLike 的代码更容易维护和管理，尤其是需要比较的数据来自一个数组的时候更加方便，例如：

```
$ids= [1,2,3];
$books= R::findLike('book', ['id'=>$ids]);
```

17.4.6 findOrCreate 方法

findOrCreate 方法很实用，这个方法按照查询条件搜索数据库，如果没有找到数据则使用查询条件新建数据，然后返回这个数据。

什么情况特别实用呢？考虑以下情景：

电子商务网站新建商品，编写一段通用代码设置通用的商品属性，使用 findOrCreate 方法创建一个新商品，然后再设置商品的特殊属性，最后保存。

```
$product= R::findOrCreate('product', [
//设置商品通用属性
]);
$product->name= 'name';
$product->price= 1.0;
R::store($product);
```

 可以将设置通用属性的代码放在一个函数中便于维护。

17.4.7 findMulti 方法

findMulti 方法可以一次返回多个表中的数据，例如：

```
list($books, $pages)= R::findMulti('book,page', 'select * from book join page.book_id=book.id where book.id=1 ');
```

一次性将 book 和相关的 page 都取出来了。

17.4.8 getAll 方法

getAll 方法执行一个 select 语句，以多维数组方式返回结果，例如：

```
$books= R::getAll('select * from books');
print_r($books);
```

以上代码输出一个如下格式的数组：

```
Array
(
    [0] => Array
        (
            [id] => 1
            [name] => Book name
            [price] => 1
        )
)
```

 可以用 foreach 或其他任何数组函数来处理 getAll 返回的结果，但是由于返回的不是对象，无法用 R::store 保存回去了。

17.4.9 getRow、getCol、getCell 方法

getRow 方法以数组形式返回查询结果的第一行，getCol 方法以数组形式返回查询结果第一列，getCell 方法返回查询结果的第一行第一列的值，参考表 17.1。

表 17.1 演示 getRow、getCell 和 getcol

getCell	getRow	getRow	getRow
getCol			
getCol			
getCol			

getCell 常用于获取 MySQL 函数结果，例如：

```
$book_count= R::getCell("select count(*) from book");
echo $book_count;
//以上代码输出 book 表的数据数量
```

getRow 只返回第一行，即使数据库中有更多结果也会忽略，例如：

```
$book= R::getRow("select * from book");
print_r($book);
//以上代码输出：
Array
(
    [id] => 1
    [name] => Book name
    [price] => 1
)
```

getCol 只返回第一列，例如：

```
$book= R::getCol("select * from book");
print_r($book);
//输出：
```

```
Array
(
    [0] => 1
    [1] => 2
)
```

17.4.10 getAssoc 方法

getAssoc 方法返回一个数组，键名是第一个字段，如果查询结果只返回两个字段，则键值是第二个字段，如果多于两个字段，则键值是一个数组，数组的内容是第二个至最后一个字段的值，例如：

```
$books= R::getAssoc('select id, name from book');
//$books 的结构如下：
Array
(
    [1] => Book name
    [2] => Book name
)

$books= R::getAssoc('select id, name, price from book');
//books 的结构如下：
Array
(
    [1] => Array
        (
            [name] => Book name
            [price] => 1
        )
    [2] => Array
        (
            [name] => Book name
            [price] => 1
        )
)
```

如果键名重复则会被后面出现的数据覆盖。

17.4.11 count 方法

实际项目中经常需要获取一个 SQL 查询语句的总量，在 RedBeanPHP 中使用 count 方法就可以了，例如：

```
$book_count= R::count('book');
```

```
//获取 book 表的数据总量
```

count 方法和 find 的语法是一样的，例如：

```
$book_count= R::count('book' , 'id>?', [1]);
```

17.5 操作数据库

17.5.1 exec 方法

使用 exec 方法直接执行 SQL 语句，例如：

```
R::exec("insert into book(name, price) values('test', 1.0) ");
```

17.5.2 getInsertID 方法

如果使用 exec 执行了 insert 语句，执行成功只会返回 true，如果需要获取新建数据的 id 就要调用 getInsertId 方法，例如：

```
R::exec("insert into book(name, price) values('test', 1.0) ");
$id= R::getInsertID();
```

17.5.3 inspect 方法

使用 inspect 方法可以查看数据库中有多少表，以及表中的字段信息，例如：

```
print_r( R::inspect( 'book' ));
//输出：
Array
(
    [id] => int(11) unsigned
    [name] => varchar(191)
    [price] => double
)
```

可以看出来键名是字段名，键值是字段的类型。

如果不传入任何参数，则会返回所有的表名称，例如：

```
print_r( R::inspect( ));
//输出：
Array
(
    [0] => book
```

)

17.5.4 切换数据库

RedBeanPHP 的 setup 方法可以连接一个数据库,如果需要连接另一个数据库的话可以使用 addDatabase 方法添加一个数据库连接,然后用 selectDatabase 切换数据库,例如:

```
//首先建立默认连接
R::setup( 'mysql:host=localhost;dbname=test', 'test', 'test' );

//添加一个数据库连接,命名为 conn
R::addDatabase('conn', 'mysql:host=localhost;dbname=mysql', 'test', 'test');

//切换到 conn 连接
R::selectDatabase('conn');

//切换到默认连接
R::selectDatabase('default');
```

17.5.5 事务

MySQL 的 InnoDB 存储引擎支持事务处理,如果是使用 RedBeanPHP 建立的表,默认都是使用 InnoDB 存储引擎。

RedBeanPHP 有两种方式来编写事务处理代码,第一种使用传统的 begin/commit/rollback 方法,例如:

```
//开始事务处理
R::begin();

try{
$book= R::dispense('book');
$book->name= 'Book Name';
$book->price= 1;
R::store( $book );

//事务确认
    R::commit();
}catch( Exception $e ) {
    //出现异常,事务回滚
    R::rollback();
}
```

第二种方式利用了 PHP 的回调函数特性,使用一个 transaction 方法即可,例如:

```
R::transaction( function() {
    $book= R::dispense('book');
```

```
    $book->name= 'Book Name';
    $book->price= 1;
    R::store( $book );
} );
//在 transaction 方法中会自动处理事务开始、事务确认和事务回滚
```

17.5.6 冻结数据库

RedBeanPHP 可以根据代码自动修改数据库表中的字段，新建表，甚至删除整个表，但是当项目代码完成后，应该去掉这一功能，因为数据库这个时候已经不需要修改了，而且去掉这一功能还会提高一点性能，因为 RedBeanPHP 无须比较代码和表的差异。

用 freeze 方法来冻结数据库，即数据库无须 RedBeanPHP 修改了，例如：

```
R::setup( 'mysql:host=localhost;dbname=test', 'test', 'test' );
R::freeze(true);
//以下的代码不会再修改或新建表了
```

freeze 方法也接受传入一个数组，这个数组中的表会被冻结，不在这个数组中的表仍然可以被 RedBeanPHP 修改或新建，例如：

```
R::freeze(['book']);
```

17.6 调试 RedBeanPHP

17.6.1 startLogging、getLogs 方法

开发过程中如果想要了解究竟 RedBeanPHP 执行了什么 SQL 语句，就要用到 startLogging、getLogs、stopLogging 方法。

startLogging/stopLogging 告诉 RedBeanPHP 开始/停止记录的 SQL 语句，getLogs 则以数组形式返回记录的结果，例如：

```
R::startLogging();
$books= R::find('book');
$logs= R::getLogs();
R::stopLogging();
print_r($logs);

//输出：
Array
(
    [0] => SELECT `book`.* FROM `book`  -- keep-cache
    [1] => Array
```

```
(
)

        [2] => resultset: 4 rows
)
```

17.6.2 debug 方法

虽然 RedBeanPHP 提供了 getLogs 方法,但是 getLogs 方法会将绑定参数与 SQL 语句分开,有些时候不方便查看,例如:

```
R::startLogging();
$books= R::find('book','id=?', [1]);
print_r(R::getLogs());

//输出:
Array
(
    [0] => SELECT `book`.* FROM `book`  WHERE id=? -- keep-cache
    [1] => Array
(
    [0] => 1     //绑定参数的值
)

    [2] => resultset: 1 rows
)
```

debug 方法可以解决这个问题,例如:

```
R::debug(true,3);
$books= R::find('book','id=?', [1]);
print_r(R::getLogs());

//输出:
Array
(
    [0] => SELECT `book`.* FROM `book`  WHERE id=1 -- keep-cache
    [1] => resultset: 1 rows
)
```

可以看到 debug 方法的参数有两个,第一个用来控制是否开始 debug,第二个用来控制 log 的输出模式。以下列出输出模式:

- 0: 直接输出。
- 1: 与 startLogging 相同,绑定参数与 SQL 语句分开,通过 getLogs 获取。
- 2: 直接输出,绑定参数值填入到 SQL 语句中。
- 3: 通过 getLogs 获取,绑定参数值填入到 SQL 语句中。

17.7 其他高级功能

以上章节介绍了 RedBeanPHP 的基础用法，由于本书篇幅所限，其他的高级功能只能在这里简单提一下，有需要用到的读者请参阅官方文档。

17.7.1 关系

MySQL 是关系型数据库，RedBeanPHP 支持常见的一对多、多对一和多对多，例如：

```
$book= R::dispense('book');
$book->name='relationship';

$chapter= R::dispense('chapter');
$chapter->name= 'chapter 1';

$book->ownChapterList[]= $chapter;
R::store($book);
```

上边这段代码执行后会自动创建 book 和 chapter 表，两个表结构如图 17.9 所示。

mysql> desc book;

Field	Type	Null	Key	Default	Extra
id	int(11) unsigned	NO	PRI	NULL	auto_increment
name	varchar(191)	YES		NULL	

2 rows in set (0.03 sec)

mysql> desc chapter;

Field	Type	Null	Key	Default	Extra
id	int(11) unsigned	NO	PRI	NULL	auto_increment
name	varchar(191)	YES		NULL	
book_id	int(11) unsigned	YES	MUL	NULL	

3 rows in set (0.03 sec)

图 17.9　两个表的结构

可以看到 chapter 表有个 book_id 字段与 book 表关联。建立关系后取出来非常简单，例如：

```
$book= R::findOne('book');
foreach($book->ownChatperList as $chapter){
  //处理每个 chapter
}
```

17.7.2 Models

RedBeanPHP 支持 MVC 模式，可以基于 RedBeanPHP 提供的类定义一个自己的 Model 类，例如：

```
class Model_Book extends RedBean_SimpleModel {

  //store 方法会调用 update 方法进行存储
  public function update(){
     //对$this->bean 进行一些验证
//如果有错误，抛出异常
echo '调用 update 方法';
  }
}


$book= R::dispense('book');
$book->name= 'model';
R::store($book);

//以上代码输出以下结果，并存储了$book 到数据库中
调用 update 方法
```

17.7.3 复制/克隆

使用 duplicate 方法可以完整地复制一个 Bean，包括其关联的子对象，例如：

```
$book = R::findOne('book');
$book1= R::duplicate($book);
R::store($book1);

//$book1 存储后会将$book 的 ownChapterList 一并复制并存储

foreach($book1->ownChapterList as $chapter){
}
```

 这个方法极为实用，巧妙运用可以节约大量开发时间。

17.7.4 导入导出

import 方法可以从一个数组中导入到一个 Bean 对象，例如：

```
$data= ['name'=>'import'];
$book= R::dispense('book');
$book->import($data);
R::store($book);
```

import 方法用来从用户提交的数据导入到 Bean 对象最为实用，但是要注意 import 方法本身

并不检验数据,因此还是导入后用 Model 类的 update 方法来检验数据。

可以指定导入哪些字段,例如:

```
$book->import($_POST, ['name']);
```

export 方法用来导出 Bean 对象到数组中,例如:

```
$book= R::findOne('book');
$data= $book->export();
```

第 18 章 使用PHP+MySQL构建模拟考试系统

随着驾驶资格证、教师资格证、会计证等各种类型的证照考试的兴起,网上模拟测试变得越来越受到用户的青睐。网上模拟测试可以方便地出题,并在第一时间给出测试结果。而使用 PHP 与 MySQL 结合可以实现网上考试系统的各项功能。本章就来介绍如何使用 PHP+MySQL 来制作一个模拟考试系统,通过本章内容的学习,读者将会了解到如何使用 PHP+MySQL 创建网络应用程序。

18.1 功能分析

本节先来介绍要制作的模拟考试系统的各项功能,根据功能的不同其中可具体分为三大功能模块,每个模块实现系统一项功能,三大模块分别为:注册登录模块;管理员功能模块、普通用户功能模块。三大模块独立运作又相互关联,而每个大模块中又可细分为若干小的功能模块,其关系如图 18.1 所示。

图 18.1 模拟考试系统三大功能模块图

其中注册登录模块实现用户注册与登录;管理模块可以对考试系统内部的题目进行添加、删除和修改等操作;用户模块主要实现测试、查看历史测试成绩、修改密码等操作。下面各节将通过具体代码来实现三大模块各自的功能。

18.2 准备工作

在开始实现各个功能模块之前,先要做一些前期准备工作,如系统所需数据表的设计、相关配置文件的创建、库表的建立等。这一节先来做这些准备工作，这些准备工作的实现为下面各个功能模块的实现奠定基础。

18.2.1 设计数据表

由于本章所介绍的模拟考试系统仅实现了基本功能，所以相关表的内容比较少，也比较简单。一共包括四个表，分别是：用户表（user）、问题表（question）、答案表（answer）、测试记录表（exam）等。具体内容如表 18.1~表 18.4 所示。

表 18.1 用户表（user）

字段	类型	长度	意义	其他
id	INT	6	用户 ID	主键、自动增加
name	VARCHAR	12	用户名称	无
pass	VARCHAR	12	用户密码	无
admin	INT	1	管理员	无

表 18.2 问题表（question）

字段	类型	长度	意义	其他
id	INT	6	问题 ID	主键、自动增加
content	VARCHAR	200	问题内容	无
type	INT	1	问题类型	无
answer	INT	1	答案（如果问题为选择题，则值为 0；如果问题为判断题，值为 1 表示结果正确，值为 0 表示结果错误）	无

表 18.3 答案表（answer）

字段	类型	长度	意义	其他
id	INT	6	答案 ID	主键、自动增加
content	VARCHAR	200	答案内容	无
question	INT	5	问题 ID（即该答案所对应的题目 ID，表 question 所对应 ID 值）	无
answer	INT	1	答案（如果是答案，则值为 1；反之，值为 0）	无

表 18.4 测试记录表（exam）

字段	类型	长度	意义	其他
id	INT	6	测试 ID	主键、自动增加
name	VARCHAR	200	考试人员名称	无
score	INT	5	考试分数	无
date	INT	1	考试日期	无

以上即为实现该模拟考试系统所需要的 4 张表，表与表之间互相关联，其中问题表与答案表之间尤为密切。

18.2.2 创建配置文件

PHP 支持引用外部文件，这样的好处是可以把某个常用的模块在一处定义，多处调用。这样可以减少代码的反复使用，另外如果需要对代码进行改动，只需要做一处改动即可，而不用多处改动。

因为该模拟考试系统的核心是对数据库表进行操作，所以调用各种配置、连接服务器、选择数据库等就会在多处被用到。所以这里把该功能单独写出来，以便程序多处调用。具体代码如下所示：

```php
<?php
$host_name="localhost";                                    //服务器名
$host_user="root";                                         //连接服务器的用户名
$host_pass="";                                             //连接服务器的密码
$db_name="test";                                           //服务器上的可用数据库
$test_user="test_user";                                    //用户表名称
$test_question="test_question";                            //问题表名称
$test_answer="test_answer";                                //答案表名称
$test_exam="test_exam";                                    //测试记录表名称
$mysqli=new mysqli($host_name,$host_user,$host_pass,$db_name);//定义对象
$mysqli->query("set names 'gb2312'");                      //设置编码为中文。
?>
```

将该代码命名为：config.php，以备后用。

其中定义了连接服务器所需要的服务器名称、用户名、密码、数据库以及各个表的名称等。然后创建 mysqli 对象，同时指定需要使用的数据库名称，最后还通过对象的 query()方法执行 SQL 语句将默认编码设置为中文。

由于以上代码定义了配置文件，其中包含服务器、数据库的信息，所以如果用户要将整个程序移动的其他服务器上，或者在另外的服务器上安装，只需要改动该配置文件中的相关变量即可，这样可以方便程序的迁移。

18.2.3 创建安装文件

这一小节，我们来创建安装文件，通过执行安装文件，可以在目标 MySQL 服务器上创建该系统所需要的 4 个表，并且还会根据用户输入，创建默认的系统管理员账户。安装文件的具体内容如以下代码所示：

```php
<center>
<?php
if(!isset($_POST["user"]))                                 //如果没有输入内容，显示表单
{
?>
<table border=1>
<form actioin="install.php" method="post">
```

```html
<tr>
<td colspan="2" align="center">输入管理员信息</td>
</tr>
<tr>
<td>输入管理员名称：</td>
<td><input type="text" name="user"></td>
</tr>
<tr>
<td>输入管理员密码：</td>
<td><input type="password" name="pass"></td>
</tr>
<tr>
<td colspan="2" align="center"><input type="submit" value="开始安装"></td>
</tr>
</from>
</table>
<?php
}
else                                            //如果有输入内容，执行建表操作
{
include "config.php";                           //调用配置文件
$sql1="CREATE TABLE $test user(
    `id` INT(6) NOT NULL AUTO_INCREMENT PRIMARY KEY ,
    `name` VARCHAR(12) NOT NULL DEFAULT '',
    `pass` VARCHAR(12) NOT NULL DEFAULT '',
    `admin` INT(1) NOT NULL DEFAULT 0
)ENGINE=InnoDB  DEFAULT CHARSET=gb2312";
$step1=$mysqli->query($sql1) or die($mysqli->error);
$sql2="CREATE TABLE $test question(
    `id` INT(6) NOT NULL AUTO_INCREMENT PRIMARY KEY ,
    `content` VARCHAR(200) NOT NULL DEFAULT '',
    `type` INT(1) NOT NULL DEFAULT 0,
 `answer` INT(1) NOT NULL DEFAULT 0
)ENGINE=InnoDB  DEFAULT CHARSET=gb2312";
$step2=$mysqli->query($sql2) or die($mysqli->error);
$sql3="CREATE TABLE $test answer(
    `id` INT(6) NOT NULL AUTO_INCREMENT PRIMARY KEY ,
    `content` VARCHAR(200) NOT NULL DEFAULT '',
    `question` INT(5) NOT NULL DEFAULT 0,
    `answer` INT(1) NOT NULL DEFAULT 0
)ENGINE=InnoDB  DEFAULT CHARSET=gb2312";
$step3=$mysqli->query($sql3) or die($mysqli->error);
$sql4="CREATE TABLE $test exam(
    `id` INT(6) NOT NULL AUTO_INCREMENT PRIMARY KEY ,
    `name` VARCHAR(12) NOT NULL DEFAULT '',
    `score` INT(5) NOT NULL DEFAULT 0,
    `date` VARCHAR(20) NOT NULL DEFAULT ''
)ENGINE=InnoDB  DEFAULT CHARSET=gb2312";
$step4=$mysqli->query($sql4) or die($mysqli->error);
$user=$_POST["user"];
```

```
    $pass=$_POST["pass"];
    $sql5="INSERT           INTO          $test_user         (name,pass,admin)
VALUES('$user','$pass',1)";
    $step5=$mysqli->query($sql5) or die($mysqli_error);
    if($step1 and $step2 and $step3 and $step4 and $step5)
    {
        echo "成功安装<p>";
        echo "管理员名称为：$user";
        echo "单击<a href='index.php'>这里</a>进入系统 ";
    }
    }
    ?>
```

将以上代码保存为：install.php，执行代码结果如图 18.2 所示。

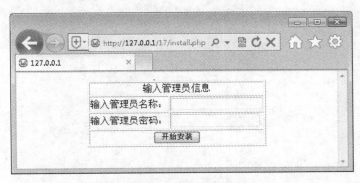

图 18.2　install.php 执行界面

代码首先判断有无用户输入内容，如果没有则在前台显示一个表单，让用户输入默认的管理员名称与密码。如果有用户输入内容，则根据设计的数据表，执行建表 SQL 语句，创建系统所需要的四张表，并将用户输入的管理员名称与密码添加到用户表中。

注意：这里添加用户输入信息时，admin 字段为 1，即该用户为管理员，管理员可以对系统进行各种管理操作。

18.3 用户注册与登录

用户是该系统最核心的环节，所有操作都需要用户来完成。其中用户注册与登录就是实现系统功能的基础，只有用户登录了才能执行相关操作。这一节就来介绍用户的注册与登录模块。

18.3.1 用户注册

用户注册分前台与后台两部分内容，首先在前台显示表单，用户可以输入用户名与密码，之后转入后台。后台会判断是否存在重名用户，如果有，则提示用户重新返回前台输入；如果没有，则将用户输入内容添加到用户表之中。具体内容如以下代码所示：

```
<center>
<?php
if(!isset($_POST["user"]))                          //如果没有输入内容显示表单
{
?>
<table border=1>
<form actioin="reg.php" method="post">
<tr>
<td colspan="2" align="center">用户注册</td>
</tr>
<tr>
<td>输入用户名：</td>
<td><input type="text" name="user"></td>
</tr>
<tr>
<td>输入密码：</td>
<td><input type="password" name="pass"></td>
</tr>
<tr>
<td colspan="2" align="center"><input type="submit" value="注册"></td>
</tr>
</from>
</table>
<?php
}
else                                                //如果有输入内容则进行后台操作
{
include "config.php";
$user=$_POST["user"];
$pass=$_POST["pass"];
$sql="SELECT * FROM $test_user WHERE name='$user'";
$result=$mysqli->query($sql);
$num=$result->num_rows;
if($num>0)
{
    echo "用户名已经存在!<p>";
    echo "单击<a href='reg.php'>这里</a>重新注册 ";
}
else
{
    $sql="INSERT INTO $test_user (name,pass,admin) VALUES('$user','$pass',0)";
    $result=$mysqli->query($sql) or die($mysql->error);
    if($result)
    {
        echo "成功注册<p>";
        echo "单击<a href='login.php'>这里</a>登录系统 ";
    }
```

```
    }
}
?>
</center>
```

将以上代码命名为：reg.php，执行该代码就可以完成用户注册，如图18.3所示。

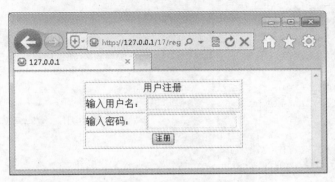

图18.3　reg.php 执行界面

18.3.2　用户登录

用户登录与注册类似，也分为前台与后台两部分，前台供用户输入用户名及密码。后台判断是否存在指定用户并且密码正确，如果不存在或者密码错误，则提示用户重新输入。如果存在同时密码正确，则使用 setcookie() 将用户登录信息写入 Cookie 值，提示用户进入首页。

具体内容如以下代码所示：

```
<?php
if(!isset($_POST["user"]))                //如果没有输入内容显示表单
{
echo "<center>";
?>
<table border=1>
<form actioin="login.php" method="post">
<tr>
<td colspan="2" align="center">用户登录</td>
</tr>
<tr>
<td>输入用户名：</td>
<td><input type="text" name="user"></td>
</tr>
<tr>
<td>输入密码：</td>
<td><input type="password" name="pass"></td>
</tr>
<tr>
<td colspan="2" align="center"><input type="submit" value="登录"></td>
</tr>
```

```php
</from>
</table>
<?php
}
else                                              //如果有输入内容执行操作
{
include "config.php";
$user=$_POST["user"];
$pass=$_POST["pass"];
$sql="SELECT COUNT(id) FROM $test_user WHERE name='$user' AND pass='$pass'";
$result=$mysqli->query($sql);
$num=$result->num_rows;
if($num==0)                                       //判断用户密码是否正确
{
    echo "用户名或者密码错误!<p>";
    echo "单击<a href='login.php'>这里</a>重新登录 ";
}
else                                              //如果正确定义COOKIE
{
    setcookie("user",$user);
    echo "成功登录<p>";
    echo "单击<a href='index.php'>这里</a>进入系统 ";
}
}
?>
</center>
```

将以上代码保存为：login.php，执行该代码可以完成用户登录的操作，如图18.4所示。

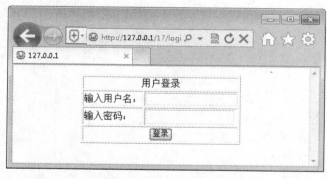

图18.4　login.php 执行界面

18.4　首页

首页是各个功能模块的连接点，通过首页管理员可以进入管理页面执行管理操作；普通用户可以进入考试页面进行考试、查看历史成绩，也可以执行更改密码、退出登录等操作。其中还需要单独创建检查登录用户是否为管理员的代码，方便管理模块调用。

18.4.1 首页

首页先判断用户是否登录，如果没有则提示用户登录，并给出注册与登录的链接。如果已经登录再判断其身份，如果是管理员，给出管理页面链接；如果是普通用户，则输出进行测试、查看历史成绩等页面链接。

具体内容如以下代码所示：

```php
<?php
echo "<center>";
echo "欢迎使用智能考试系统！<p>";
if(!isset($_COOKIE["user"]) or $_COOKIE["user"]=="")
    //如果没有登录
{
echo "你还没有登录！<p>";
echo "<a href='login.php'>登录</a>   <a href=reg.php>注册</a>";
}
else
{
echo "欢迎您: ".$_COOKIE["user"];
echo "<p>";
include "config.php";
$sql="SELECT admin FROM $test_user WHERE name='$_COOKIE[user]'";
$result=$mysqli->query($sql);
$admin=$result->fetch_array();
if($admin[0]==0)                                    //如果是普通用户
{
    echo "你是普通用户，点<a href='test.php'>这里</a>开始考试<p>";
    echo "点<a href='exam.php'>这里</a>查看历史测试成绩";
}
else                                                //如果是管理员
{
    echo "你是管理员，点<a href='admin.php'>这里</a>对题库进行管理";
}
echo "<p>点<a href='edit_pass.php'>这里</a>修改密码<p>";
echo "<p>点<a href='exit.php'>这里</a>退出登录<p>";
}
?>
```

将以上代码保存为：index.php，完成首页模块创建。执行界面如图18.5所示。

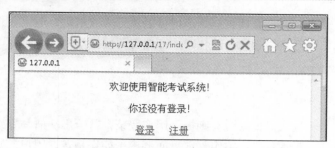

图 18.5 index.php 执行界面

18.4.2 检查管理员

检查登录用户是否为管理员是登录用户执行所有管理模块的前提，把该模块单独做出来，可以方便各个管理模块调用，同时减少代码冗余。其内容如以下代码所示：

```
<?php
include "config.php";
$sql="SELECT COUNT(admin) FROM $test_user WHERE name='$_COOKIE[user]'";
$result=$mysqli->query($sql);
$admin=$result->fetch_row();         //检查登录用户是否为管理员
if($admin[0]==0)
{
echo "你不是管理员，不能执行该操作！";
exit("");
}
?>
```

将以上代码命名为：check_admin.php，以备下一节各个管理模块的调用。

18.5 管理模块

管理员可以对系统中的题库进行题目遍历、查看题目详情、添加题目、修改题目、删除题目等操作。这一节按照各个管理模块来逐个介绍。

18.5.1 显示所有题目

显示所有题目执行普通的遍历操作，并给出添加题目，以及对指定题目的查看、修改、删除操作的链接，其内容如以下代码所示：

```
<?php
echo "<center>";
```

```php
include "check_admin.php";
echo "题库管理<p>";
echo "<a href='add_question.php'>添加题库</a><p>";
include "config.php";
$sql="SELECT * FROM $test_question";              //遍历所有记录
$result=$mysqli->query($sql);
$num=$result->num_rows;                           //获取记录条数
if($num==0)
{
echo "还没有题库记录";
}
else
{
echo "共有".$num."条题库记录";
echo "<p>";
echo "<table border='1'>";
echo "<tr><td>序号</td><td>题目</td><td>类型</td><td>查看</td><td>修改</td><td>删除</td></tr>";
while($row=$result->fetch_array())                //循环显示所有记录
{
    echo "<tr>";
    echo "<td>".$row["id"]."</td>";
    echo "<td>".$row["content"]."</td>";
    echo "<td>";
    if($row["type"]==1) echo "选择题";
    else echo "判断题";
    echo "</td>";
    echo "<td><a href=show_question.php?id=".$row[0].">查看</a></td>";
    echo "<td><a href=edit_question.php?id=".$row[0].">修改</a></td>";
    echo "<td><a href=del_question.php?id=".$row[0].">删除</a></td>";
    echo "</tr>";
}
echo "</table>";
}
echo "</center>";
?>
```

将以上代码保存为：admin.php，执行该代码即可对所有题目进行查看操作，执行结果如图 18.6 所示。

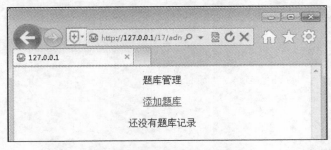

图 18.6 admin.php 执行结果

18.5.2　添加题目

默认情况下，系统中没有任何题目，如果没有题目管理员就无从谈起修改、删除，而普通用户也无法进行考试。所以，首先需要向系统中添加题目。

添加题目共分三步，第一步，让管理员选择题目类型，共有单选题与判断题两种；第二步根据第一步选择，输入题目内容及选择项内容；第三步将管理员输入题目相关信息添加到问题表与答案表中。

具体内容如以下代码所示：

```php
<?php
echo "<center>";
include "check_admin.php";
echo "添加题库<p>\n";
if(!isset($_POST["type"]))                        //如果没有输入内容显示前台表单
{
?>
<table border="1">
<form action="<?php echo $_SERVER["PHP_SELF"]?>" method="post">
<tr><td colspan="2" align="center">请选择题目类型</td></tr>
<tr>
<td>题目类型</td>
<td>
<select size="1" name="type">
<option value="1">选择题</option>
<option value="2">判断题</option>
</select>
</td>
</tr>
<tr>
<td colspan="2" align="center">
<input type="submit" value="下一步">
</td>
</tr>
</form>
</table>
<?php
}
else if(!isset($_POST["content"]))                //第二步，显示表单输入题目内容
{
?>
<table border="1">
<form action="<?php echo $_SERVER["PHP_SELF"]?>" method="post">
<tr>
<td>题目类型：</td>
<td><?php
if($_POST["type"]==1) echo "选择题";
else echo "判断题";
?>
</td></tr>
<tr>
<td>请输入题目内容</td>
<td><input type="text" name="content" size="30"></td>
```

```php
    <tr>
    <tr>
    <td>请输入/选择该题答案</td>
    <td>
    <?php
        if($_POST["type"]==1)
        {
        for($i=0;$i<4;$i++)
        {
            echo ($i+1).",<input type=text name='answer[]'>\n";
            echo "<input type=radio name='check' value=".$i."><br>\n";
        }
    }
    else
    {
        echo "<input type=radio value=1 name='answer'>正确\n";
        echo "<input type=radio value=2 name='answer'>错误\n<p>";
    }
    echo "被选中项为正确答案";
    ?>
    </td>
    <tr>

    </tr>
    <td colspan="2" align="center">
    <input type="hidden" name="type" value="<?php echo $_POST["type"]?>">
    <input type="button" value="上一步"; onclick="history.go(-1)"><input type="submit" value="下一步">
    </td>
    </tr>
    </form>
    </table>
    <?php
    }
    else                    //获取所有输入内容,并将记录插入表中
    {
    $type=$_POST["type"];
    $content=$_POST["content"];
    $answer=$_POST["answer"];
    include "config.php";
    if($type==2)
    {
        $sql="INSERT           INTO         $test_question(content,type,answer) VALUES('$content','$type','$answer')";
        $result=$mysqli->query($sql) or die($mysqli->error);
        if($result)
        {
            echo "成功添加题库";
            echo "单击<a href=admin.php>这里</a>返回";
        }
        else echo "添加题库出错";
    }
    else
    {
        $check=$_POST["check"];
```

```
        $sql="INSERT              INTO             $test question(content,type)
VALUES('$content','$type')";
        $result=$mysqli->query($sql) or die($mysqli->error);
        $question id=$mysqli->insert id;
        $sql2="INSERT INTO $test answer(content,question,answer) VALUES";
        for($i=0;$i<4;$i++)
        {
            $sql2=$sql2."(";
            $sql2=$sql2."'".$answer[$i]."',";
            $sql2=$sql2.$question id.",";
            if($check==$i) $sql2=$sql2."1)";
            else $sql2=$sql2."0)";
            if($i<3) $sql2=$sql2.",";
        }
        $result2=$mysqli->query($sql2) or die($mysqli->error);
        if($result and $result2)
        {
            echo "成功添加题库";
            echo "单击<a href=admin.php>这里</a>返回";
        }
        else echo "添加题库出错";
    }
}
echo "</center>";
?>
```

将以上代码保存为：add_question.php，执行代码即可完成添加题目操作。执行结果如图 18.7 所示。

图 18.7　add_question.php 执行界面

  添加题目时，如果题目类型为判断题，则题目所有信息在问题表中即可完成。如果题目类型为选择题，除了向问题表中添加相关内容之外，还需要向答案表中添加信息。

18.5.3　显示题目详情

在显示所有题目页面中只能看到题目的大概，看不到题目的详情，所以还需要单独创建一个显示题目详情模块。其中除了显示题目内容之外，判断题还需要显示题目是正确还是错误，选择题还需要显示所有选择项并给出哪一个才是正确答案。

```php
<center>
查看题目详情
<?php
include "check_admin.php";
include "config.php";
$sql="SELECT * FROM $test_question WHERE id='$_GET[id]'";
$result=$mysqli->query($sql);
$row=$result->fetch_array();
echo "<table border='1'>";
echo "<tr><td>题目类型：</td><td>";
if($row["type"]==1) echo "选择题";
else echo "判断题";
echo "</td></tr>";
echo "<tr><td>题目内容：</td><td>";
echo $row["content"];
echo "</td></tr>";
echo "<tr><td>题目答案：</td><td>";
if($row["type"]==1)
{
$sql2="SELECT * FROM $test_answer WHERE question='$_GET[id]'";
$result2=$mysqli->query($sql2);
while($row2=$result2->fetch_array())
{
    echo $row2["content"];
    if($row2["answer"]==1) echo "    正确";
    echo "<br>";
}
}
else
{
if($row["answer"]==1) echo "正确";
else echo "错误";
}
echo "</td></tr>";
echo "</table>";
echo "<p><a href=admin.php>返回</a>";
?>
</center>
```

将以上代码保存为：show_question.php，执行该代码即可查看指定题目的详情，执行结果如图 18.8 所示。

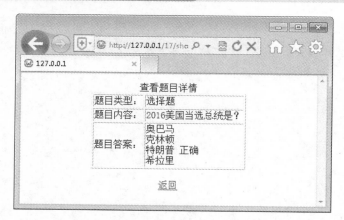

图 18.8 show_question.php 执行结果

显示题目详情时，需要前台提供一个 ID 值，该值通过显示题目页面使用 GET 方式进行提供。只有该值才能正确显示指定题目。如果直接执行代码，相当于无 ID 值，则不会正常输出内容。

18.5.4 编辑题目

题目在创建之后，并不是一成不变，如果管理员发现题目信息有误，则需要对题目进行编辑操作。对于判断题，管理员可以修改其内容及答案；对于选择题，管理员除了可以修改题目内容，还可以修改各个选择项的内容，并且重新指定正确的选择的项。

```
<center>
修改题目内容
<?php
include "check_admin.php";
if(!isset($_POST["content"]))                      //如果没有 POST 内容，显示前台表单
{
include "config.php";
$sql="SELECT * FROM $test_question WHERE id='$_GET[id]'";
$result=$mysqli->query($sql);
$row=$result->fetch_array();
echo "<table border='1'>\n";
echo "<form action='".$_SERVER["PHP_SELF"]."' method='post'>\n";
echo "<tr><td>题目类型：</td><td>\n";
if($row["type"]==1) echo "选择题";
else echo "判断题";
echo "</td></tr>\n";
echo "<tr><td>题目内容：</td><td>";
echo "<input type='text' name='content' value='".$row["content"]."' size='30'>";
echo "</td></tr>\n";
echo "<tr><td>题目答案：</td><td>";
if($row["type"]==1)                                //显示选择题所有选择项内容
```

```php
            {
                $sql2="SELECT * FROM $test_answer WHERE question='$_GET[id]'";
                $result2=$mysqli->query($sql2);
                while($row2=$result2->fetch_array())
                {
                    echo "<input type='text' name='answer[]' value='".$row2["content"]."'>\n";
                    echo "<input type='hidden' name='answer_id[]' value='".$row2["id"]."'>\n";
                    echo "<input type=radio name='check' value=".$row2["id"];
                    if($row2["answer"]==1) echo " checked ";
                    echo ">\n";
                    echo "<br>\n";
                }
            }
            else                                //显示判断题正确与错误
            {
                echo "<input type=radio value=1 name='answer'";
                if($row["answer"]==1) echo " checked ";
                echo ">正确\n";
                echo "<input type=radio value=0 name='answer'";
                if($row["answer"]==2) echo " checked ";
                echo ">错误\n";
            }
            echo "<input type=hidden name='id' value='".$row["id"]."'>\n";
            echo "<input type=hidden name='type' value='".$row["type"]."'>\n";
            echo "</td></tr>\n";
            echo "<tr><td colspan='2' align='center'><input type='submit' value='确认修改'></td></tr>\n";
            echo "</form>\n";
            echo "</table>\n";
            echo "<p><a href=admin.php>返回</a>\n";
        }
        else
        {
            $id=$_POST["id"];                    //获取输入内容
            $content=$_POST["content"];
            $type=$_POST["type"];
            $answer=$_POST["answer"];
            include "config.php";
            if($type==1)                        //如果是选择题，除了更新题目内容还要修改选择项内容
            {
                $check=$_POST["check"];
                $answer_id=$_POST["answer_id"];
                $sql="UPDATE $test_question SET content='$content' WHERE id='$id'";
                $result=$mysqli->query($sql) or die($mysqli->error);
                for($i=0;$i<4;$i+=1)
                {
                    $s="UPDATE $test_answer SET content='$answer[$i]'";
                    if($check==$answer_id[$i])
```

```php
        {
            $s=$s.", answer=1";
        }
        else
        {
            $s=$s.", answer=0";
        }
        $s=$s." WHERE id='$answer_id[$i]'";
        $result=$mysqli->query($s) or die($mysqli->error);
    }
    if($result)
    {
        echo "<p>成功修改题库<p>";
        echo "单击<a href=admin.php>这里</a>返回";
    }
    else echo "修改题库出错";
}
else                            //如果是判断题，只需要修改题目内容及答案
{
    $sql="UPDATE  $test_question  SET  content='$content',answer='$answer' WHERE id='$id'";
    $result=$mysqli->query($sql) or die($mysqli_error);
    if($result)
    {
        echo "<p>成功修改题库<p>";
        echo "单击<a href=admin.php>这里</a>返回";
    }
    else echo "<p>修改题库出错";
}
}
?>
</center>
```

将代码保存为：edit_question.php，执行代码可以对指定题目进行修改操作。结果如图 18.9 所示。

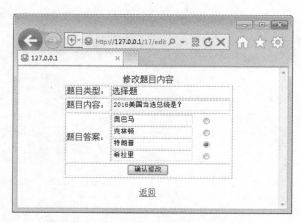

图 18.9　edit_question.php 执行界面

编辑题目时,也需要前台提供一个 ID 值,该值通过显示题目页面使用 GET 方式进行提供。如果无 ID 值,则不会正常输出内容。

18.5.5 删除题目

对于已经不再符合考试要求的题目,管理员可以将其从题目列表中删除。对于判断题,只需要从问题表中删除题目即可,而对于选择题除了删除题目本身,还需要删除答案表中与其对应的选择项。

```
<center>
删除题目
<?php
include "check_admin.php";
if(!isset($_POST["id"]))          //如果没有POST值,显示表单,确认删除
{
include "config.php";
$sql="SELECT * FROM $test_question WHERE id='$_GET[id]'";
$result=$mysqli->query($sql);
$row=$result->fetch_array();
echo "<table border='1'>\n";
echo "<form action='".$_SERVER["PHP_SELF"]."' method='post'>\n";
echo "<tr><td>题目内容:</td><td>";
echo $row["content"];
echo "</td></tr>\n";
echo "<input type=hidden name='id' value='".$row["id"]."'>\n";
echo "<input type=hidden name='type' value='".$row["type"]."'>\n";
echo "<tr><td colspan='2' align='center'><input type='submit' value='确认删除'></td></tr>\n";
echo "</form>\n";
echo "</table>\n";
echo "<p><a href=admin.php>返回</a>\n";
}
else
{
include "config.php";
$id=$_POST["id"];          //获取POST值
$type=$_POST["type"];
$sql="DELETE FROM $test_question WHERE id='$id'";
$result=$mysqli->query($sql) or die($mysqli_error);
if($type=="1")             //如果是选择题,还要删除所有选择项
{
    $sql2="DELETE FROM $test_answer WHERE question='$id'";
    $result2=$mysqli->query($sql2) or die($mysqli->error);
}
if($result)
{
```

```
        echo "<p>成功删除题库";
        echo "单击<a href=admin.php>这里</a>返回";
    }
    else echo "删除题库出错";
}
?>
</center>
```

将以上代码保存为：del_question.php，执行代码删除题目操作。结果如图 18.10 所示。

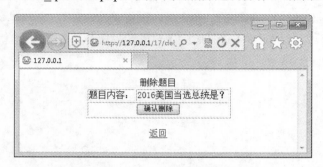

图 18.10　del_question.php 执行界面

删除题目与显示详情及编辑题目类似，也需要前台提供一个 ID 值，该值通过显示题目页面使用 GET 方式进行提供。如果无 ID 值，则不会正常输出内容。

18.6　用户模块

上一节介绍的是管理员模块，这一节来介绍用户模块。用户模块主要包括：进行考试、查看历史考试记录、更改密码以及退出登录等。下面来逐个介绍各个功能模块。

18.6.1　考试页面

进入考试页面，系统会自动随机从题库中选择指定数据的单项选择题与判断题，并提供选择界面，让用户进行答题操作。在用户提交所答问题之后，系统会自动在后台对所答内容进行判断，并计算出得分。之后还会把用户的考试结果存入 exam 表中。

具体内容如下所示：

```
<?php
echo "<center>";
echo "欢迎使用智能考试系统！<p>";

if(!isset($_COOKIE["user"]) or $_COOKIE["user"]=="")
    //如果没有登录
```

```php
    {
    echo "你还没有登录！<p>";
    echo "<a href='login.php'>登录</a>   <a href=reg.php>注册</a>";
    }
    else
    {
    if(!isset($_POST["c"]))                              //如果没有提交内容显示题目
    {
    echo "欢迎您：".$_COOKIE["user"];
    echo "<p>现在开始考试<p>\n";
    echo "</center>";
    include "config.php";
    echo "<form action=".$_SERVER["PHP_SELF"]." method='post'>";
    echo "一、选择题（每题1分）<p>\n";
    $sql="SELECT * FROM $test_question WHERE type=1 order by rand() LIMIT 5";
    $result=$mysqli->query($sql);
    $i=1;
    while($row=$result->fetch_array())
    {
        echo $i."、";
        echo $row["content"];
        echo "<br>\n";
        $s="SELECT * FROM $test_answer WHERE question='$row[id]'";
        $r=$mysqli->query($s);
        $head=65;
        while($row2=$r->fetch_array())
        {
            echo chr($head).".";
            echo $row2["content"];
            echo "<input type='radio' name=c[".($i-1)."] value=".$row2["id"].">\n";
            echo "<br>\n";
            $head+=1;
        }
        $i+=1;
        echo "<p>\n";
    }
    echo "二、判断题（每题1分）<p>\n";
    $sql="SELECT * FROM $test_question WHERE type=2  order by rand() LIMIT 5";
    $result=$mysqli->query($sql);
    $i=1;
    while($row=$result->fetch_array())
    {
        echo $i."、";
        echo $row["content"];
        echo "<br>\n";
        echo "正确<input type='radio' name=d[".($i-1)."] value='1'>\n";
        echo "错误<input type='radio' name=d[".($i-1)."] value='0'>\n";
```

```php
        echo "<input type='hidden' name=s[] value=".$row["id"].">\n";
        $i+=1;
        echo "<p>\n";
    }
    echo "<p><input type='submit' value='完成考试'>";
    echo "</form>";
}
else                                    //如果提交内容则获取内容并进行操作
{
    $c=$_POST["c"];
    $d=$_POST["d"];
    $s=$_POST["s"];
    $score=0;
    $num1=count($c);
    $num2=count($d);
    include "config.php";
    for($i=0;$i<$num1;$i++)
    {
        $sql="SELECT answer FROM $test_answer WHERE id='$c[$i]'";
        $result=$mysqli->query($sql);
        $a=$result->fetch_row();
        if($a[0]==1) $score+=1;
    }
    for($i=0;$i<$num2;$i++)
    {
        $sql="SELECT id FROM $test_question WHERE id='$s[$i]' AND answer='$d[$i]'";
        $result=$mysqli->query($sql);
        $num=$result->num_rows;
        if($num>0) $score+=1;
    }
    $date=date('Y-m-d H:i:s');
    echo "你的得分为: ".$score;
    $sql="INSERT INTO $test_exam (name,score,date) VALUES('$_COOKIE[user]','$score','$date')";
    $result=$mysqli->query($sql);
    if($result)
    {
        echo "<p>已经将此次成绩入库<p>";
        echo "单击<a href=index.php>这里</a>返回";
    }
    else
    {
        echo "<p>成绩入库出错误<p>";
        echo "单击<a href=index.php>这里</a>返回";
    }
}
}
?>
```

将以上代码保存为：test.php，执行代码即可进行考试。结果如图 18.11 所示。

第 18 章 使用 PHP+MySQL 构建模拟考试系统

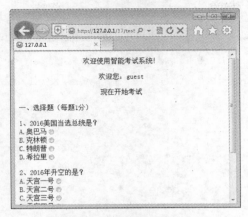

图 18.11 考试页面执行结果

 在随机获取库存中指定数量题目记录时,使用了 order by rand()子句,该子句效率较低,不过在总库存题目较少(万条以下)时,几乎感觉不到。

18.6.2 查看历史考试记录

经过数次考试,登录用户可以随时查看自己的历史考试成绩,只需要对 exam 表执行遍历操作即可。

```
<?php
echo "<center>";
echo "欢迎使用智能考试系统!<p>";

if(!$_COOKIE["user"])
{
echo "你还没有登录!<p>";
echo "<a href='login.php'>登录</a>   <a href=reg.php>注册</a>";
}
else
{
$user=$_COOKIE["user"];
echo "查看用户".$user."的历史考试成绩<p>";
include "config.php";
$sql="SELECT*FROM $test_exam WHERE name='$user'";//遍历指定用户考试记录
$result=$mysqli->query($sql);
$num=$result->num_rows;
if($num==0)
{
    echo "还没有用户的历史考试记录";
}
else                                        //如果有记录,则显示所有记录
```

```
    {
        echo "共有".$num."条历史考试记录";
        echo "<p>";
        echo "<table border='1'>";
        echo "<tr><td>序号</td><td>用户</td><td>成绩</td><td>考试日期</td></tr>";
        while($row=$result->fetch_array())
        {
            echo "<tr>";
            echo "<td>".$row["id"]."</td>";
            echo "<td>".$row["name"]."</td>";
            echo "<td>".$row["score"]."</td>";
            echo "<td>".$row["date"]."</td>";
            echo "</tr>";
        }
        echo "</table>";
    }
    echo "<a href=index.php>返回</a>";
    echo "</center>";
}
?>
```

将以上代码保存为：exam.php。执行代码首先判断用户是否登录，如果用户登录之后，还要看是否进行过考试，只有进行过考试才会显示相关内容。结果如图 18.12 所示。

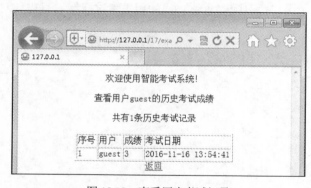

图 18.12　查看历史考试记录

18.6.3　更改密码

不管是普通用户或者管理员都可以对其注册时填写的密码进行修改。因为更改密码是对于管理员和普通用户都可以执行的操作，这里将其放到用户模块中进行介绍。

```
<?php
echo "<center>";
echo "欢迎使用智能考试系统！<p>";
if(!isset($_COOKIE["user"]))
{
```

```php
    echo "你还没有登录！<p>";
    echo "<a href='login.php'>登录</a>   <a href=reg.php>注册</a>";
    }
    else
    {
    if(!isset($_POST["pass"]))                          //如果没有POST值，显示前台表单
    {
        ?>
<table border=1>
<form actioin="login.php" method="post">
<tr>
<td colspan="2" align="center">修改密码</td>
</tr>
<tr>
<td>用户名：</td>
<td><?php echo $_COOKIE["user"]?></td>
</tr>
<tr>
<td>输入旧密码：</td>
<td><input type="password" name="pass"></td>
</tr>
<tr>
<td>输入新密码：</td>
<td><input type="password" name="new pass"></td>
</tr>
<tr>
<td colspan="2" align="center"><input type="submit" value="确认修改"></td>
</tr>
</from>
</table>
<a href="index.php">返回</a>
    <?php
    }
    else
    {
        $user=$_COOKIE["user"];                         //获取输入内容
        $pass=$_POST["pass"];
        $new pass=$_POST["new pass"];
        include "config.php";
        $sql="SELECT COUNT(id) FROM $test_user WHERE name='$user' AND pass='$pass'";
        $result=$mysqli->query($sql);
        $num=$result->num_rows;
        if($num==0)                                     //判断原始密码是否正确
        {
            echo "用户名或者密码错误！<p>";
            echo "单击<a href='edit_pass.php'>这里</a>重新输入";
        }
        else                                            //如果正确则修改密码
```

```
            {
                $sql="UPDATE   $test_user   SET   pass='$new_pass'   WHERE name='$user' AND pass='$pass'";
                $result=$mysqli->query($sql);
                if($result)
                {
                    echo "成功修改密码<p>";
                    echo "单击<a href='index.php'>这里</a>返回";
                }
                else
                {
                    echo "修改密码出错";
                }
            }
        }
    }
?>
```

将以上代码保存为：edit_pass.php，执行代码对登录用户的密码进行修改操作。结果如图 18.13 所示。

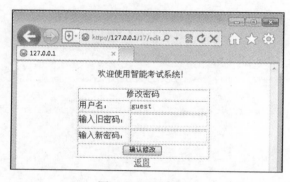

图 18.13　更改密码

18.6.4　退出登录

如果用户不想再使用该系统，就需要安全退出，这样做可以保证用户信息的安全。安全退出的实质是用空值重写 COOKIE，这样就相当于 COOKIE 中不再保存任何用户登录信息，从而保证用户信息的安全。

```
<?php
setcookie("user");
echo "成功退出登录<p>";
echo "单击<a href=index.php>这里</a>返回";
?>
```

将代码保存为 exit.php，用户在首页面单击退出登录就会执行该代码。

第 19 章
使用PHP+MySQL构建在线购物网站

随着人们消费观念的改变，越来越多的人开始习惯网上购物，各种在线购物网站（如：天猫、淘宝、京东等）发展的风生水起，特别是每年的双 11 更是成为网上购物爱好者的狂欢节。各种购物网站归根结底还是程序与数据的操作，使用 PHP 结合 MySQL 数据库也可以非常方便地制作出在线购物网站。当然要实现一个像淘宝那样功能完备、内容丰富的整站系统也并非不可能，读者可以以此为基础不断进行扩展。

19.1 功能分析

在开始实际创建在线购物网站之前，本节先了解一下本章介绍的购物网站所采用的数据表结构及其算法。了解这些内容对于开始实际创建相关的功能模块将起到事半功倍的效果。

19.1.1 设计算法

本章所要介绍的 MINI 在线购物网站内容由一系列的商品类别、商品及用户构成。而用户又可区分为管理员与普通用户。普通用户具有浏览商品、购买商品、查看注册信息、更改密码、查看历史订单等权限。归根结底不管是管理员还是普通用户其所操作的对象都是商品。其逻辑关系及所有操作如图 19.1 所示。

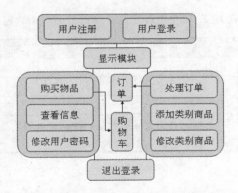

图 19.1 MINI 在线购物网站内容及操作简图

查看图 19.1 可以看到，本章所要介绍的购物网站的大致结构及各功能模块。19.1.2 节就来介绍涉及以上各功能模块中的表的设计。

19.1.2 表的设计

确定了购物网站的程序结构,本节就来设计表的内容。这里按照购物网站中所需要的各项内容共需要设计四个表,分别是用户表、商品种类表、商品表及订单表等。这四个表分别用于存储该系统所需要的四种资源。

1. 用户表的设计

首先来设计用户表。购物网站离不开买家与卖家,所有的买家与卖家都将以用户形式出现。用户表用于存储所有用户的信息。由于本章所介绍的系统仅实现最基本的功能,所以用户表的设计也仅包含最基本的内容。用户表的具体设计内容如表19.1所示。

表19.1 用户表(mini_user)的设计内容

字段名	类型长度	含义	其他
id	int(5)	标识ID	主键自增
name	varchar(12)	用户名称,其内容为用户注册时填写的值	
password	varchar(40)	用户密码,其内容为用户注册时所输入的密码,经md5()加密	
email	varchar(80)	用户电子邮箱地址	
reg_date	varchar(20)	注册日期,如2012年12月30日	
admin	enum('1', '0')	管理员标识,如果其值为1,则为管理员(拥有更多权限);如果为0,则为普通用户,默认值为0	

2. 商品类别表的设计

商品类别表用于保存所有商品的种类。因为一个商城中不同商品应该分门别类以便于存放,所以专门使用一个商品类别表。本章所介绍的购物网站仅用于实现最基本的分类,所以没有采用多级分类的设定,仅使用了一级分类。商品类别表的具体设计内容如表19.2所示。

表19.2 商品类别表(mini_type)的设计内容

字段名	类型长度	含义	其他
id	int(5)	标识ID	主键自增
name	varchar(12)	类别名称	
description	varchar(80)	类别介绍	
num	int(5)	本类别所有的商品总数量。注意这里的数量是指可出售的个数,而非商品种类数	

3. 商品表的设计

商品表用于存放所有商品的具体信息,同样由于实现最基本的功能,所以其字段数较少,实际使用中可以为其扩充更多的字段内容。商品表的具体设计内容如表19.3所示。

表 19.3 商品表（mini_goods）的设计内容

字段名	类型长度	含义	其他
id	int(5)	标识 ID	主键自增
name	varchar(40)	商品名称	
type	int(5)	商品所属类别，该值对应于商品类别表指定类别的 ID 值	
cost	varchar(6)	商品售价	
description	varchar(200)	商品介绍	
num	int(5)	该商品现存货数量	

4. 订单表的设计

订单表用于存放用户通过购物车所生成的订单，订单按其状态可分为未处理订单与已处理订单两类。其具体设计内容如表 19.4 所示。

表 19.4 订单表（mini_sales）的设计内容

字段名	类型长度	含义	其他
id	int(5)	标识 ID	主键自增
sale_user_name	varchar(12)	下订单的用户名称，其值对应用户表中的 name 值	
sale_goods_id	int(5)	订购的商品 ID，其值对应商品表中的 ID 值	
sale_goods_num	int(5)	订购商品的数量，其值范围为从 1 到该类商品存货量最大值	
sale_cost	varchar(18)	订购商品时的售价，其值对应商品表中的 cost 值	
sale_state	enum('1', '0')	订单状态，如果其值为 1，说明订单已经处理；如果其值为 0，则说明订单未处理，其默认值为 0	
sale_date	varchar(40)	下订单的日期，其值为下订单时的日期	

关于该在线购物网站所需要的四个表的设计就介绍到这里，19.2 节将具体实现在线商城程序的功能模块。

19.2 准备工作

19.1 节为读者介绍了在线购物网站的基本原理，还设计了程序所需要的表结构。本节将用具体的代码实现所要求的全部功能模块。

19.2.1 配置文件

在开始所有内容的创建之前，需要做必要的准备工作，即创建相应的表。首先创建供所有页面调用的配置文件，该配置文件的作用就是创建到 MySQL 数据库服务器的连接并且选择相应的库。其具体内容如下：

```php
<?php
$host_name="localhost";                                        //服务器名
$host_user="root";                                             //连接服务器的用户名
$host_pass="";                                                 //连接服务器的密码
$db_name="test";                                               //服务器上的可用数据库
$my_user="mini_user";                                          //用户表名称
$my_type="mini_type";                                          //商品类型表名称
$my_goods="mini_goods";                                        //商品内容表名称
$my_sales="mini_sales";                                        //订单表名称
$mysqli=new mysqli($host_name,$host_user,$host_pass,$db_name);    // 连接服务器
$mysqli->query("SET NAMES 'gb2312'");                          //设置编码
?>
```

以上代码不仅分别定义了服务器名称、连接用户、连接密码、操作库名称等内容，而且还定义了四个表的名称，这样在程序需要改变表的名称时，只需要改变配置文件即可，而不需要修改每个功能模块中的具体值。配置文件使用默认的用户名及密码连接到服务器并且选择了 test 库，并设置编码为 GB2312。用户在使用时，要根据自己的实际内容更改其中的用户名、密码及数据库名称等内容。将以上代码保存为 config.php，这样便于其他程序页面调用该配置文件。

19.2.2 安装模块

创建完配置文件后，再来创建整个系统的安装文件，该安装文件由前台与后台两部分组成。前台供用户填写系统管理员的相关信息与默认商品类别信息，后台则按照这些信息及 19.1.2 节表的设计创建系统所需要的 4 个表。安装文件的具体内容如下：

```php
<?php
echo "<center>";
if(!isset($_POST["admin"]))
{
?>
 <script language="javascript">
function check(f)
{
if(f.admin.value == "")
{
    alert("请输入管理员名称！");
    f.admin.focus();
    return (false);
}
if (f.pass.value == "")
{
    alert("请输入管理员密码！");
    f.pass.focus();
    return (false);
```

```
}
if (f.re_pass.value != f.pass.value)
{
    alert("重复密码与密码不一致!");
    f.re_pass.focus();
    f.re_pass.select();
    return (false);
}
if (f.mail.value == "")
{
    alert("请输入管理员邮箱!");
    f.mail.focus();
    return (false);
}
if (f.type.value == "")
{
    alert("请输入默认商品类别!");
    f.type.focus();
    return (false);
}

}
</script>
<style type="text/css">
<!--
tr,td{font-size:12pt}
-->
</style>
mini 商城系统安装程序<p>
<table border="1" cellspacing="0" cellpadding="1" bordercolordark="#ffffff" bordercolorlight="#000000" width="300">
<form method=post action="<?php $_SERVER["PHP_SELF"]?>" onsubmit="return check(this)">
<tr>
<td colspan=2 bgcolor="#cccccc" align="center">管理员信息</td>
</tr>
<tr>
<td>管理员名称</td>
<td><input type=text name="admin"></td>
</tr>
<tr>
<td>管理员密码</td>
<td><input type=password name="pass" size=21></td>
</tr>
<tr>
<td>确认密码</td>
<td><input type=password name="re_pass" size=21></td>
</tr>
<tr>
<td>管理员邮箱</td>
<td><input type=text name="mail"></td>
```

```html
    </tr>
    <tr>
    <td colspan=2 bgcolor="#cccccc" align="center">商品类别信息</td>
    </tr>
    <tr>
    <td>默认商品类别名称</td>
    <td><input type=text name="type"></td>
    </tr>
    <tr>
    <td>默认商品类别介绍</td>
    <td><input type=text name="description"></td>
    </tr>
    <tr>
    <td colspan=2 align="center"><input type="submit" value="确认安装"></td>
    </tr>
    </form>
    </table>
```
```php
    <?php
    }
    else
    {
    $admin=$_POST["admin"];                       //获取管理员名称
    $pass=md5($_POST["pass"]);                    //获取管理员密码
    $mail=$_POST["mail"];                         //获取管理员邮箱
    $type=$_POST["type"];                         //获取默认商品类别
    $description=$_POST["description"];           //获取默认商品类别说明
    $time=date("Y年m月d日");                      //获取当前时间
    include "config.php";                         //加载配置文件
    $sql="create table $my_user(
    id int(5) not null auto_increment primary key,
    name varchar(12) not null default '',
    password varchar(40) not null default '',
    email varchar(80) not null default '',
    reg_date varchar(20) not null default '',
    admin enum('1','0') not null default '0'
    )ENGINE=InnoDB DEFAULT CHARSET=gb2312";       //创建用户表SQL语句
    $mysqli->query($sql) or die($mysqli->error);
    $sql="create table $my_type(
    id int(5) not null auto_increment primary key,
    name varchar(12) not null default '',
    description varchar(80) not null default '',
    num int(5) not null default 0
    )ENGINE=InnoDB DEFAULT CHARSET=gb2312";
                //创建类别表SQL语句
    $mysqli->query($sql) or die($mysqli->error);
    $sql="create table $my_goods(
    id int(5) not null auto_increment primary key,
    name varchar(40) not null default '',
    type int(5) not null default 0,
    cost varchar(6) not null default '',
```

```php
    description varchar(200) not null default '',
    num int(5) not null default 0
)ENGINE=InnoDB  DEFAULT CHARSET=gb2312";
            //创建商品表SQL语句
$mysqli->query($sql) or die($mysqli->error);
$sql="create table $my_sales(
id int(5) not null auto_increment primary key,
sale_user_name varchar(12) not null default '',
sale_goods_id int(5) not null default 0,
sale_goods_num int(5) not null default 0,
sale_cost varchar(18) not null default '',
sale_state enum('1','0') not null default '0',
sale_date varchar(40) not null default ''
)ENGINE=InnoDB  DEFAULT CHARSET=gb2312";
            //创建订单表SQL语句
$mysqli->query($sql) or die($mysqli->error);
$sql="insert                                                            into
$my_type(name,description)values('$type','$description')";
$mysqli->query($sql) or die($mysqli->error);         //插入默认类别
$sql="insert  into  $my_user(name,password,email,reg_date,admin)values
('$admin','$pass','$mail','$time',1)";
$re=$mysqli->query($sql) or die($mysqli->error);   //插入管理员信息
if($re)
{
    echo "成功安装mini商城系统！<p>";
    echo "点<a href=reg.php>这里</a>注册新用户  点<a href=login.php>这里</a>登录";
}
}
echo "</center>";
?>
```

以上代码首先调用配置文件，连接到数据库，然后分别定义创建商城系统所需要的四个表的SQL语句并执行。然后还按照用户输入的内容添加管理员与默认类别。最后根据执行结果输出不同的内容。将以上代码保存为install.php，执行该代码，其执行结果如图19.2所示。

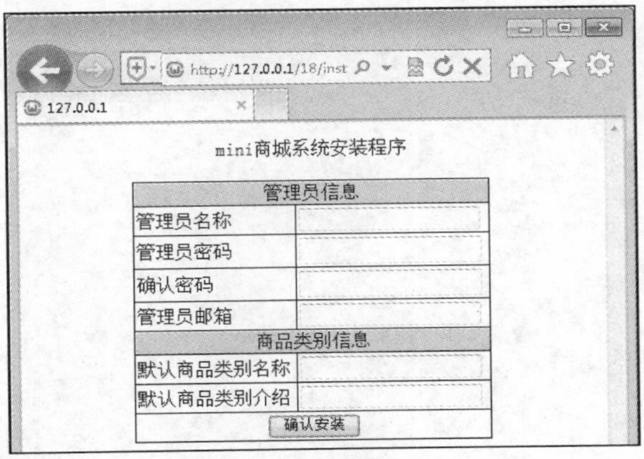

图19.2　商城系统安装模块前台

在图 19.2 中按照要求输入管理员相关信息及默认类别信息，单击"确认安装"按钮，将转入后台进行处理。如果安装成功执行，则结果如图 19.3 所示。

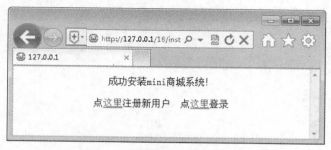

图 19.3　商城系统安装模块后台

19.3　注册登录模块

19.2 节介绍了实现整个在线购物网站所要求的全部功能模块。按其功能可划分为注册登录相关、查看商品相关、查看用户信息相关、添加与编辑类别、添加与编辑商品、处理订单及退出登录等。本节来实际运行这几个功能模块，查看其是否能够按照既定的规划方案执行。

19.3.1　注册模块

本节创建用户注册模块。虽然商城系统在安装时添加了默认管理员用户，但普通用户的使用仍然需要通过注册来实现。该系统规定，非注册用户可以随意浏览所有商品内容，但却不能购买商品，所以需要注册才能体验系统的所有功能。注册模块可以分为前台与后台两部分来实现，前台用于让用户输入基本信息，后台则用于将用户信息添加到用户表中。这里将前台与后台进行了整合，其具体内容如下：

```
<?php
echo "<center>";
if(!isset($_POST["name"]))                          //如果没有提交用户名称显示前台
{
?>
 <script language="javascript">
function check(f)
{
if(f.name.value == "")
{
    alert("请输入注册用户名称！");
    f.name.focus();
    return (false);
}
```

```
    if (f.pass.value == "")
    {
        alert("请输入注册用户密码!");
        f.pass.focus();
        return (false);
    }
    if (f.re_pass.value != f.pass.value)
    {
        alert("重复密码与密码不一致!");
        f.re_pass.focus();
        f.re_pass.select();
        return (false);
    }
    if (f.mail.value == "")
    {
        alert("请输入注册用户邮箱!");
        f.mail.focus();
        return (false);
    }
}
</script>
<style type="text/css">
<!--
tr,td{font-size:12pt}
-->
</style>
mini商城系统注册程序<p>
<table border="1" cellspacing="0" cellpadding="1" bordercolordark="#ffffff" bordercolorlight="#000000" width="300">
<form method=post action="<?php $_SERVER["PHP_SELF"]?>" onsubmit="return check(this)">
<tr>
<td colspan=2 bgcolor="#cccccc" align="center">注册用户信息</td>
</tr>
<tr>
<td>注册用户名称</td>
<td><input type=text name="name"></td>
</tr>
<tr>
<td>注册用户密码</td>
<td><input type=password name="pass" size=21></td>
</tr>
<tr>
<td>确认密码</td>
<td><input type=password name="re_pass" size=21></td>
</tr>
<tr>
<td>注册用户邮箱</td>
<td><input type=text name="mail"></td>
</tr>
<tr>
```

```php
        <td colspan=2 align="center"><input type="submit" value="注册"></td>
    </tr>
</form>
</table>
<?php
}
else                                        //如果已经提供注册用户名,进行后台处理
{
    $name=$_POST["name"];                   //获取注册用户名称
    $pass=md5($_POST["pass"]);              //获取注册用户密码
    $mail=$_POST["mail"];                   //获取注册用户邮箱
    $time=date("Y年m月d日");                //获取当前时间
    include "config.php";                   //加载配置文件
    $sql="SELECT count(*) FROM $my_user WHERE name='$name'";
    $re=$mysqli->query($sql) or die($mysqli->error);
    $count=$re->num_rows;                   //获取同名用户数量
    if($count[0]>0)                         //如果存在同名用户
    {
        echo "已经存在同名用户<p>";
        echo "点<a href=reg.php>这里</a>注册新用户  点<a href=login.php>这里</a>登录";
    }
    else                                    //如果不存在同名用户
    {
        $sql="INSERT INTO $my_user(name,password,email,reg_date)values('$name','$pass','$mail','$time')";
        $re=$mysqli->query($sql) or die($mysqli->error);
                                            //执行添加用户信息SQL语句
        if($re)                             //如果成功执行
        {
            echo "成功注册用户: ".$name."<p>";       //输出内容
            echo "点<a href=login.php>这里</a>登录";
        }
    }
}
echo "</center>";
?>
```

以上代码在实现用户注册时,分别对前台与后台进行了整合。在后台处理时需要注意两点,第一要将用户输入的密码进行 md5()加密;第二还要判断是否存在同名用户,如果存在则给出提示;如果不存在才能执行插入记录操作。

将以上代码保存为 reg.php,注册模块就创建完毕,执行该代码的结果如图 19.4 所示。

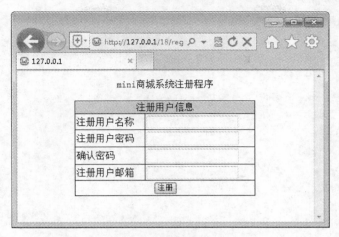

图 19.4　注册模块执行结果

在图 19.4 中输入注册用户所要求的：用户名、密码、邮箱等必要信息，单击注册按钮即可完成注册。注册完成的结果如图 19.5 所示。

图 19.5　完成注册

19.3.2　登录模块

使用者在成功注册用户之后并不能进入系统，还需要经过登录才可以。所以登录模块也是用户进入系统的一个前提。与注册模块类似，登录模块也由前台与后台两部分组成。前台让用户输入用户名密码及 Cookie 保存时间；后台将用户输入信息与库存信息进行比对，如果存在相应的用户则设定 Cookie 并进入系统。具体内容如下：

```
<?php
if(!isset($_POST["name"]))                //如果没有提交用户名，显示前台
{
echo "<center>";
?>
<script language="javascript">
function check(f)
{
if(f.name.value == "")
{
    alert("请输入登录用户名称！");
```

```
        f.name.focus();
        return (false);
    }
    if (f.pass.value == "")
    {
        alert("请输入登录用户密码!");
        f.pass.focus();
        return (false);
    }
}
</script>
<style type="text/css">
<!--
tr,td{font-size:12pt}
-->
</style>
mini 商城系统登录程序<p>
<table         border="1"         cellspacing="0"         cellpadding="1"
bordercolordark="#ffffff" bordercolorlight="#000000" width="300">
<form     method=post     action="<?php     $_SERVER["PHP_SELF"]?>"
onsubmit="return check(this)">
<tr>
<td colspan=2 bgcolor="#cccccc" align="center">登录用户信息</td>
</tr>
<tr>
<td>用户名称</td>
<td><input type=text name="name"></td>
</tr>
<tr>
<td>用户密码</td>
<td><input type=password name="pass" size=21></td>
</tr>
<tr>
<td>登录有效期</td>
<td>
<select name=c_l size=1>
<option value=0>不保存</option>
<option value=<?php echo 3600*24?>>一天</option>
<option value=<?php echo 3600*24*7?>>一周</option>
<option value=<?php echo 3600*24*30?>>一月</option>
</select>
</td>
</tr>
<tr>
<td colspan=2 align="center"><input type="submit" value="登录"></td>
</tr>
</form>
</table>
<?php
}
else                                                    //如果提交用户名则进行处理
```

```php
{
    $name=$_POST["name"];                              //获取登录用户名
    $pass=md5($_POST["pass"]);                         //获取密码
    $c_l=$_POST["c_l"];                                //获取 Cookie 保存期
    include "config.php";                              //加载配置文件
    $sql="SELECT count(*) FROM $my_user WHERE name='$name' AND password='$pass'";
    $re=$mysqli->query($sql) or die($mysql->error);
                                                       //发送查询用户 SQL 请求
    $count=$re->num_rows;                              //获取结果集
    if($count>0)                                       //如果存在相应的用户信息
    {
        setcookie("login",$name,time()+$c_l);          //写入 cookie
        echo "<meta http-equiv=\"refresh\" content=\"2; url=show.php\">";
        echo "<center>";
        echo "成功登录 mini 商城系统!<p>";
        echo "两秒后进入浏览商品页面";
    }
    else                                               //如果不存在指定的用户信息
    {
        echo "<center>";
        echo "<meta http-equiv=\"refresh\" content=\"2; url=login.php\">";
        echo "不存在指定用户<p>";
        echo "或者输入的用户名或者密码错误!<p>";       //输出内容
        echo "两秒后返回重新输入";
    }
}
echo "</center>";
?>
```

以上代码在处理用户登录时,首先对用户输入的密码进行 md5()处理,然后通过相应的 SQL 判断是否存在相应用户并且用户所输入的密码也是正确的。如果存在,则设定 Cookie 并跳转到显示模块的首页面;如果不存在则给出提示,并返回到输入页面再次输入。

将以上代码保存为 login.php,登录模块也创建完毕。运行该代码,其结果如图 19.6 所示。

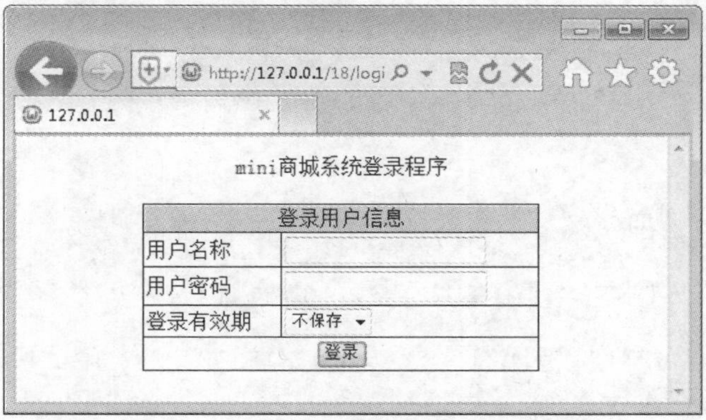

图 19.6 登录模块执行结果

在图 19.6 的界面中，输入用户名、密码以及选择登录有效期即可进行登录，如果输入用户名或者密码错误，将会出现如图 19.7 所示的提示。

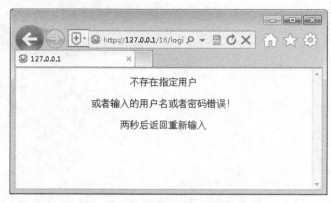

图 19.7　用户名或者密码错误结果

如果用户名或者密码错误，会给出用户提示，并自动返回登录界面重新输入；如果输入用户密码正确，则会自动跳转到显示模块。

19.4　显示模块

19.4.1　头部模块

头部模块是一个特殊的模块，该模块显示标题及登录用户的信息（在用户已经登录时）供其他显示模块调用。使用头部模块可以使所有的显示模块看起来风格一致，而且都具有共同的内容。该模块具体内容如下：

```
<style type="text/css">
<!--
tr,td{font-size:12pt}
-->
</style>
<center>
mini 商城系统显示页面<p>
<table            border="1"            cellspacing="0"            cellpadding="1"
bordercolordark="#ffffff" bordercolorlight="#0000ff" width="80%">
<?php
if(!isset($_COOKIE["login"]) or $_COOKIE["login"]=="")
//如果用户尚未登录，显示登录表单
{
?>
<script language="javascript">
```

```
function check(f)
{
if(f.name.value == "")
{
    alert("请输入登录用户名称！");
    f.name.focus();
    return (false);
}
if (f.pass.value == "")
{
    alert("请输入登录用户密码！");
    f.pass.focus();
    return (false);
}
}
 </script>
<form method=post action="login.php" onsubmit="return check(this)">
<tr><td align="right">
尚未登录，用户名<input type=text name="name" size=6>密码<input type=password name="pass" size=6>
有效期
<select name=c_l size=1>
<option value=0>不保存</option>
<option value=<?php echo 3600*24?>>一天</option>
<option value=<?php echo 3600*24*7?>>一周</option>
<option value=<?php echo 3600*24*30?>>一月</option>
</select><input type="submit" value="登录">
</td></tr>
</form>
<?php
}
else                                                              //如果用户已经登录
{
echo "<tr><td align=\"right\">";
echo "欢迎您：";
echo "<a href=userinfo.php>".$_COOKIE["login"]."</a>";
                                                        //显示查看用户信息链接
echo "  <a href=quit.php>退出登录</a>";     //退出登录链接
echo "</td></tr>";
}
?>
</table>
```

头部模块的主要功能是在用户未登录时显示一个登录表单，并将表单的 action 指向 login.php 以实现用户登录。而在用户已经登录时，显示查看登录用户信息及退出登录的超链接。将以上代码保存为 header.php，以便显示模块调用。其执行结果如图 19.8 所示。

图 19.8 头部模块执行结果

19.4.2 核心显示模块

显示模块是购物网站的核心模块，用户通过显示模块才能查看到所有的类别信息、某一类别信息及指定商品的详细信息等；而且在显示商品详细信息的显示模块中还提供了购物车的接口，用户只有通过该接口才能添加购物车。本章所介绍的购物网站中的显示模块由三部分组成，分别为首页显示模块、类别显示模块及商品显示模块等。下面分别介绍这三种显示模块。

1. 首页显示模块

首页显示模块用于显示当前系统中所有已经存在的商品类别的信息，其具体内容如下：

```php
<?php
include "header.php";                        //调用头部模块
?>
<p>
<table         border="1"         cellspacing="0"         cellpadding="1"
bordercolordark="#ffffff" bordercolorlight="#000000" width="80%">
<?php
include "config.php";                        //调用配置文件
$sql="SELECT * FROM $my_type";               //遍历商品类别表
$result=$mysqli->query($sql);
$num=$result->num_rows;                      //获取所有商品类别数量
if($num==0)                                  //如果没有任何商品类别，则输出内容
{
echo "<tr><td bgcolor=\"#cccccc\" colspan=3>";
echo "<center>尚没有任何商品种类</center>";
echo "</td></tr>";
}
else                                         //如果存在商品类别记录
{
echo "<tr><td bgcolor=\"#cccccc\" colspan=3><center>";
echo "共有".$num."种商品";                   //输出商品类别数
echo "</center></td></tr>";
for($i=0;$i<ceil($num/3);$i++)               //每行3个显示所有类别
{
    echo "<tr>";                             //输出行标记
    for($j=0;$j<3;$j++)                      //循环输出3列
```

```
            {
                echo "<td>";
                $row=$result->fetch_array();        //逐条获取记录
                if($row)                            //如果有记录则输出内容
                {
                    echo                                                      "<a
href=show_type.php?id=".$row["id"]."">".$row["name"].
"</a>(".$row["num"].")";
                    echo "<br>";
                    echo $row["description"];
                }
                else                                //如果没有记录
                {
                    echo "尚无类别";                //输出内容
                }
                echo "</td>";
            }
        echo "</tr>";                               //输出行结束标记
        }
    }
    echo "</table>";
```

以上代码通过遍历所有商品类别，并对结果进行判断。如果不存在记录，则输出无记录的提示；如果存在记录，则分别给以显示。这里要注意其中的显示方式是采用每行 3 个的方式。将以上代码保存为 show.php，执行该代码其结果如图 19.9 所示。

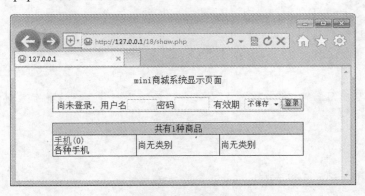

图 19.9　首页显示模块执行结果

2. 类别显示模块

与首页显示模块不同，类别显示模块仅显示属于某一类别的所有商品，但二者的显示方式基本相同，均是使用每行三列的显示方式。其具体内容如下：

```
<?php
include "header.php";                           //调用头部模块
?>
<p>
<?php
```

```php
        if(!isset($_GET["id"]))                           //如果没有提供指定ID
        {
        echo "<meta http-equiv=\"refresh\" content=\"2; url=show.php\">";
        echo "没有提供类别ID<p>";                          //输出内容并重定向到首页
        echo "两秒后返回查看主页面";
        }
        else                                              //如果提供ID则显示相应类别
        {
        ?>
        <table           border="1"          cellspacing="0"         cellpadding="1"
bordercolordark="#ffffff" bordercolorlight="#0000ff" width="80%">
        <?php
        include "config.php";
        $sql="SELECT name FROM $my_type WHERE id='$_GET[id]'";//通过ID获取类别
名称
        $result=$mysqli->query($sql);
        $name=$result->fetch_row();
        echo "<tr><td bgcolor=\"#ccccff\" colspan=3>";
        echo "<a href=show.php>首页</a>  查看所有".$name[0]."记录";
        echo "  ";
        $sql="SELECT * FROM $my_goods WHERE type='$_GET[id]'"; //遍历商品表中属于
该类别的商品
        $result=$mysqli->query($sql);
        $num=$result->num_rows;
        if($num==0)                                       //如果没有该类别商品
        {
        echo "<center>该类别中尚没有任何商品</center>";    //显示内容
        echo "</td></tr>";
        }
        else                                              //如果存在
        {
        echo "共有".$num."种商品";                         //输出类别数量
        echo "</td></tr>";
        for($i=0;$i<ceil($num/3);$i++)
        {
            echo "<tr>";
            for($j=0;$j<3;$j++)
            {
                echo "<td>";
                $row=$result->fetch_array();              //获取记录
                if($row)                                  //如果存在记录
                {
                    echo                                                        "<a
href=show_goods.php?id=".$row["id"].">".$row["name"].
"</a>(".$row["num"].")";
                echo "<br>";
                echo $row["description"];
                }
                else                                      //如果不存在相应记录
                {
                    echo "尚无商品";                      //输出内容
```

```
            }
            echo "</td>";
        }
        echo "</tr>";
    }
}
echo "</table>";
}
?>
```

以上代码首先判断有无指定的 ID，如果没有，则给出提示并重定向到显示首页。如果存在相应 ID，则显示商品表中属于该类别的商品。将以上代码保存为 show_type.php，执行该代码，其结果如图 19.10 所示。

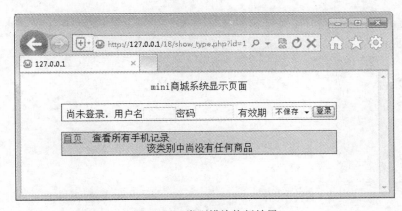

图 19.10　类别模块执行结果

3. 商品显示模块

商品模块用于显示指定商品的详细信息，首先需要对 ID 进行判断，然后根据提供的 ID 显示指定商品内容。其具体内容如下：

```
<?php
include "header.php";                           //调用头部文件
?>
<p>
<?php
if(!isset($_GET["id"]))                         //如果没有提供 ID
{
echo "<meta http-equiv=\"refresh\" content=\"2; url=show.php\">";
echo "没有提供商品 ID<p>";
echo "两秒后返回查看主页面";
}
else                                            //如果已经提供 ID
{
?>
<script language="javascript" src="mycat.js"></script>
<table           border="1"           cellspacing="0"          cellpadding="1"
```

```php
    bordercolordark="#ffffff" bordercolorlight="#000000" width="80%">
    <?php
    include "config.php";                                //调用配置文件
    $sql="SELECT * FROM $my_goods WHERE id='$_GET[id]'";   //获取指定商品所有信息
    $result=$mysqli->query($sql);
    $row=$result->fetch_array();
    $sql="SELECT id,name FROM $my_type WHERE id='$row[type]'";
                                                        //获取商品所属ID及名称
    $result=$mysqli->query($sql);
    $type_info=$result->fetch_array();
    echo "<tr>";
    echo "<td bgcolor=\"#cccccc\" colspan=2>";
    echo "<a href=show.php>首页</a>  ";
    echo "<a href=show_type.php?id=".$type_info["id"].">".$type_info["name"]."</a>  ";
    echo "查看".$row["name"]."的详细信息";               //以下显示商品所有信息
    echo "</td></tr>";
    echo "<tr>";
    echo "<td>商品名称：</td>";
    echo "<td>".$row["name"]."</td>";
    echo "</tr>";
    echo "<tr>";
    echo "<td>商品售价：</td>";
    echo "<td>".$row["cost"]."</td>";
    echo "</tr>";
    echo "<tr>";
    echo "<td>现有存货：</td>";
    echo "<td>".$row["num"]."</td>";
    echo "</tr>";
    echo "<tr>";
    echo "<td>商品介绍：</td>";
    echo "<td>".$row["description"]."</td>";
    echo "</tr>";
    if($_COOKIE["login"])               //如果用户已经登录则显示添加购物车按钮
    {
    echo "<tr>";
    echo "<td colspan=\"2\" align=\"center\"><input type=\"button\" value=\"把该商品加入购物车\" onclick=SetCookie(\"cat".$row["id"]."\",\"1\")></td>\n";
    echo "</tr>";
    }
    echo "</table>";
    }
    ?>
```

以上代码中不仅显示指定商品的相关信息，同时还判断用户是否登录。如果用户已经登录则显示一个"把商品加入购物车"按钮，通过该按钮将实现将当前查看的商品加入购物车的目的。将以上代码保存为 show_goods.php，执行该代码，其结果如图 19.11 所示。

第 19 章 使用 PHP+MySQL 构建在线购物网站

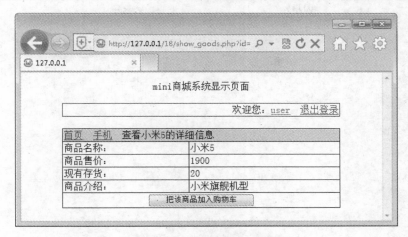

图 19.11 显示商品模块执行结果

19.4.3 购物车模块

当登录用户使用 show_goods.php 查看指定商品的详细信息时，会用到添加购物车的功能，该功能通过一个 JS 文件 mycat.js 实现，其具体内容如下：

```javascript
function SetCookie (name, value)   //设置名称为 name,值为 value 的 Cookie
{var expdate = new Date();
expdate.setTime(expdate.getTime() + 30 * 60 * 1800);
document.cookie = name+"="+value+";expires="+expdate.toGMTString()+";path=/";
alert("添加商品"+name+"成功!");
var cat=window.open("show_cat.php","cat","toolbar=no,menubar=no,location=no,status=no,width=420,height=280");   //打开一个新窗口显示统计的商品信息,即显示"手推车"
}
function Deletecookie (name) {           //删除名称为 name 的 Cookie
var exp = new Date();
    exp.setTime (exp.getTime() - 1);
    var cval = GetCookie (name);
    document.cookie=name+"="+cval+";expires=" + exp.toGMTString();
}
function Clearcookie()                     //清除 Cookie
    {
    var temp=document.cookie.split(";");
    var loop3;
    var ts;
    for (loop3=0;loop3<temp.length;loop3++)
      {
      ts=temp[loop3].split("=")[0];
      if (ts.indexOf('mycat')!=-1)
        DeleteCookie(ts);                 //如果 ts 含"mycat"则执行清除
```

```javascript
        }
    }
    function getCookieVal (offset) {              //取得项名称为offset的Cookie值
        var endstr = document.cookie.indexOf (";", offset);
        if (endstr == -1)
            endstr = document.cookie.length;
        return unescape(document.cookie.substring(offset, endstr));
    }
    function GetCookie (name) {                   //取得名称为name的cookie值
        var arg = name + "=";
        var alen = arg.length;
        var clen = document.cookie.length;
        var i = 0;
        while (i < clen) {
        var j = i + alen;
        if (document.cookie.substring(i, j) == arg)
            return getCookieVal (j);
            i = document.cookie.indexOf(" ", i) + 1;
            if (i == 0) break;
        }
        return null;
    }
```

以上该代码通过 JavaScript 操作相应的 Cookie 值实现购物车的功能。将以上代码保存为 mycat.js 以便在需要调用相应购物车功能时使用该 JS 文件。

19.4.4 查看并统计购物车模块

仅能将指定商品添加到购物车还不行，还需要提供查看购物车并生成订单的功能模块。该模块通过读取指定 Cookie 值来查看用户购物车，并在用户单击"生成订单"按钮时生成相应的订单记录。其内容如下：

```php
<?php
echo " <style type=\"text/css\">
<!--
tr,td{font-size:12pt}
-->
</style>";
echo "<center>\n";
if(!isset($_POST["mycat"]))                  //如果没有提交订单则显示订单信息
{
include "config.php";
echo   "<table   border=\"1\"   cellspacing=\"0\"   cellpadding=\"1\"
bordercolordark=\"#ffffff\" bordercolorlight=\"#000000\" width=\"80%\">\n";
echo "<form method=\"post\" action=\"".$_SERVER["PHP_SELF"]."\" >\n";
echo "<input type=\"hidden\" name=\"mycat\" value=\"post\">";
```

```php
    echo "<tr>\n";
    echo "<td colspan=\"4\" bgcolor=\"#cccccc\"><center><h2>您的购物车信息</h2></center></td>\n";
    echo "</tr>\n";
    echo "<tr>\n";
    echo "<td>选择</td>\n";
    echo "<td>名称</td>\n";
    echo "<td>单价</td>\n";
    echo "<td>数量</td>\n";
    echo "</tr>\n";
    $temp=array_keys($_COOKIE);                    //获取Cookie数组键名
    $j=0;
    for($i=0;$i<count($temp);$i++)                 //遍历用键名构成的数组
    {
        if(preg_match("/cat/",$temp[$i]))    //如果键名包含cat（用于标记购物车）
        {
            $catid=preg_replace("/cat/","",$temp[$i]);   //获取被提交的商品ID
            $sql="select * from $my_goods where id='$catid'";
                                                    //获取指定商品全部信息
            $result=$mysqli->query($sql);
            $rows=$result->fetch_array();
            echo "<input type=\"hidden\" name=\"id[]\" value=\"".$rows["id"]. "\">\n";
            echo "<input type=\"hidden\" name=\"type[]\" value=\"".$rows["type"]."\">\n";
            echo "<tr>\n";
            echo "<td><input type=\"checkbox\" name=\"c[".$j."]\" value=\"". $rows["name"]."\"></td>\n";
            echo "<td>".$rows["name"]."</td>\n";
            echo "<td><input type=\"text\"  value=\"".$rows["cost"]."\" name=\"m[]\" readonly enable=false size=\"5\"></td>\n";
            echo "<td>";
            echo "<select name= \"t[]\" size=\"1\">";
                                        //购买商品数量用Select选择框来实现
            for($cc=1;$cc<($rows["num"]+1);$cc++)      //其值范围为1-$rows[num]
            {
                echo "<option value=".$cc.">".$cc."</option>";
            }
            echo "</select>";
            echo "</td>\n";
            echo "</tr>\n";
            $j++;
        }
    }
    echo "<tr>\n";
    echo "<td colspan=\"4\"><center>";
    echo "<input type=\"submit\" value=\"生成订单\">";
    echo "<input type=\"button\" value=\"继续购物\" onclick=window.close()>";
    echo "</center></td>\n";
    echo "</tr>\n";
```

```php
    echo "</form>";
    echo "</table>";
}
else                                              //如果已经提交订单
{
    $id=$_POST["id"];
    $m=$_POST["m"];
    $t=$_POST["t"];
    $c=$_POST["c"];
    $type=$_POST["type"];
    $time=date("Y年m月d日");
    if(count($c)==0)                              //如果被选择项数为0
    {
        echo "你没有选择任何商品！<p>";
        echo "<input type=button value=重新选择 onclick=history.go(-1)>";
    }
    else                                          //如果有选择的购物车内容
    {
        require "config.php";                     //调用配置文件
        $sql="insert into $my_sales(sale_goods_id,sale_goods_num,sale_user_name,sale_cost,sale_date) values";          //构建插入订单记录的SQL语句主体
        echo "<table border=\"1\" cellspacing=\"0\" cellpadding=\"1\" bordercolordark=\"#ffffff\" bordercolorlight=\"#0000ff\" width=\"80%\">\n";
        echo "<tr><td colspan=\"4\"><center>您选购了以下商品:</center></td></tr>";
        echo "<tr>";
        echo "<td>名称</td>";
        echo "<td>单价</td>";
        echo "<td>数量</td>";
        echo "<td>小计</td>";
        echo "</tr>";
        $i=0;
        foreach($c as $key=>$value)               //遍历每一项选择的商品
        {
            $temp=$id[$key];
            $temp2=$m[$key];
            $temp3=$t[$key];
            $temp4=$type[$key];
            $update="UPDATE $my_goods,$my_type set $my_goods.num=$my_goods.num-$temp3,$my_type.num=$my_type.num-$temp3 WHERE $my_goods.id=$temp and $my_type.id=$temp4";            //按照购买数量更新商品及其所属类别数量
            $mysqli->query($update) or die($mysqli->error);
            echo "<tr>";
            echo "<td>".$value."</td>";           //商品名称
            echo "<td>".$temp2."</td>";           //商品单价
            echo "<td>".$temp3."</td>";           //购买数量
            $z[$i]=($temp2*$temp3);               //当前项总额

    $sql=$sql."('$temp','$temp3','$_COOKIE[login]','$z[$i]','$time')";
```

```
            if($i<count($c)-1)              //如果不是最后一项,则在 SQL 后加逗号
            {
                $sql=$sql.",";
            }
            echo "<td>".$z[$i]."</td>";          //输出小计
            echo "</tr>";
            $i++;
        }
        $s=array_sum($z);                    //获取总额
        echo "<tr><td colspan=\"4\"><center>总计:".$s."</center></td></tr>";
        $re=$mysqli->query($sql) or die($mysqli->error);            // 执行插入订单表语句生成订单
        if($re)
        {
            echo "<tr><td colspan=\"4\"><center>已经生成订单,点<input type=\"button\" value=\" 这 里 结 束 操 作 \" onclick=window.close()></center></td></tr>";
        }
        else
        {
            echo "<tr><td colspan=\"4\"><center>生成订单错误,点<input type=\"button\" value=\" 这 里 结 束 操 作 \" onclick=window.close()></center></td></tr>";
        }
        echo "</table>";
    }
}
?>
```

以上代码在前台查看购物车中所有选定的商品信息,并按用户选择内容提交到后台。后台则按照用户选择的内容生成相应的订单并给出提示。注意因为是首次添加的订单,所以其状态全都为未经处理(sale_state 值为 0)。将以上代码保存为 show_cat.php,如果用户在如图 19.11 所示显示商品信息页面中单击"把该商品放入购物车"按钮,即可弹出页面如图 19.12 所示。

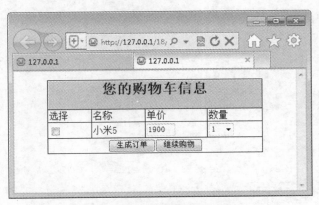

图 19.12　查看当前购物车模块

19.5 用户模块

19.2 节介绍了实现整个在线购物网站所要求的全部功能模块。按其功能可划分为注册登录相关、查看商品相关、查看用户信息相关、添加与编辑类别、添加与编辑商品、处理订单及退出登录等。本节来实际运行这几个功能模块，查看其是否能够按照既定的规划方案执行。

19.5.1 显示用户信息模块

显示用户信息在头部模块 header.php 中提供了接口，注册用户登录后，单击其中显示的用户名即可跳转到显示用户信息模块，该模块不仅显示用户信息，还在其中提供了修改密码、查看我的历史订单，以及为管理员提供的处理订单等模块的链接。具体内容如下：

```
<style type="text/css">
<!--
tr,td{font-size:12pt}
-->
</style>
<center>
用户信息查看页面<p>
<table             border="1"          cellspacing="0"         cellpadding="1"
bordercolordark="#ffffff" bordercolorlight="#000000" width="80%">
<?php
if(!isset($_COOKIE["login"]) or $_COOKIE["login"]=="")
        //如果用户未登录
{
?>
<tr><td align="center">
尚未登录，点<a href="login.php">这里</a>登录
</td></tr>
<?php
}
else                                                            //如果用户已经登录
{
echo "<tr><td align=\"center\" bgcolor=\"#cccccc\" colspan=2>";
echo "<a href=show.php>首页</a>";
echo "  <a href=e_pass.php>修改密码</a>";
echo "  <a href=show_sale.php>查看历史订单</a>";
echo "  <a href=quit.php>退出登录</a>";
echo "</td></tr>";
include "config.php";
$sql="SELECT * FROM $my_user WHERE name='$_COOKIE[login]'";
$result=$mysqli->query($sql);
$row=$result->fetch_array();
echo "<tr>";
echo "<td>用户名称：</td>";
```

```php
echo "<td>".$row["name"]."</td>";
echo "</tr>";
echo "<tr>";
echo "<td>用户邮箱：</td>";
echo "<td>".$row["email"]."</td>";
echo "</tr>";
echo "<tr>";
echo "<td>注册日期：</td>";
echo "<td>".$row["reg_date"]."</td>";
echo "</tr>";
echo "<tr>";
echo "<td>是否为管理员：</td>";
echo "<td>";
if($row["admin"]==1)
{
    echo "管理员";
    echo "  <a href=e_sale.php>处理订单</a>";
}
else echo "非管理员";
echo "</td>";
echo "</tr>";
}
?>
</table>
```

以上代码首先判断用户的登录状态，如果未登录则给出登录链接；如果用户已经登录则通过登录用户名在用户表中查询其所有注册信息并予以显示。将以上代码保存为 userinfo.php，执行该代码，其结果如图 19.13 所示。

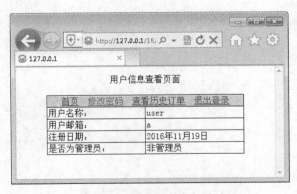

图 19.13　查看用户信息页面

19.5.2　修改用户密码模块

由于本章所介绍的购物网站用户表字段较少，内容较为单一，所以仅提供修改密码模块。如果用户需要，也可以扩充用户表字段，根据相同原理创建相应的修改用户注册信息模块。修改用户密码模块详细情况如下：

```
<style type="text/css">
<!--
tr,td{font-size:12pt}
-->
</style>
<center>
修改用户密码页面<p>
<table              border="1"         cellspacing="0"         cellpadding="1"
bordercolordark="#ffffff" bordercolorlight="#000000" width="80%">
<?php
if(!isset($_COOKIE["login"]) or $_COOKIE["login"]=="")
            //如果用户没有登录
{
?>
<tr><td align="center">
尚未登录,点<a href="login.php">这里</a>登录
</td></tr>
</form>
<?php
}
else                                                      //如果已经登录
{
echo "<tr><td align=\"center\" bgcolor=\"#cccccc\" colspan=2>";
echo "<a href=show.php>首页</a>";
echo "  <a href=userinfo.php>查看用户".$_COOKIE["login"]."注
册信息</a>";
echo "  <a href=quit.php>退出登录</a>";
echo "</td></tr>";                          //显示头部
if(!isset($_POST["pass"]))                  //如果没有提交密码则显示前台
{
    echo "<tr>";
    ?>
    <script language="javascript">
function check(f)
{
if (f.pass.value == "")
{
    alert("请输入原始密码!");
    f.pass.focus();
    return (false);
}
if (f.new_pass.value == "")
{
    alert("请输入新密码!");
    f.new_pass.focus();
    return (false);
}
if (f.new_pass.value == f.pass.value)
{
    alert("新密码与原始密码一致,请重新输入新密码!");
    f.new_pass.focus();
```

```php
        return (false);
    }
    if (f.new_pass.value != f.re_pass.value)
    {
        alert("重复密码与新密码不一致！");
        f.re_pass.focus();
        return (false);
    }
}
</script>
<form method=post action="<?php $_SERVER["PHP_SELF"]?>" onsubmit="return check(this)">
    <?php
    echo "<td>原始密码：</td>";
    echo "<td><input type=password name=pass></td>";
    echo "</tr>";
    echo "<tr>";
    echo "<td>新的密码：</td>";
    echo "<td><input type=password name=new_pass></td>";
    echo "</tr>";
    echo "<tr>";
    echo "<td>重复新的密码：</td>";
    echo "<td><input type=password name=re_pass></td>";
    echo "</tr>";
    echo "<tr>";
    echo "<td colspan=2 align=center>";
    echo "<input type=\"submit\" value=\"确认修改\">";
    echo "</td>";
    echo "</tr>";
    echo "</form>";
}
else
{
    $password=md5($_POST['pass']);                    //获取原始密码
    $new_pass=md5($_POST['new_pass']);                //获取新密码
    include "config.php";
    $sql="SELECT COUNT(*) FROM $my_user WHERE name='$_COOKIE[login]' AND password='$password'";
    $result=$mysqli->query();                         //查看原始密码是否正确
    $row=$result->num_rows();
    if($row[0]==0)                                    //如果不正确
    {
        echo "<meta http-equiv=\"refresh\" content=\"2;url=e_pass.php\">";
        echo "<tr><td align=\"center\">输入原始密码错误<p>两秒后返回重新输入</td></tr>";
    }
    else                                              //如果原始密码正确
    {
        $sql="UPDATE $my_user SET password='$new_pass' WHERE name='$_COOKIE[login]' AND password='$password'";
```

```
            $re=$mysqli->query($sql);               //用新密码替换
            if($re)                                 //如果成功执行
            {
                echo    "<meta    http-equiv=\"refresh\"    content=\"2;
url=userinfo.php\">";
                echo "<tr><td align=\"center\">成功修改用户密码<p>两秒后转到信
息查看页面</td></tr>";
            }
            else                                    //如果执行失败
            {
                echo "<meta http-equiv=\"refresh\" content=\"2; url=e_pass.
php\">";
                echo "<tr><td align=\"center\">修改用户密码错误<p>两秒后返回重
新输入</td></tr>";
            }
        }
    }
    ?>
    </table>
```

修改密码项同样需要用户登录才能进行操作,所以修改用户密码模块首先仍是判断用户是否登录。并在确认用户登录后,判断是否有提交的内容,如果没有则显示前台供用户输入相关内容;如果已经提交则进入后台进行处理。将以上代码保存为 e_pass.php,执行该代码,其结果如图 19.14 所示。

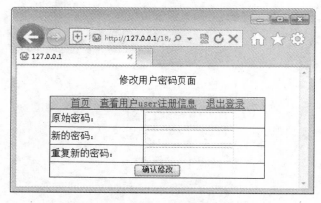

图 19.14　修改用户密码页面执行结果

查看图 19.14 的执行结果可以看到,用户需要输入原始密码、新密码及重复输入新密码,即可完成对密码的修改。

19.5.3　查看用户历史订单模块

注册用户登录后除了能够查看注册信息、修改密码以外,还能查看当前登录用户的历史订单。查看历史订单能让用户了解自己在系统中的采购情况及订单处理情况。历史订单模块的具体内容如下：

```
<style type="text/css">
<!--
tr,td{font-size:12pt}
-->
</style>
<center>
查看用户历史订单<p>
<table          border="1"          cellspacing="0"          cellpadding="1"
bordercolordark="#ffffff" bordercolorlight="#000000" width="80%">
<?php
if(!isset($_COOKIE["login"]) or $_COOKIE["login"]=="")
        //如果用户没有登录
{
?>
<tr><td align="center">
尚未登录，点<a href="login.php">这里</a>登录
</td></tr>
</form>
<?php
}
else                                                    //如果已经登录
{
echo "<tr><td align=\"center\" bgcolor=\"#cccccc\" colspan=5>";
echo "<a href=show.php>首页</a>";
echo "  <a href=userinfo.php>查看用户".$_COOKIE["login"]."注册信息</a>";
echo "  <a href=quit.php>退出登录</a>";
echo "</td></tr>";                                      //显示头部
include "config.php";
$sql="SELECT * FROM $my_sales WHERE sale_user_name='$_COOKIE[login]'";
$result=$mysqli->query($sql);           //从订单表中遍历所有属于指定用户的订单
$num=$result->num_rows;                 //获取订单数
if($num==0)                             //如果查询结果为0
{
    echo "<tr><td colsapn=5>尚没有用户".$_COOKIE["login"]."的订单</td></tr>";
}
else                                    //如果订单数大于0
{
    echo "<tr><td>商品名称</td><td>购买数量</td><td>总价格</td><td>订单状态</td><td>购买时间</td></tr>";
    while($row=$result->fetch_array())   //遍历所有结果集
    {
        echo "<tr>";
        echo "<td>";
        $sql="SELECT name FROM $my_goods WHERE id='$row[sale_goods_id]'";
```

```php
    $re=$mysqli->query($sql);
    $temp=$re->fetch_row();
    echo $temp[0];                              //商品名称
    echo "</td>";
    echo "<td>".$row["sale_goods_num"]."</td>"; //一次购买数量
    echo "<td>".$row["sale_cost"]."</td>";      //总价格
    echo "<td>";
    if($row["sale_state"]==0) echo "未处理";    //判断订单状态
    else echo "已处理";
    echo "</td>";
    echo "<td>".$row["sale_date"]."</td>";      //下订单日期
    echo "</tr>";
    }
}
}
?>
</table>
```

以上代码通过指定的登录用户名从订单表中遍历所有属于登录用户的订单并显示。因为订单表中仅保存了商品 ID 并没有保存商品名称，所以还需要再进行一次查询以获取相应 ID 的商品名称。将以上代码保存为 show_sale.php，执行该代码，其结果如图 19.15 所示。

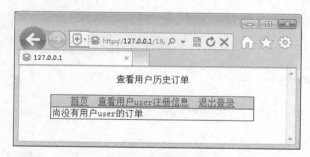

图 19.15　查看用户历史订单

由于当前用户并没有下订单，所以显示没有订单内容的信息。如果用户已经生成过订单，则其执行结果将会如图 19.16 所示。

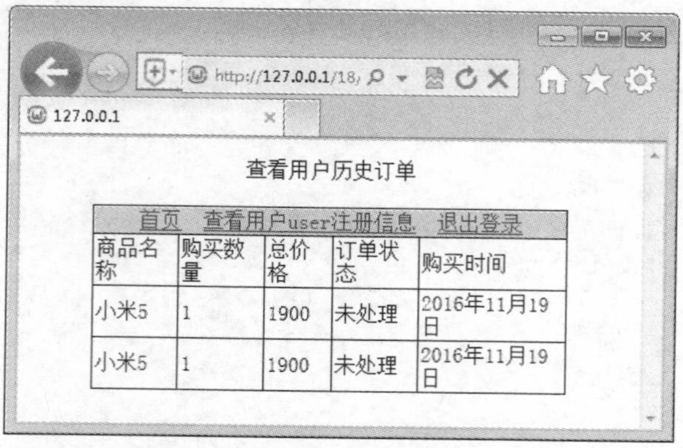

图 19.16　查看用户历史订单信息

19.6 管理模块

19.2 节介绍了实现整个在线购物网站所要求的全部功能模块。按其功能可划分为注册登录相关、查看商品相关、查看用户信息相关、添加与编辑类别、添加与编辑商品、处理订单及退出登录等。本节来实际运行这几个功能模块，查看其是否能够按照既定的规划方案执行。

19.6.1 处理订单模块

如果判断登录用户为管理员，则其拥有处理订单的权利。在真实的大型购物网站中处理订单通常意味着卖家收到了买家通过支付手段所支付的货款。而这些要涉及网上银行接口或者支付宝接口等内容，这里不再涉及。这里所实现的功能是：假设卖家收到了货款，即将订单状态改为已处理。其具体内容如下：

```php
<?php
echo "<center>";
echo " <style type=\"text/css\">
 <!--
 tr,td{font-size:12pt}
 -->
 </style>";
if(!isset($_COOKIE["login"]) or $_COOKIE["login"]=="")
    //判断用户是否登录
{
echo "您还没有登录！<p>";
echo "请以管理员身份<a href=login.php>登录</a>，再执行该页面！";
}
else                                                    //如果用户已经登录
{
$name=$_COOKIE["login"];
include "config.php";
$sql="SELECT admin FROM $my_user WHERE name='$name'";
$result=$mysqli->query($sql);              //查询登录用户是否为管理员
$row=$result->fetch_row();
if($row[0]==0)                              //如果不是管理员
{
    echo "您没有权限执行该页面！<p>";
    echo "请以管理员身份<a href=login.php>登录</a>，再执行该页面！";
}
else                                        //如果是管理员
{
    if(!isset($_GET["id"]))                 //如果没有提供未处理订单 ID
    {
        echo "管理所有未处理历史订单<p>";
        include "config.php";
        $sql="SELECT * FROM $my_sales WHERE sale_state='0'";
```

```php
        $result=$mysqli->query($sql);        //查看所有状态为未处理的订单
        $num=$result->num_rows;
        if($num==0) echo "没有尚未处理的订单！<p>点<a href=show.php>这里</a>返回首页";
        else                                    //如果存在未处理订单
        {
            echo "<table border=\"1\" cellspacing=\"0\" cellpadding=\"1\" bordercolordark=\"#ffffff\" bordercolorlight=\"#000000\" width=\"80%\">";
            echo "<tr><td>编号</td><td>购买人</td><td>商品名称</td><td>购买数量</td><td>总价格</td><td>购买时间</td><td>处理</td></tr>";
            while($row=$result->fetch_array())      //遍历所有结果集
            {
                echo "<tr>";
                echo "<td>".$row["id"]."</td>";
                echo "<td>".$row["sale_user_name"]."</td>";
                echo "<td>";
                $sql="SELECT name FROM $my_goods WHERE id='".$row["sale_goods_id"]."'";
                $re=$mysqli->query($sql);
                $temp=$re->fetch_array();
                echo $temp[0];                  //商品名称
                echo "</td>";
                echo "<td>".$row["sale_goods_num"]."</td>";
                echo "<td>".$row["sale_cost"]."</td>";
                echo "<td>".$row["sale_date"]."</td>";
                echo "<td><a href=e_sale.php?id=".$row["id"].">处理</a></td>";
                echo "</tr>";
            }
        }
    }
    else                                    //如果提供有待处理的订单ID
    {
        $id=$_GET["id"];
        $sql="UPDATE $my_sales SET sale_state='1' WHERE id='$id'";
        $re=$mysqli->query($sql) or die($mysqli->error);
                                            //更新订单状态为1
        if($re)                             //如果成功执行
        {
            echo "<meta http-equiv=\"refresh\" content=\"2;url=e_sale.php\">";
            echo "成功处理订单：".$id."<p>";
            echo "两秒后返回";
        }
        else                                //如果执行失败
        {
            echo "<meta http-equiv=\"refresh\" content=\"2;url=e_sale.php\">";
            echo "处理订单：".$id."失败<p>";
```

```
            echo "两秒后返回";
        }
    }
}
}
echo "</center>";
?>
```

由于处理订单是只有管理员才拥有的权限,所以以上代码不仅判断用户是否登录还要判断登录用户是否为管理员。然后根据提供的订单 ID 将其状态更新为已经处理即可。将以上代码保存为 e_sale.php,执行该代码,其结果如图 19.17 所示。

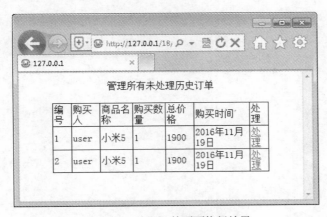

图 19.17　处理订单页面执行结果

此时,如果管理员单击图 19.17 中每一项未处理订单后面的处理链接将会对指定的订单进入处理,并在处理完之后,自动返回管理未处理历史订单页面。

19.6.2　添加类别模块

本节及下面 19.6.3 节、19.6.4 节、19.6.5 节将分别介绍 4 个功能相对独立的管理模块,分别为添加类别模块、编辑类别模块、添加商品模块和编辑商品模块。执行这些操作与处理订单一样也需要管理员身份。本系统假设商品及类别在添加后不能删除,所以不再提供商品及类别的删除模块,有兴趣的读者在学完本书后完全有能力自己创建相应的删除模块。

添加类别模块由前台与后台两部分组成,前台供管理员输入类别相关信息,后台负责将相关信息插入到类别表中。具体内容如下:

```
<?php
echo "<center>";
if(!isset($_COOKIE["login"]) or $_COOKIE["login"]=="")
    //判断用户是否登录
{
echo "您还没有登录! <p>";
echo "请以管理员身份<a href=login.php>登录</a>,再执行该页面! ";
}
```

```php
    else                                                    //如果用户已经登录
    {
    $name=$_COOKIE["login"];
    include "config.php";
    $sql="SELECT admin FROM $my_user WHERE name='$name'";
    $result=$mysqli->query($sql);                           //查询登录用户是否为管理员
    $row=$result->fetch_row();
    if($row[0]==0)                                          //如果不是管理员
    {
        echo "您没有权限执行该页面！<p>";
        echo "请以管理员身份<a href=login.php>登录</a>，再执行该页面！";
    }
    else
    {
        if(!isset($_POST["name"]))                          //如果没有提交类别名称显示前台
        {
    ?>
     <script language="javascript">
     function check(f)
     {
     if(f.name.value == "")
     {
         alert("请输入类别名称！");
         f.name.focus();
         return (false);
     }
     }
     </script>
     <style type="text/css">
     <!--
     tr,td{font-size:12pt}
     -->
     </style>
    mini商城系统添加类别<p>
     <table              border="1"          cellspacing="0"           cellpadding="1"
    bordercolordark="#ffffff" bordercolorlight="#000000" width="300">
     <form       method=post        action="<?php       $_SERVER["PHP_SELF"]?>"
    onsubmit="return check(this)">
    <tr>
    <td colspan=2 bgcolor="#cccccc" align="center">添加类别信息</td>
    </tr>
    <tr>
    <td>添加类别名称</td>
    <td><input type=text name="name"></td>
    </tr>
    <tr>
    <td>添加类别介绍</td>
    <td><input type=text name="description"></td>
    </tr>
    <tr>
```

```php
    <td colspan=2 align="center"><input type="submit" value="添加"></td>
    </tr>
    </form>
    </table>
    <?php
        }
        else                                            //如果已经提供类别名称，后台处理
        {
            $name=$_POST["name"];                       //获取类别名称
            if($_POST["description"]!="")
            {
                $description=$_POST["description"];     //获取类别介绍
            }
            else
            {
                $description="暂无介绍";
            }
            $sql="SELECT count(*) FROM $my_type WHERE name='$name'";
            $re=$mysqli->query($sql) or die($mysqli->error);
            $count=$re->fetch_row();
            if($count[0]>0)                             //是否存在相同类别名称
            {
                echo "已经存在同名类别<p>";
                echo "点<a href=add_type.php>这里</a>重新添加类别";
            }
            else                                        //如果没有同名类别
            {
                $sql="INSERT INTO $my_type(name,description)values('$name','$description')";
                $re=$mysqli->query($sql) or die($mysqli->error);
                if($re)                                 //执行插入操作
                {
                    echo "成功添加类别：".$name."<p>";
                    echo "点<a href=show.php>这里</a>查看";
                }
            }
        }
    }
    echo "</center>";
    ?>
```

以上代码在插入类别记录时，还判断了是否存在同名类别，如果存在，则予以提示；如果不存在，才执行插入操作，这一点要注意。将以上代码保存为 add_type.php，执行该代码，其结果如图 19.18 所示。

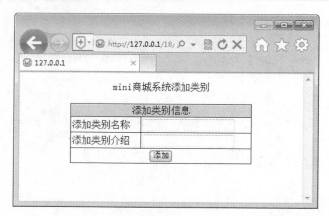

图 19.18　添加类别页面执行结果

在图 19.18 所示页面中输入商品类别名称与商品介绍，单击"添加"按钮，即可对相应商品类别进行添加。

19.6.3　编辑类别模块

类别在添加之后并不是一成不变的，有时根据实际情况需要对类别的内容进行修改，这时就需要编辑类别模块。与添加类别相类似，编辑类别也是需要以管理员身份进行登录才能进行的操作。另外，本章所介绍的购物网站商品类别表内容也较为简单，所以仅能对类别介绍进行修改。其具体内容如下：

```php
<?php
echo "<center>";
echo " <style type=\"text/css\">
 <!--
 tr,td{font-size:12pt}
 -->
 </style>";
if(!isset($_COOKIE["login"]) or $_COOKIE["login"]=="")  //判断用户是否登录
{
echo "您还没有登录！<p>";
echo "请以管理员身份<a href=login.php>登录</a>，再执行该页面！";
}
else                                           //如果用户已经登录
{
$name=$_COOKIE["login"];
include "config.php";
$sql="SELECT admin FROM $my_user WHERE name='$name'";
$result=$mysqli->query($sql);                  //查询登录用户是否为管理员
$row=$result->fetch_row();
if($row[0]==0)                                 //如果不是管理员
{
    echo "您没有权限执行该页面！<p>";
    echo "请以管理员身份<a href=login.php>登录</a>，再执行该页面！";
```

```php
    }
    else
    {
        if(!isset($_GET["id"]))                              //如果没有提供编辑ID
        {
            echo "管理所有类别<p>";
            include "config.php";
            $sql="SELECT * FROM $my_type";
            $result=$mysqli->query($sql);
            $num=$result->num_rows;
            if($num==0) echo "尚没有任何类别! <p>点<a href=show.php>这里</a>返回首页";
            else                                             //如果存在类别
            {
                echo "<table border=\"1\" cellspacing=\"0\" cellpadding=\"1\" bordercolordark=\"#ffffff\" bordercolorlight=\"#000000\" width=\"80%\">";
                echo "<tr><td>编号</td><td>类别名称</td><td>类别介绍</td><td>修改</td></tr>";
                while($row=$result->fetch_array())    //遍历所有类别
                {
                    echo "<tr>";
                    echo "<td>".$row["id"]."</td>";
                    echo "<td>".$row["name"]."</td>";
                    echo "<td>".$row["description"]."</td>";
                    echo "<td><a href=e_type.php?id=".$row["id"]."> 修改</a></td>";
                    echo "</tr>";
                }
                echo "</table>";
            }
        }
        else
        {
            $id=$_GET["id"];                                 //获取ID并显示修改前台
            include "config.php";
            if(!isset($_POST["description"]))
            {
                echo " <script language=\"javascript\">
function check(f)
{
if(f.name.value == \"\")
{
    alert(\"请输入类别名称! \");
    f.name.focus();
    return (false);
}
if(f.description.value == \"\")
{
    alert(\"请输入类别介绍! \");
```

```
                f.description.focus();
                return (false);
            }
        }
        </script>";
                $sql="SELECT * FROM $my_type WHERE id='$id'";
                $result=$mysqli->query($sql);           //查询指定类别所有信息
                $row=$result->fetch_array();
                echo "<table border=\"1\" cellspacing=\"0\" cellpadding=\"1\" bordercolordark=\"#ffffff\" bordercolorlight=\"#0000ff\" width=\"80%\">";
                echo "<form method=post action=e_type.php?id=".$id." onsubmit= \"return check(this)\">";
                echo "<tr><td colspan=\"2\" align=\"center\">类别：<font color=\"#ff0000\">".$row["name"]."</font>的内容</td></tr>";
                echo "<tr>";
                echo "<td>类别编号：</td><td>".$row["id"]."</td>";
                echo "</tr>";
                echo "<tr>";
                echo "<td>类别名称：</td><td>".$row["name"]."</td>";
                echo "</tr>";
                echo "<tr>";
                echo "<td>类别介绍：</td><td><input type=text name=description value=".$row["description"]."></td>";
                echo "</tr>";
                echo "<tr>";
                echo "<td colspan=\"2\" align=\"center\"><input type=submit value=\" 提交修改 \"><input type=button value=\" 放弃修改 \" onclick=history.go(-1)></td>";
                echo "</tr>";
                echo "</form>";
                echo "</table>";
            }
            else                                        //后台处理
            {
                $description=$_POST["description"];     //获取类别介绍
                $sql="UPDATE $my_type SET description='$description' WHERE id='$id'";
                $re=$mysqli->query($sql) or die($mysqli->error);
                                                        //更新类别介绍
                if($re)                                 //如果成功执行
                {
                    echo "<meta http-equiv=\"refresh\" content=\"2; url=e_type.php\">";
                    echo "成功更新类别介绍信息：".$id."<p>";
                    echo "两秒后返回";
                }
                else
                {
                    echo "<meta http-equiv=\"refresh\" content=\"2; url=e_type.php\">";
```

```
                echo "更新类别信息："·$id."失败<p>";
                echo "两秒后返回";
            }
        }
    }
}
echo "</center>";
?>
```

编辑类别模块分三步，第一步在没有提供指定类别 ID 时显示所有类别；第二步在有类别 ID 时先显示前台供用户输入内容；第三步在用户提交类别内容时，用新的内容更新指定类别。注意这里仅对类别的介绍进行了更新。将以上代码保存为 e_type.php，执行该代码，其结果如图 19.19 所示。

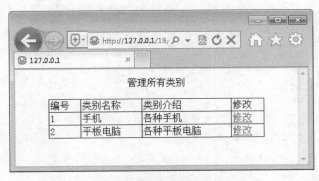

图 19.19　管理所有类别

从图 19.19 的执行结果可以看到，此时给出了所有的类别供管理员进行修改，管理员单击每个类别后面的"修改"链接即可打开对类别介绍进行修改的页面，如图 19.20 所示。

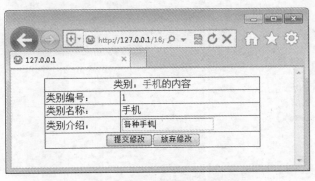

图 19.20　修改具体类别执行结果

在图 19.20 所示的界面中可以对类别的介绍进行修改。

19.6.4　添加商品模块

与类别一样，商品也需要有专门的添加模块。在添加商品时需要注意，除了将管理员输入商品信息插入表中之外，还需要同步更新相应的商品类别的数量。这样才能保证商品类别数与其所属的商品存货数量保持一致。添加商品模块具体内容如下：

```php
<?php
echo "<center>";
if(!isset($_COOKIE["login"]) or $_COOKIE["login"]=="")
    //判断用户是否登录
{
echo "您还没有登录！<p>";
echo "请以管理员身份<a href=login.php>登录</a>，再执行该页面！";
}
else                                              //如果用户已经登录
{
$name=$_COOKIE["login"];
include "config.php";
$sql="SELECT admin FROM $my_user WHERE name='$name'";
$result=$mysqli->query($sql);                     //查询登录用户是否为管理员
$row=$result->fetch_row();
if($row[0]==0)                                    //如果不是管理员
{
    echo "您没有权限执行该页面！<p>";
    echo "请以管理员身份<a href=login.php>登录</a>，再执行该页面！";
}
else
{
    if(!isset($_POST["name"]))                    //如果没有提供商品名称，则显示前台
    {
?>
<script language="javascript">
function check(f)
{
if(f.name.value == "")
{
    alert("请输入商品名称！");
    f.name.focus();
    return (false);
}
if(f.cost.value == "")
{
    alert("请输入商品价格！");
    f.cost.focus();
    return (false);
}
if(f.num.value == "")
{
    alert("请输入商品数量！");
    f.num.focus();
    return (false);
}
}
</script>
<style type="text/css">
<!--
tr,td{font-size:12pt}
```

```
-->
 </style>
mini商城系统添加商品<p>
<table border="1" cellspacing="0" cellpadding="1"
bordercolordark="#ffffff" bordercolorlight="#000000" width="300">
 <form method=post action="<?php $_SERVER["PHP_SELF"]?>"
onsubmit="return check(this)">
 <tr>
 <td colspan=2 bgcolor="#cccccc" align="center">添加商品信息</td>
 </tr>
 <tr>
 <td>添加商品名称</td>
 <td><input type=text name="name"></td>
 </tr>
 <tr>
 <td>商品所属类别</td>
 <td>
 <select name="type" size=1>
 <?php
 include "config.php";
 $sql="SELECT id,name FROM $my_type";//遍历商品类别,显示为select列表框
 $result=$mysqli->query($sql);
 while($row=$result->fetch_array())
 {
     echo "<option value=".$row[0].">";
     echo $row[1];
     echo "</option>";
 }
 ?>
 </select>
 </td>
 </tr>
 <tr>
 <td>添加商品价格</td>
 <td><input type=text name="cost"></td>
 </tr>
 <tr>
 <td>添加商品数量</td>
 <td><input type=text name="num"></td>
 </tr>
 <tr>
 <td>添加商品介绍</td>
 <td><input type=text name="description"></td>
 </tr>
 <tr>
 <td colspan=2 align="center"><input type="submit" value="添加"></td>
 </tr>
 </form>
</table>
<?php
    }
    else                                    //如果提供内容,则进行后台处理
    {
        $name=$_POST["name"];               //获取商品名称
        $type=$_POST["type"];               //商品类型
```

```php
            $cost=$_POST["cost"];                    //商品价格
            $num=$_POST["num"];
            if($_POST["description"]!="")            //商品介绍
            {
                $description=$_POST["description"];        //获取商品类别介绍
            }
            else
            {
                $description="暂无介绍";
            }
            $sql="UPDATE $my_type SET num=num+'$num' WHERE id='$type'";
            $mysqli->query($sql) or die($mysqli->error);   //更新类别数量
            $sql="INSERT INTO $my_goods(name,type,cost,num,description) values('$name','$type','$cost','$num','$description')";
            $re=$mysqli->query($sql) or die($mysqli->error);
            if($re)                                  //添加商品
            {
                echo "成功添加商品: ".$name."<p>";
                echo "点<a href=show.php>这里</a>查看<p>";
                echo "点<a href=add_goods.php>这里</a>继续添加";
            }
        }
    }
}
echo "</center>";
?>
```

这里需要注意的是，添加商品时，商品所属类别的增量即为所添加的商品存货量。将以上代码保存为 add_goods.php，执行该代码，其结果如图 19.21 所示。

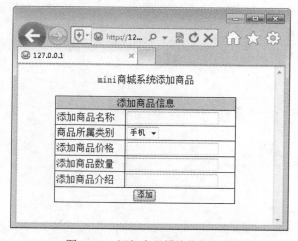

图 19.21　添加商品模块执行结果

19.6.5　编辑商品模块

与类别一样，商品在添加之后出于某种需要也要对其内容进行调整。最为常用的是当某种商

品存货量为0时需要重新上架,并要更新其存货数量。其他的商品信息也可以在该功能模块中被改变。详细内容如下:

```php
<?php
echo "<center>";
echo " <style type=\"text/css\">
 <!--
 tr,td{font-size:12pt}
 -->
 </style>";
if(!isset($_COOKIE["login"]) or $_COOKIE["login"]=="")
    //判断用户是否登录
{
echo "您还没有登录! <p>";
echo "请以管理员身份<a href=login.php>登录</a>,再执行该页面! ";
}
else                                            //如果用户已经登录
{
$name=$_COOKIE["login"];
include "config.php";
$sql="SELECT admin FROM $my_user WHERE name='$name'";
$result=$mysqli->query($sql);                   //查询登录用户是否为管理员
$row=$result->fetch_row();
if($row[0]==0)                                  //如果不是管理员
{
    echo "您没有权限执行该页面! <p>";
    echo "请以管理员身份<a href=login.php>登录</a>,再执行该页面! ";
}
else
{
    if(!isset($_GET["id"]))                     //如果没有ID则显示所有商品
    {
        echo "管理所有商品<p>";
        include "config.php";
        $sql="SELECT * FROM $my_goods";
        $result=$mysqli->query($sql);
        $num=$result->num_rows;
        if($num==0) echo "尚没有任何商品! <p>点<a href=show.php>这里</a>返回首页";
        else                                    //如果商品数不为0
        {
            echo "<table border=\"1\" cellspacing=\"0\" cellpadding=\"1\" bordercolordark=\"#ffffff\" bordercolorlight=\"#0000ff\" width=\"80%\">";
            echo "<tr><td>编号</td><td>商品名称</td><td>所属类别</td><td>售价</td><td>商品介绍</td><td>存货量</td><td>修改</td></tr>";
            while($row=$result->fetch_array())   //遍历结果集
            {
                echo "<tr>";
```

```php
                    echo "<td>".$row["id"]."</td>";
                    echo "<td>".$row["name"]."</td>";
                    echo "<td>".$row["type"]."</td>";
                    echo "<td>".$row["cost"]."</td>";
                    echo "<td>".$row["description"]."</td>";
                    echo "<td>".$row["num"]."</td>";
                    echo "<td><a href=e goods.php?id=".$row["id"]."> 修 改 </a></td>";
                    echo "</tr>";
                }
                echo "</table>";
            }
        }
        else                                              //如果提供ID
        {
            $id=$_GET["id"];
            include "config.php";
            if(!isset($_POST["name"]))                     //如果没有提交内容，则显示前台
            {
                echo " <script language=\"javascript\">
function check(f)
{
if(f.name.value == \"\")
{
    alert(\"请输入商品名称！\");
    f.name.focus();
    return (false);
}
if(f.cost.value == \"\")
{
    alert(\"请输入商品售价！\");
    f.cost.focus();
    return (false);
}
if(f.num.value == \"\")
{
    alert(\"请输入商品存量！\");
    f.num.focus();
    return (false);
}
if(f.description.value == \"\")
{
    alert(\"请输入商品介绍！\");
    f.description.focus();
    return (false);
}
}
</script>";
                $sql="SELECT * FROM $my_goods WHERE id='$id'";
                $result=$mysqli->query($sql);             //获取指定商品的所有信息
                $row=$result->fetch_array();
```

```php
            echo "<table border=\"1\" cellspacing=\"0\" cellpadding=\"1\" bordercolordark=\"#ffffff\" bordercolorlight=\"#0000ff\" width=\"80%\">";
            echo "<form method=post action=e_goods.php?id=".$id." onsubmit= \"return check(this)\">";
            echo "<tr><td colspan=\"2\" align=\"center\">商品：<font color= \"#ff0000\">".$row["name"]."</font>的内容</td></tr>";
            echo "<tr>";
            echo "<td>商品编号：</td><td>".$row["id"]."</td>";
            echo "</tr>";
            echo "<input type=hidden name=type value=".$row["type"].">";
            echo "<input type=hidden name=old_num value=".$row["num"].">";
            echo "<tr>";
            echo "<td>商品名称：</td><td><input type=text name=name value= ".$row["name"]."></td>";
            echo "</tr>";
            echo "<tr>";
            echo "<td>商品售价：</td><td><input type=text name=cost value= ".$row["cost"]."></td>";
            echo "</tr>";
            echo "<tr>";
            echo "<td>商品数量：</td><td><input type=text name=num value= ".$row["num"]."></td>";
            echo "</tr>";
            echo "<tr>";
            echo "<td>商品介绍：</td><td><input type=text name=description value=".$row["description"]."></td>";
            echo "</tr>";
            echo "<tr>";
            echo "<td colspan=\"2\" align=\"center\"><input type=submit value=\"提交修改\"><input type=button value=\"放弃修改\" onclick=history.go(-1)></td>";
            echo "</tr>";
            echo "</form>";
            echo "</table>";
        }
        else                                    //如果提交内容，则进行后台处理
        {
            $name=$_POST["name"];               //新名称
            $cost=$_POST["cost"];               //新价格
            $num=$_POST["num"];                 //新数量
            $type=$_POST["type"];               //类型
            $old_num=$_POST["old_num"];         //原数量
            $description=$_POST["description"]; //介绍
            $a_num=($num-$old_num);             //数量增加量
            $sql="UPDATE $my_goods SET name='$name',cost='$cost',num='$num',description='$description' WHERE id='$id'";
            $re=$mysqli->query($sql) or die($mysqli->error);
                                                //更新商品相关信息
```

```
                $sql2="UPDATE $my_type SET num=num+$a_num WHERE id='$type'";
                $re2=$mysqli->query($sql2) or die($mysqli->error);
                                        //更新商品类别数量
                if($re and $re2)                //如果两个操作均成功执行
                {
                    echo "<meta http-equiv=\"refresh\" content=\"2;url=e_goods.php\">";
                    echo "成功更新商品信息：".$id."<p>";
                    echo "两秒后返回";
                }
                else
                {
                    echo "<meta http-equiv=\"refresh\" content=\"2;url=e_goods.php\">";
                    echo "更新商品信息：".$id."失败<p>";
                    echo "两秒后返回";
                }
            }
        }
    }
    echo "</center>";
?>
```

注意以上代码在修改商品数量时，还特别同步更新了商品所属类别的数量。注意这里的类别数量变动为类别原数量加商品新数量相比商品原数量的增量。比如，某一商品原始数量为 0，其所属类别数量为 8（因为一个商品类别中不一定只有一种商品）；进行修改后，商品数量变为 5，则类别数量就为（8+（5-0））＝13。这样可以保持商品数量与其所属类别保持一致。

将以上代码保存为 e_goods.php，执行该代码，其结果如图 19.22 所示。

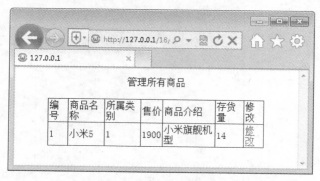

图 19.22　编辑商品模块

查看图 19.22 的执行结果可以看出，此时列出了所有的商品供管理员进行编辑，单击相应商品后面的修改链接即可打开如图 19.23 所示的修改界面。

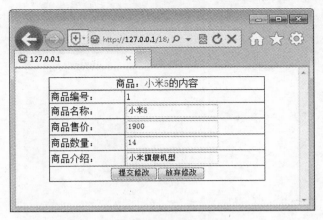

图 19.23　编辑商品模块 I

在图 19.23 所示界面中可以对商品的有关信息进行修改，修改完成之后单击"提交修改"按钮即可完成修改过程。

19.6.6　退出登录模块

以上各节已经介绍了整个商城所需要的全部功能。除此之外还需要一个简单的模块，即退出登录模块。使用该模块可以方便用户退出购物网站，这样可以有效保护用户的信息安全。退出登录模块功能相当简单，只需要简单清除相应 Cookie 并转向即可。其具体内容如以下代码所示：

```php
<?php
setcookie("login");                          //只用一个参数的 setcookie()
echo "<meta http-equiv=\"refresh\" content=\"2; url=show.php\">"; //转向
echo "<center>";
echo "成功退出 mini 商城系统！<p>";
echo "两秒后进入浏览商品页面";
echo "</center>";
?>
```

执行以上代码将清空用户的登录 Cookie 并跳转到查看首页。将以上代码保存为 quit.php，退出登录模块也创建完毕。